GEOGRAPHISCHE UNTERSUCHUNGEN IN VENEZUELA (II)

STUTTGARTER GEOGRAPHISCHE STUDIEN

Herausgegeben von Wolfgang Meckelein, Christoph Borcherdt und Roland Hahn

Band 103

Geographische Untersuchungen in Venezuela (II)

Herausgegeben von Christoph Borcherdt

Mit 14 Abbildungen, 2 Bildern, 5 Tabellen

Resumen

Stuttgart 1985
Geographisches Institut der Universität Stuttgart

ISSN 0343 - 7906
ISBN 3 - 88 028 - 103 - 3
Herstellungsleitung: Jürgen Hagel
Druck: E. Kurz & Co., Kernerstraße 5, D-7000 Stuttgart 1

VORWORT

Im Band 85 der "Stuttgarter Geographischen Studien" konnten 1973 unter dem Titel "Geographische Untersuchungen in Venezuela" vier Beiträge zur Landeskunde Venezuelas veröffentlicht werden. Der hiermit vorgelegte Band erscheint zwar viele Jahre später, bildet aber die Fortsetzung jenes ersten Sammelwerkes, indem weitere Themen als Bausteine zu einer länderkundlichen Betrachtung hinzugefügt werden, nämlich eine umfassende Berichterstattung über "Agrarkolonisation und Agrarreform in Venezuela" sowie eine auf Typenbildung ausgerichtete vergleichende Betrachtung der "Städte in den Llanos".

Der erste Beitrag soll vor allem die Ziele und Hintergründe der älteren Phasen gelenkter agrarwirtschaftlicher Erschließung in Venezuela aufzeigen und daran anschließend die sehr wechselvollen Abschnitte der seit 1960 durchgeführten und breit angelegten Agrarreform skizzieren. Darüber ist ein umfangreiches, aber vorwiegend nur schwer zugängliches Schrifttum vorhanden, in welchem sich die widersprüchlichsten Meinungen widerspiegeln. Es gibt in der Tat geglückte Maßnahmen und ebenso auch mißglückte Unternehmungen. Wir haben mit Hilfe der Literatur vor allem die mehr technischen Rahmenbedingungen sowie die verschiedenen Zwischenbilanzen erarbeitet. Bei der Auswahl der Materie konnten am Ende jedoch nur die eigenen Erfahrungen helfen, die bei verschiedenen Reisen durch große Teile des Landes hatten gewonnen werden können. Die Erkundungen im Gelände hatten nämlich viele eindrucksvolle Ergebnisse erbracht: Über einige ausgewählte Agrarreformsiedlungen werden nach dem langen allgemeinen Teil zur Agrarreform die ortsbezogenen Informationen mitgeteilt. Dazu muß man einschränkend sagen, daß sich jeder Ausländer schwer tut, die Denkweise und die Wertmaßstäbe der Venezolaner in vollem Maße zu ergründen, auch wenn er sich monatelang oder jahrelang darum bemüht. Die Zusammenarbeit mit Frau Dr. Susana Schaer-Guhl, die aus Bogotá stammt und seit einigen Jahren in Stuttgart lebt, ermöglichte ein Eindringen auch in wechselnde Sinngehalte gleichgebliebener Begriffe und wiederholte Vergleiche zwischen mitunter stark voneinander abweichenden amtlichen Berichten. Feldarbeiten studentischer Mitarbeiter, die 1983 einige Monate in Venezuela weilten, brachten zu diesem Themenkreis noch einige aktuelle Fallstudien.

Der zweite Beitrag basiert vorwiegend auf vergleichenden Untersuchungen der in den venezolanischen Llanos gelegenen Städte, die wir 1977 durchgeführt und in einzelnen Fällen noch 1979 ergänzt haben. Nachdem Karten, Luftbilder und statistisches Material nur lückenhaft oder gar nicht zur Verfügung steht, mußte der ältesten Methode in der Geographie, der Beobachtung und Beschreibung, ein hohes Gewicht beigemessen werden. Dabei erwies es sich von großem Vorteil, daß zahlreiche Orte unter anderen Zielsetzungen schon in früheren Jahren besucht worden waren. Die Ergebnisse der seinerzeitigen Erkundungen gaben Möglichkeiten zum zeitlichen Vergleich, zur Erfassung von Stagnation oder junger Entwicklungsdynamik.

Der Deutschen Forschungsgemeinschaft ist daher nicht nur für die großzügige Unterstützung der Unternehmungen von 1977, sondern auch für die Förderung der früheren Forschungsvorhaben in Venezuela sehr herzlich zu danken. Daß die Veröffentlichung der Arbeitsergebnisse erst in so großem zeitlichen Abstand erfolgt, erklärt sich aus beträchtlichen personellen Engpässen.

Für die Beschaffung verschiedener wichtiger Unterlagen schulden wir Herrn Professor Rafael Carías, Universidad de Carabobo, Valencia, großen Dank. Wesentliche Informationen und technische Hilfe erhielten wir von den Familien Jaklin und H. Geyer in Caracas sowie von Familie Steger in Turén, wofür auch an dieser Stelle vielmals gedankt sei.

Bei der Fertigstellung des Bandes haben sich dankenswerter Weise verschiedene studentische Hilfskräfte um die Erarbeitung von Kartenentwürfen, Herr Dipl.-Ing. Jürgen Heinemann um die Endausführung von Karten und Reproduktionen, Frau Erika Beßler um die Reinschrift des Textes sowie Herr Dr. Jürgen Hagel um die Endredaktion verdient gemacht.

                                              Christoph Borcherdt

GESAMTINHALTSVERZEICHNIS   Seite

AGRARKOLONISATION UND AGRARREFORM IN VENEZUELA   9
(Colonización Agraria y Reforma Agraria en Venezuela)

von Christoph Borcherdt und Susana Schaer-Guhl

DIE STÄDTE DER VENEZOLANISCHEN LLANOS   145
(Las ciudades de los Llanos Venezolanos)

von Christoph Borcherdt, Klaus Kulinat und
Heinrich Schneider

AGRARKOLONISATION UND AGRARREFORM

IN VENEZUELA

VON

CHRISTOPH BORCHERDT UND SUSANA SCHAER-GUHL

MIT 6 ABBILDUNGEN

VERZEICHNIS DER IN VENEZUELA GEBRÄUCHLICHEN ABKÜRZUNGEN VON STAATLICHEN UND HALBSTAATLICHEN INSTITUTIONEN SOWIE VON ENTWICKLUNGSPROGRAMMEN

ADAGRO	Almacenes de Depositos Agropecuarios.
ARDI	Areas Rurales de Desarrollo Integrado.
BANDAGRO	Banco de Desarrollo Agropecuario (zuständig für Kredite an private landwirtschaftliche Großbetriebe).
BAP	Banco Agrícola y Pecuario = staatliche Landwirtschaftsbank, zuständig für Agrarkredite, seit 1969 nur noch für Kredite an landw. Klein- und Mittelbetriebe, 1975 durch ICAP abgelöst.
CIARA	Centro de Investigación Aplicada de la Reforma Agraria.
CMA	Corporación de Mercadeo Agricola (seit 1970).
CORDIPLAN	Oficina Central de Coordinación y Planificación = oberste Planungsbehörde
CORPOMERCADEO	Andere Abkürzung statt CMA.
CVF	Corporación Venezolana de Fomento.
DESACAM	Desarrollo Agrícola Campesino = Bezugs- und Absatzgenossenschaft der Federación Campesina.
FCA	Fondo de Crédito Agrícola.
FCV	Federación Campesina de Venezuela = Berufliche Vertretung der Landwirte.
IAN	Instituto Agrario Nacional = Nationale Agrarreformbehörde.
ICAP	Instituto de Credito Agricola y Pecuario (seit 1975), zuständig für Kredite an Klein- und Mittelbetriebe.
IAGRO	Instituto de Capacitación Agrícola.
INCE	Instituto Nacional de Cooperación Educativa.
ITIC	Instituto Tecnico de Inmigración y colonización.
MAC	Ministerio de Agricultura y Cría = Landwirtschaftsministerium.
MOP	Ministerio de Obras Publicas (bis 1977) = Ministerium für öffentliche Arbeiten.
MSAS	Ministerio de Salud y Asistencia Social.
ODASIR	Oficina de Desarrollo Agrícola de los Sistemas de Riego (seit 1966).
OEC	Organizaciones economicas campesinas
PIRA	Proyectos Integrales de Reforma Agraria.
PRIDA	Programa Integral de Desarrollo Agrícola (bis 1973).
SUCAM	Suministro Campesino C.A. = Einkaufsgenossenschaft für Kauf von Maschinen und Saatgut.

INHALTSVERZEICHNIS

	Seite
Verzeichnis der in Venezuela gebräuchlichen Abkürzungen von staatlichen und halbstaatlichen Institutionen sowie von Entwicklungsprogrammen	10
1 Problemstellung und Ziele der Untersuchung	13
2 Die Phase agrarstruktureller Verbesserungen in der Vor-Reformzeit: Gründung von "colonias" und Ansiedlung von Ausländern	16
2.1 Koloniegründung und Einwanderung im 19. Jahrhundert	16
2.2 Agrare Siedlungspolitik in der ersten Hälfte des 20. Jahrhunderts	19
3 Ziele und organisatorischer Rahmen der Agrarreform ab 1959/60	29
3.1 Ziele der Agrarreform	30
3.2 Die Behörden	32
3.3 Die Ansiedlung im "asentamiento"	33
3.4 "Centros poblados" und "aldeas rurales"	36
3.5 "Centros agrarios"	40
3.6 Herkunft der Landflächen für die Agrarreform	41
3.7 Wer erhält Land zugeteilt?	44
3.8 Das Kreditwesen	47
3.9 Die Genossenschaften	56
4 Der raum-zeitliche Ablauf der Agrarreform ab 1959/60	63
4.1 Die Phase überwiegender hacienda-Aufteilung und Titelvergabe (1959 - 64)	64
4.2 Die Phase überwiegender Neukolonisation auf baldios und ejidos sowie auf gekauftem Privatland (1965 - 74)	67
4.3 Die Einrichtung von Bewässerungsgebieten	69
4.4 Bilanz der Agrarreform im Jahre 1975	75
4.5 Neue Wege struktureller Verbesserungen ab 1975, aber das Ziel rückt nicht näher	79
5 Veränderungen in der Landwirtschaft Venezuelas, insbesondere unter dem Einfluß der Agrarreform	85
5.1 Die Entwicklung des Agrarsektors 1950 - 1977	88
5.2 Produktionsschwerpunkte der Agrarreformsiedlungen 1975	92
5.3 Die Entwicklung der landwirtschaftlichen Produktion 1960 - 1981	94

		Seite

6 Regionale Beispiele von Agrarreformsiedlungen — 98

  6.1 Das Bewässerungsgebiet am Embalse del Guárico — 98

  6.2 El Cenizo oder das Problem der Bewässerung mit Flußwasser am Andenrand — 103

  6.3 Zuckerrohr-Empresa im Chamatal bei Mérida — 108

  6.4 Genossenschaftliche Betriebe mit Käserei, Forellenzucht und Gartenbau — 111

  6.5 Genossenschaftlicher Anbau von Erdnuß und Yuca in den östlichen Llanos — 113

  6.6 Die empresa campesina pecuaria "San José de Mapuey" (Beitrag von Ingeborg Grimm und Gabriele Rieger) — 115

  6.7 Gegenwartsprobleme des Reisanbaus in den asentamientos am Nordwestrand der Llanos (Beitrag von Cornelia Kilgus und Renate Strohal) — 118

  6.8 Die colonia agricola La Morena (Beitrag von Thomas Ade) — 122

7 Abschließende Bemerkungen als Ersatz für eine Bilanz unserer Ausführungen — 127

8 Resumen — 133

9 Literaturverzeichnis — 136

1 PROBLEMSTELLUNG UND ZIELE DER UNTERSUCHUNG

In Venezuela ist eine umfangreiche Agrarreform 1959/60 in Gang gekommen. Es ist nicht der erste Versuch, die Agrarverfassung des Landes zu verändern, und auch nicht der erste Ansatz, um eine Steigerung der landwirtschaftlichen Produktion zu erzielen. Nach nun über 20 jähriger Dauer der Reformen steht fest, daß im Vergleich zu allen früheren Bemühungen um eine Agrarreform die jüngsten Unternehmungen doch erhebliche Erfolge zu verzeichnen haben, wenngleich es auch weiterhin noch viel zu tun gibt.

Die 1959/60 eingeleitete Agrarreform ist über die bisherigen zwei Jahrzehnte hinweg kein einheitlicher Vorgang geblieben, sondern hat in ihren Zielrichtungen sowie ihren inhaltlichen und räumlichen Schwerpunkten mehrmals gewechselt und - je nach den verfügbaren Geldmitteln - in der Intensität immer wieder variiert. Insgesamt aber hat Venezuela dank beträchtlicher Einnahmen aus der Erdölwirtschaft riesige Geldsummen in seine Agrarreform investieren können. Insofern müssen die bisherigen Erfolge der Agrarreform Venezuelas sicherlich in einem anderen Lichte gesehen werden als ähnliche Maßnahmen in den übrigen lateinamerikanischen Ländern.

Zu einem spontanen und revolutionären Unternehmen wurde die Agrarreform in Venezuela nicht, obwohl in der Anfangszeit viele campesinos - Kleinbauern, Pächter und Landarbeiter - Besitztitel für das von ihnen bewirtschaftete Land erhielten und so manche Großgrundbesitzungen aufgeteilt wurden. Aber eine Agrarreform darf letztlich keine ausschließliche Landbesitzreform bleiben, sie muß zugleich eine Bodenbewirtschaftungsreform sein, wenn sie ohne unnötige Verluste einen dauerhaften Erfolg bringen soll. Die Bodenbewirtschaftungsreform kann jedoch nur allmählich vonstatten gehen, denn sie erfordert den gleichzeitigen Ausbau zahlreicher Infrastruktureinrichtungen und sie benötigt vor allem eine Vielzahl von hochqualifizierten, erfahrenen Führungskräften. Gerade an diesen aber besteht der größte Mangel.

Einen großen Vorzug bildet die Tatsache, daß Venezuela noch große Landreserven besitzt, die entweder urbar gemacht werden können oder die sich durch verbesserte Agrartechniken, insbesondere durch den Einsatz von Bewässerung, sehr viel intensiver bewirtschaften lassen als bisher. Nicht zuletzt bietet ein enges Nebeneinander höchst unterschiedlich gearteter Naturräume große Möglichkeiten, um in ihrer Produktionsrichtung verschiedenartige Agrarzonen zu schaffen. In räumlicher Hinsicht spielt dabei das Nebeneinander von tropischen

Feuchtwäldern, Savannen und Dornbuschvegetation, von tropischen Tiefländern und den verschiedenen Höhenstockwerken des andinen Gebirgszuges eine ebensolche Rolle wie der Gegensatz zwischen stadtnahen und stadtfernen Agrargebieten. Dazu kommen noch die Ungleicheiten in der Erschließung durch ganzjährig befahrbare Straßen. Die räumlichen Disparitäten lassen sich nur überwinden oder im Sinne der gegenseitigen Ergänzung nutzen, wenn eine Koordinierung der verschiedenen agraren Produktionsgebiete durch eine gut funktionierende Organisation erfolgt. Auf diesem Gebiet bestehen jedoch derartige Schwächen, daß eine optimale Ausnutzung der bisherigen Investitionen und der mancherorts mit viel Idealismus bewirtschafteten Agrarreformsiedlungen nicht gegeben ist. Die immer wieder sichtbar werdenden Organisationsschwächen sind innerhalb Venezuelas schon häufig angegriffen worden, gaben Anlaß zu mancherlei Kritik, bewirkten aber in der Regel nur Umorganisationen, die für sich alleine noch keine Verbesserungen bedeuten.

Im folgenden sollen vor allem die raumstrukturellen Veränderungen aufgezeigt werden, die durch Agrarreformmaßnahmen in Venezuela erzielt worden sind. Ausgegangen wird von den älteren Kolonisationsmaßnahmen, mit denen früher schon in mehreren Anläufen versucht worden ist, eine Steigerung der landwirtschaftlichen Produktion des Landes zu erreichen. Um die Agrarreform der letzten zwei Jahrzehnte verständlich zu machen, genügt es nicht, deren raumzeitlichen Ablauf seit 1959 zu skizzieren. Man muß auch den organisatorischen Rahmen schildern, die Ziele von Einzelmaßnahmen erläutern und sich mit den in Gesetzestexten enthaltenen Fachausdrücken sowie mit den im Volksmund gebräuchlichen Begriffen auseinandersetzen. Das Bemühen um eine möglichst sachgerechte Definition spezieller Agrarreformsiedlungen oder genossenschaftlicher Betriebsformen mag dem Außenstehenden teilweise umständlich und weitschweifig erscheinen, soll aber bewußt zugleich auch der Dokumentation dienen, ohne damit den Rahmen einer agrargeographischen Interpretation zu sprengen. Die meisten Fachbegriffe sind jedoch in den offiziellen Veröffentlichungen gar nicht oder nur andeutungsweise erläutert. Folglich war viel Kleinarbeit erforderlich, um von abstrakten neuen Begriffen ausgehend das Funktionieren neuer Einrichtungen in der Wirklichkeit zu schildern. Bei manchen Begriffen ergab sich die besondere Schwierigkeit, daß ihr Sinngehalt im Laufe der Jahre ein anderer wurde, ohne daß dies aus Verordnungen oder aus der Literatur zu erschließen war. Es mußten die Ergebnisse von Befragungen herangezogen werden, um den inhaltlichen Veränderungen in der Terminologie nachspüren zu können. Letztlich konnten dann doch nicht alle Widersprüchlichkeiten beseitigt werden.

Ausgewertet wurden die Jahresberichte und verschiedene statistische Zusammenstellungen des Instituto Agrario Nacional (IAN) und des Ministerio de Agricultura y Cria (MAC), dazu amtliche Dekrete sowie Veröffentlichungen der anderen an der Agrarreform beteiligten Ministerien u.a.m.. Über Widersprüchlichkeiten bei den Daten konnte man nur hinwegkommen, indem man sich für die Übernahme der wahrscheinlich richtigeren Ziffern entschied. Die Daten haben ohnehin oftmals Fehler und Schwächen, für manche wichtigen Sachverhalte liegt kein Zahlenmaterial vor.

Verschiedene Angestellte des IAN waren in dankenswerter Weise bei der Materialbeschaffung behilflich. Die wichtigsten Erfahrungen aber brachten die Gespräche mit den Bewohnern und den technischen Angestellten in den Agrarreformsiedlungen. Konnte auch nur eine relativ kleine Zahl solcher Siedlungen besucht werden, so dürften diese doch als repräsentative Beispiele gelten, zumal sich die meisten Grundaussagen stets wiederholt haben.

Die venezolanische Literatur über allgemeine Zielsetzungen oder spezielle Fragen der Agrarreform ist in der Tendenz zumeist recht gegensätzlich. Zum Teil wird sie getragen von sehr idealistischen Leitbildern und vom Glauben an die baldige Verwirklichung neuer Regierungsprogramme; zum anderen Teil basiert sie auf kritischen Bilanzen der Behördentätigkeit, wobei aber die Realitäten des Geschehens in den Agrarreformsiedlungen weitgehend außer acht bleiben. Die übrige Literatur verknüpft diese Berichte mit den Inhalten von Informationsschriften der Behörden, wobei dann nicht selten hochgesteckte Planziele als bereits ausgeführte Projekte beschrieben werden. Es ist in der Tat schwierig, eine halbwegs wirklichkeitsgetreue Schilderung vom Stand der Agrarreform in Venezuela zu geben, nicht nur weil Berichte und Daten widersprüchlich oder untereinander nicht vergleichbar sind, sondern auch weil selbst beobachtete Erfolge sich innerhalb weniger Jahre in ein Nichts aufgelöst haben und vor allem der Umfang dessen, was nicht überprüft werden kann, überaus groß ist. Unter diesem Nachteil hat natürlich jede Art der Berichterstattung zu leiden, auch die der venezolanischen Behörden.

2 DIE PHASE AGRARSTRUKTURELLER VERBESSERUNGEN IN DER VOR-REFORMZEIT: GRÜNDUNG VON "COLONIAS" UND ANSIEDLUNG VON AUSLÄNDERN

Unter den Siedlungen, die im Zusammenhang mit Agrarreformmaßnahmen zu nennen sind, befinden sich einige, die schon lange vor dem Inkrafttreten des heute wirksamen Reformgesetzes gegründet worden sind. Sie sind von spezifischer Struktur und spielen zum Teil für die Agrarproduktion des Landes eine besondere Rolle. Diese sog. "colonias" sind Ansiedlungen von Ausländern, teils schon im vergangenen Jahrhundert mit dem Ziel einer verstärkten Auffüllung des Landes mit Einwanderern gegründet, teils auch erst im 20. Jahrhundert eingerichtet mit dem vorrangigen Ziel der Steigerung der agraren Produktion. Die bis heute erhalten gebliebenen "colonias" der frühen Besiedlungsepochen unterstehen alle der Betreuung durch den Instituto Agrario Nacional, sind demzufolge auch in die jüngeren Agrarreformmaßnahmen einbezogen worden. In Anbetracht ihrer besonderen Geschichte und der von den jüngeren Siedlungen abweichenden Struktur müssen sie hier besondere Erwähnung finden. Allerdings haben nicht alle früheren Kolonisationsversuche dauerhaften Erfolg gehabt.

2.1 KOLONIE-GRÜNDUNGEN UND EINWANDERUNG IM 19. JAHRHUNDERT

Die Loslösung Venezuelas von der spanischen Herrschaft hatte unter der Führung Simón Bolívars im Jahre 1810 begonnen. Am 5. Juli 1811 erfolgte die Unabhängigkeitserklärung. Die folgenden Jahre brachten jedoch immer wieder aufflackernde Kämpfe, schließlich 1819 die Vereinigung mit Neugranada und Quito zur Republik Groß-Kolumbien. 1830 vollzog General J.A. Páez die politische Loslösung und machte Venezuela selbständig.

Nach wenigen Jahren innerpolitischer Stabilität folgten wiederum Bürgerkriege, Kämpfe zwischen den "Gelben" und den "Blauen", zwischen den Verfechtern eines Zentralstaates und den Anhängern eines Staatenbundes mit größeren Handlungsbefugnissen der Einzelstaaten. Zivile Präsidentschaften und Militärdiktaturen wechselten sich ab. Die Unruhen erfaßten nicht immer das ganze Land, flammten mal da und dort auf, wurden unterbrochen durch längere und kürzere Atempausen. Landwirtschaft, Gewerbe und Handel regten sich - abgesehen von den jeweiligen Schauplätzen der Auseinandersetzungen - mit wechselndem Erfolg. Nach einem Bevölkerungsrückgang durch Kriegsverluste und Epidemien in den ersten Jahrzehnten des 19. Jahrhunderts begannen die Bevölkerungszahlen ab den 1830er Jahren wieder zu steigen (1840 etwa 1 Mio. Einwohner).

Neue schwere Verheerungen brachte die "guerra de cinco años", der Bürgerkrieg von 1866 - 1870, mit der Zerstörung vieler Siedlungen und dem nachfolgenden Niedergang der Städte in den am schwersten mitgenommenen Teilen des Landes. 1892/93 gab es abermals Bürgerkrieg mit gravierenden wirtschaftlichen Rückschlägen vor allem für die westlichen und nördlichen Randgebiete der Llanos. Hinzu kamen damals die Folgen einer ungewöhnlich heftigen Regenzeit in Form zahlreicher Hangrutschungen, welche Zerstörungen an den für den Verkehr mit den Häfen so wichtig gewordenen Eisenbahnen anrichteten und auch die meisten Straßen innerhalb der Cordilleren betrafen, so daß sich die Absatzmöglichkeiten von Kaffee, Kakao, Tabak, Baumwolle und anderen Produkten erheblich minderten (Sievers, 1896).

Die hier nur angedeutete problematische innenpolitische Entwicklung Venezuelas, auch die Zerstörung der Hauptstadt Caracas durch ein schweres Erdbeben im Jahre 1812, die wirtschaftlichen Verluste infolge der Bürgerkriege, dazu Epidemien und die Schäden infolge extremer Witterungsabläufe ließen das Land nicht gerade als attraktives Einwanderungsland erscheinen. In den 40 Jahren zwischen 1810 und 1850 wurden nur 13 000 Immigranten in Venezuela registriert, eine sehr geringe Zahl im Vergleich zur europäischen Einwanderung in andere lateinamerikanische Länder (Rasmussen, 1947, S.162). Dabei hatte es durchaus nicht an Bemühungen gefehlt, die ab den 1820er Jahren abgeschlossenen Handelsverträge mit europäischen Ländern besser zu nutzen, d.h. mehr für den Überseehandel zu produzieren. Verschiedene Pläne zielten außerdem darauf ab, ausländische Siedler im Lande ansässig zu machen.

Zuvor war 1825 schon von der "London Agricultural Society" der erste Versuch zur Schaffung einer Agrarkolonie gemacht worden. In der Küstenkordillere westlich von Caracas wurden 30 schottische Familien in "El Topo", dem späteren El Junquito, angesiedelt (Walter, 1983, S.54f.). Dem Unternehmen war jedoch kein wirtschaftlicher Erfolg beschieden; bis 1927 waren die Siedler in Gruppen nach Nordamerika weitergewandert. Das Gelände von "El Topo" gehörte übrigens zur hacienda eines in der Hafenstadt La Guaira tätigen britischen Handelshauses.

1833/34 sollen dann Gruppen von Siedlern von den Kanarischen Inseln nach Venezuela gekommen sein (Walter, 1983, S.55), denen als einzigen dank gleicher Sprache und Religion die Ansiedlung als Kolonisten nicht verwehrt war. Doch erst der Erlaß eines liberaleren Einwanderungsgesetzes bildete die notwendige Voraussetzung für eine etwas stärkere Immigration. Gleichzeitig beauftragte die Regierung den Geographen Oberst Agustín Codazzi (1793-1859), einen Plan für die Schaffung einer größeren Anzahl Agrarkolonien auszuarbeiten (Mahnke, 1973, S.205). Aus klimatischen Gründen kamen dafür nur die mittleren Gebirgslagen in Frage. Außerdem befanden sich dort die hauptsächlichen Siedlungsgebiete, gab es schon einige Kleinstädte und auch Wege. "Nach Codazzis Plänen sollten in der Küstenkordillere 120 000, in der Serrania del Interior 280 000 und in den Anden sowie in den Bergländern von Barquisimeto und Cumaná zusammen 500 000 europäische Einwanderer eine neue Heimat finden" (Mahnke, 1973, S.206).

1843 wurde als erste Kolonie innerhalb dieses Gesamtplanes Tovar, westlich von Caracas in der Küstenkordillere gelegen, gegründet. 400 Einwanderer aus dem südlichen Baden sollten dort eine vorbereitete Siedlung vorfinden, aber die Versprechungen der Regierung waren nur zum geringen Teil erfüllt worden. Es hat unendlich viel Leid und Mißgeschick gegeben, Plünderungen und mancherlei wirtschaftliche Rückschläge, aber Tovar blieb in der Isoliertheit seiner Bergregion bestehen. Heute ist Tovar eine Touristenattraktion; aber kaum ein Besucher ahnt, daß bis zum 1963 vollendeten Bau einer Verbindungsstraße nach Caracas das Dorf alles andere als eine attraktive Siedlung war. Hier in diesem Zusammenhang soll darauf allerdings nicht näher eingegangen werden, es sei auf die Abhandlungen von Koch (1969) und Mahnke (1973) verwiesen.

In den Jahren 1841 - 1844 kamen über 8 000 Einwanderer, entstanden außer Colonia Tovar auch noch andere Agrarkolonien, über deren Schicksal jedoch wenig bekannt ist. 1845 sind in der Bergregion des heutigen Nationalparks Guatopo nördlich von Altagracia de Orituco die Siedlungen Las Colonias und Guatopo angelegt worden, die auch nach dem Zweiten Weltkrieg noch bestanden haben. 1846 gründeten Engländer in der Nähe von Güiria auf der Halbinsel Paria ganz im äußersten Nordosten des Landes zwei Siedlungen, die jedoch nach schweren Epidemien schon nach wenigen Monaten wieder aufgegeben wurden (Mahnke, 1973, S.216; Rasmussen, 1947, S.160).

Nur wenig entfernt von Guatopo sind 1874, als wieder einmal günstigere Einwanderungsbestimmungen erlassen worden waren, zwei neue Kolonien entstanden. In der Serrania de la Costa wurde in der Nähe der heutigen Stadt Guatire die Kolonie Bolívar gegründet. In der Serrania del Interior entstand zur gleichen Zeit zwischen Altagracia de Orituco und

Caucagua die Kolonie Guzmán Blanco (seit 1888 Independencia). 1 145
Personen wurden dort angesiedelt. Über diese letztere Kolonie notier-
te Wilhelm Sievers bei seiner 1892/93 durchgeführten zweiten Reise
nach Venezuela, es sei "unter Guzman Blanco der Versuch gemacht worden, am Nordabhange des Cerro Lucero eine Ackerbaukolonie, die Colonia Guzman Blanco, anzulegen, deren Häuser fast die einzigen Beweise
der Kultur in dem gesammten Waldgebirge sind. Diese Kolonie wurde
1874 gegründet, sollte 1888 bereits über 1 500 Einwohner haben und
beschäftigt sich mit dem Anbau von Kaffee, Zuckerrohr, Cacao und Bananen, Mais etc. Die Seehöhe wird auf 1800 m angegeben (Fußnote:
Statist.Jahresbericht der Vereinigten Staaten von Venezuela 1889,
S.6), die Einwohnerzahl des Hauptortes Taguacita auf 300 Seelen. Eine
Kontrolle dieser Angaben vermag ich nicht zu geben, da ich die Kolonie nicht besucht habe" (1896, S.205).

Beide Kolonien verloren 1904 ihre Selbstverwaltung. Mahnke hat 1973
die beiden Siedlungen nach den Ausführungen von Brito Figueroa (1966)
kurz beschrieben. Danach ist die Kolonie Bolîvar irgendwann in die
Hände von Großgrundbesitzern übergegangen, während Independencia offenbar mit einer kleinen Restgruppe von Siedlern noch längere Zeit bestanden hat. Über Zeitpunkt und Umstände der Aufgabe der letzten Siedlerstellen ist jedoch nichts bekannt.

Die frühen Kolonisationsversuche haben sicherlich nicht allein wegen
der politischen und auch wirtschaftlichen Instabilität so geringe Erfolge gezeitigt. Es war für die Siedler auch keineswegs einfach, sich
mit den Kultivierungsmöglichkeiten tropischer Pflanzen vertraut zu machen und sich an das tropische Klima zu gewöhnen. Nicht zuletzt haben
Epidemien und in den Tieflandgebieten besonders die Malaria die Menschen immer wieder bedroht und zur Aufgabe von Siedlungskolonien beigetragen.

2.2 AGRARE SIEDLUNGSPOLITIK IN DER ERSTEN HÄLFTE DES 20. JAHRHUNDERTS

Der Niedergang der Landwirtschaft 1900 - 1935

Bis in die 20er Jahre unseres Jahrhunderts spielte der Agrarsektor im
Rahmen der Gesamtwirtschaft Venezuelas eine wichtige Rolle. Der Export
vor allem von Kaffee und Kakao brachte dem Land wertvolle Devisen. In
den 20er Jahren überflügelte jedoch die stark expandierende Erdölwirtschaft den Wert der landwirtschaftlichen Produktion. 1920 betrug der

Anteil des Erdöls an den Gesamtexporten Venezuelas erst 0,5 %, 1926 lag er bereits bei 64 %, und 1936 erreichte die Ausfuhr von Erdöl 90 % des gesamten Exportwertes. Diese Spitzenposition innerhalb des Außenhandels hat das Erdöl bis heute behaupten können.

Die Einnahmen aus der Erdölwirtschaft gaben schon in den 20er Jahren den Anstoß zum Ausbau der Infrastruktur und förderten die zunehmende Urbanisierung und Industrialisierung des Landes. Auf dem Agrarsektor dagegen löste der Aufschwung der Erdölwirtschaft in den ersten Jahren eine negative Entwicklung aus. Die Zahl der in der Landwirtschaft tätigen Arbeitskräfte ging zurück, weil der Ausbau der Erdölfördergebiete zunächst eine große Anzahl ungelernter Arbeitskräfte aufnehmen konnte. Es kam gleichzeitig zu Landeigentumskonzentrationen und zum Teil auch beträchtlichen Landspekulationen, die sich besonders während des Gomez-Regimes noch verstärkten. Die Folge von alledem war, daß die landwirtschaftliche Produktion sehr stark zurückging. Sinkende Weltmarktpreise als Folge der Weltwirtschaftskrise trugen dazu bei, daß von den vorher wichtigen Ausfuhrgütern Kaffee und Kakao immer weniger exportiert wurde.

Die verringerten Einnahmemöglichkeiten aus den Kakao- und Kaffee-Pflanzungen betrafen aber in erster Linie die zahlreichen Landarbeiter und kleinen Pächter. Die Schmälerung ihrer ohnehin nur geringen Existenzgrundlagen bewirkte eine zunehmende Landflucht. Viele wanderten in die neuen Erdölgebiete, um sich dort eine Existenz aufzubauen, andere wanderten in die großen Städte, um dort vor allem im ohnehin übersetzten Dienstleistungssektor ihr Glück zu versuchen.

Nach dem Tode von Gomez (1908 - 1935) wurden Niedergang und Stagnation der Agrarwirtschaft als großer Nachteil für die gesamtwirtschaftliche Entwicklung des Landes herausgestellt. Man begann einzusehen, daß bei einer Vernachlässigung der Landwirtschaft auch die übrigen Wirtschaftszweige in Mitleidenschaft gezogen werden. Für die Folgezeit mußte eine festere Verankerung der Agrarpolitik angestrebt und durch verstärkte Einwanderung von Kolonisten eine baldige Steigerung der landwirtschaftlichen Produktion erreicht werden.

Neue Ansätze zur Gründung von "colonias" 1935 - 1945

Mit der Einrichtung neuer landwirtschaftlicher Kolonien sollte also die agrare Entwicklung wieder mehr Auftrieb bekommen. Das Programm für die Entwicklung neuer "colonias" entbehrte jedoch einer ganzheitlichen Planung, begnügte sich vielmehr mit der Ausführung von Einzelvorhaben. Eine gegenüber den älteren Projekten größere Wirksamkeit der jungen Kolonien und baldige Beiträge dieser zur Versorgung des Landes mit landwirtschaftlichen Produkten erhoffte man sich durch die gemeinsame Ansiedlung von Einheimischen und Ausländern. Damit sollte einerseits eine schnellere Integration der Immigranten ermöglicht und andererseits ein Lernprozeß der Einheimischen auf dem Wege der Nachahmung landwirtschaftlicher Praktiken von den eingewanderten Bauern erreicht werden.

Durchführung und Betreuung der landwirtschaftlichen Ansiedlungen wurden 1938 einem besonderen Institut für Einwanderung und Kolonisation, dem Instituto Tecnico de Inmigración y Colonización (ITIC), übertragen. Das Institut sollte sich um Fragen der Einwanderung, um die Planung und Anlage von Kolonien sowie um die Förderung der Siedler durch landwirtschaftliche Beratung, durch die Gewährung von Krediten und durch die Schaffung geeigneter Vermarktungsmöglichkeiten kümmern.

Der ITIC übernahm auch die Verwaltung und Neuorganisation der wenige Jahre vorher entstandenen colonias, so von colonia Mendoza im Staate Miranda und von colonia Chirgua im Staate Carabobo. Colonia Mendoza war im Jahre 1936 gegründet worden, als die damalige Regierung in der Agrarkolonisation zugleich auch ein Mittel für die Ansiedlung der in die Städte strömenden arbeitslosen Bevölkerung sah. Colonia Chirgua war dagegen als Musterbeispiel für die gemeinsame Seßhaftmachung einheimischer und ausländischer Siedler gedacht. 1938 wurden die ersten aus Dänemark eingewanderten Familien angesiedelt. Aber schon nach wenigen Jahren scheiterte das Projekt infolge der erheblichen Anpassungsschwierigkeiten der Eingewanderten.

Der ITIC gründete in der Folgezeit weitere Kolonien: 1939 Guanare im Staate Portuguesa, 1940 Rubio und Guayabita im Staate Aragua mit gegenüber früher höheren Anteilen an Immigranten. 1942 kamen nach Vereinbarungen mit den Erdölgesellschaften hinzu die colonias Rio Paují (Zulia) und Rio Caripe (Monagas). Sie waren für die Ansiedlung von vorher in der Ölwirtschaft tätigen Arbeitern gedacht, die ihren Arbeitsplatz infolge des Rückgangs der Erdölexporte während des Krieges verloren hatten.

Insgesamt hatte der ITIC jedoch keine großen Erfolge verzeichnen können. 1945 unterstanden dem Institut 7 colonias mit zusammen 2 730 ha genutztem Land und 310 landwirtschaftlichen Betrieben (granjas). Die Ausgaben des ITIC betrugen annähernd 28 Mio. Bs. Ein großer Teil der Kolonisten war aber trotzdem erheblich verschuldet (MAC 1959 a, S.30).

Organisationsschwächen, vor allem ein Mangel an technischer Beratung, unzureichende Kredite und schlechte Vermarktungsmöglichkeiten usw. bewirkten Stagnation und Zerfall eines Teiles der Kolonien. Die colonias Mendoza, Guayabita und Chirgua (1939 colonia agricola Bolívar) blieben trotz aller Schwierigkeiten und trotz Abwanderung eines Teiles der Siedler bestehen und zeigten im Laufe der Jahre schließlich eine positive Entwicklung. Ermöglicht wurde dies vor allem durch eine günstige Lage zu den Konsumzentren, durch den Anbau von Intensivkulturen und durch den verstärkten Einsatz von Betriebsmitteln wie Kunstdünger, Bewässerung usw.

Die Agrarreformgesetze von 1945 und 1948 und die Gründung landwirtschaftlicher Genossenschaften

Das Ansteigen der Bevölkerungszahl, die zunehmende Urbanisation und die allmähliche Entwicklung der Industrie erhöhten sowohl die Nachfrage nach Lebensmitteln und anderen Konsumgütern als auch den Bedarf an industriellen Rohstoffen und Halbfertigwaren. Die Möglichkeiten für den Außenhandel waren jedoch beschränkt, in den Kriegsjahren wurde der Umfang der Erdölexporte reduziert. Eine wirtschaftliche Stagnation war die Folge.

Während auf dem Gebiet der landwirtschaftlichen Versorgung zunehmend Lücken auftraten und selbst die Produktion von Grundnahrungsmitteln nicht mehr ausreichte, beschränkten sich die agrarpolitischen Maßnahmen weiterhin auf die Förderung einiger weniger, jedoch kostenaufwendiger Kolonisationsversuche. Es mangelte dagegen an Initiativen, die Landwirtschaft zu fördern und attraktiver zu machen. Vor allem war die überkommene Agrarstruktur mit einem Vorherrschen der Latifundienwirtschaft erhalten geblieben.

In Anbetracht der Lebensmitteldefizite und der wachsenden Unzufriedenheit bei der ländlichen Bevölkerung bemühte sich - nach langen Jahren der Militärdiktatur - die erste demokratische Regierung mit ihrem 1945 erlassenen Agrargesetz, eine andere besitzrechtliche Verteilung des Bodens zu erreichen. Der ländliche Raum sollte neu geordnet werden. Als neue sozioökonomische Einheiten sollten colonias, centros oder unidades, zu neuen organisatorischen Einheiten zusammengefügt, dieses Ziel erreichen. Das Agrarreformgesetz von 1945 trat jedoch niemals in Kraft, weil die Regierung schon nach kurzer Zeit abgesetzt wurde.

Unter der folgenden Regierung entstand 1948 ein neues Agrarreformgesetz, dessen hauptsächliches Ziel die Steigerung der landwirtschaftlichen Produktion war. Es ging nicht so sehr um besitzrechtliche Probleme oder um Fragen der Landaufteilung, sondern vorrangig um die Entwicklung leistungsfähiger Produktionsgenossenschaften. Land wurde nur zur Nutznießung zur Verfügung gestellt. Sowohl die bisherigen colonias als auch cooperativas (Genossenschaften) sowie "comunidades agrarias", eine 1947 neu ins Leben gerufene Form von landwirtschaftlichen Produktionsgemeinschaften, sollten gleichermaßen als die Grundpfeiler einer neuen leistungsstarken Landwirtschaft angesehen werden. Es ist aber auch das Gesetz von 1948 niemals zur Anwendung gekommen.

Immerhin blieb die Einrichtung der "comunidades agrarias" auch in der Folgezeit erhalten. Die comunidades waren 1947 als Ergebnis der Zusammenarbeit mehrerer staatlicher Stellen (ITIC, MAC und CVF) als neue organisatorische Einheit aus der Taufe gehoben worden. Es handelt sich dabei um landwirtschaftliche Großbetriebe, die gemeinschaftlich von einer mehr oder minder großen Anzahl gleichberechtigter campesinos bewirtschaftet werden sollen.

Jeder Landwirt bekam eine kleine Parzelle für seine eigene landwirtschaftliche Selbstversorgung. Der überwiegende Teil des Landes sollte dagegen gemeinsam bewirtschaftet werden. Der Arbeitslohn war als eine Art Gehalt festgesetzt. Darüber hinaus verfügte jedoch jedes Mitglied einer comunidad über Aktien, die ihm das Recht auf einen Anteil am gemeinschaftlich erwirtschafteten Gewinn sicherten. Die Verwaltung und die technische Beratung der comunidades sollten für größere Gebiete zentral erfolgen. Von der Zentrale aus sollten auch ein Wohnungsbauprogramm entwickelt und für die Anlaufzeit spezielle Kredite gegeben werden.

Zunächst wurden in 11 Staaten 14 comunidades agrarias gegründet. Die bedeutendste unter ihnen war die comunidad agraria von El Cenizo im Staate Trujillo, für die rund 100 000 ha Land vorgesehen wurden (siehe Kap. 6.2). In ihrer wirtschaftlichen Ausrichtung sollten die comunidades agrarias vor allem auf die Produktion jener Nahrungsmittel angelegt sein, bei denen ein Mangel herrschte. Ein weiteres Ziel der comunidades war die Steigerung des Lebensstandards der ländlichen Bevölkerung, um dadurch der immer mehr um sich greifenden Landflucht entgegensteuern zu können.

Die 14 comunidades agrarias gelangten jedoch nicht zur Entfaltung, weil nach dem erneuten Regierungswechsel die Agrarpolitik nach wiederum anderen Zielen ausgerichtet wurde. Die nächste Regierung wollte innerhalb der Landwirtschaft vor allem die privatwirtschaftlichen Unternehmungen stärken.

Der Estatuto Agrario von 1949 und die neuen landwirtschaftlichen Organisationsformen

Nach den langjährigen Bemühungen um das Zustandekommen gesetzlicher Grundlagen für eine Agrarreform ist dann schließlich ein abermals verändertes Gesetz im Jahre 1949 als erstes Agrarreformgesetz tatsächlich auch in Kraft getreten. Es basiert auf den Vorläufern von 1945 und 1948. Die wichtigsten Ziele dieses Agrarreformgesetzes bilden die Veränderung der landwirtschaftlichen Betriebsgrößenstruktur, die Einbindung der Landbevölkerung in die nationalen Produktionsprozesse, eine staatliche Förderung der Landwirtschaft, eine gerechte Landaufteilung, eine bessere Organisation des Kreditwesens sowie eine Anhebung des gesamten Lebensstandards in den ländlichen Räumen.

Zur Durchführung der Agrarreform wurde eine neue Institution, die den bisherigen ITIC ablöste, gegründet, das nationale Agrarinstitut "Instituto Agrario Nacional" (IAN). Vom IAN wurde die bisherige Form der Ansiedlung von Ausländern zunächst noch weiter fortgeführt. Die Agrarreformmaßnahmen beschränkten sich dementsprechend in der Hauptsache auf die Erschließung neuer Kolonisationsgebiete und auf die Gründung von gemischten colonias. Dabei wurden vorwiegend mittelgroße landwirtschaftliche Betriebe gegründet. Die Regierung von Perez Jimenez (1953 - 58) war vor allem um eine Steigerung der binnenländischen Selbstversorgung bemüht, setzte Kredite ein, baute die technische Beratung aus und setzte Preisstützungen für verschiedene Produkte ein, z.B. für Reis, Zuckerrohr, Mais, Sesam u.a. Dabei versprach man sich von den vergleichsweise intensiv wirtschaftenden mittelgroßen landwirtschaftlichen Betrieben einige Erfolge.

Solche Betriebe wollte man wenigstens teilweise Bewerbern aus dem Ausland anbieten. In den Jahren nach 1945 wuchs die Zahl der Auswanderer vor allem aus Europa sehr schnell an, boten sich für Venezuela Möglichkeiten, mit einer liberalen Einwanderungspolitik den angestrebten wirtschaftlichen Aufschwung beschleunigt herbeizuführen. 1945 lebten erst 3 500 Ausländer in Venezuela, 1957 waren bereits 46 000 registriert. Dann wurde allerdings ab 1959 aus sozialpolitischen Gründen wieder eine restriktive Einwanderungspolitik betrieben (Brachfeld, 1959).

Wichtigste Stützpfeiler für die Erweiterung der landwirtschaftlichen Produktion sollten einige neue große Agrarkolonien werden mit einer Fläche von zusammen über 200 000 ha. Diese neuen Kolonien wurden von vornherein recht großzügig geplant, wohlüberlegt mit der nötigen Infrastruktur versehen, mit Verwaltungs- und Dienstleistungszentren ausgestattet sowie von Bewässerungskanälen durchzogen. Es sollten mit staatlicher Unterstützung die Siedlerhäuser errichtet und Aufbereitungsanlagen für landwirtschaftliche Produkte gebaut werden. Auch sollten die Siedler von Anfang an staatliche Kredite, Landmaschinen und die nötige Beratung erhalten.

Diesen neuen Typ landwirtschaftlicher Kolonien mit Bewässerungsmöglichkeiten, Infrastruktureinrichtungen der verschiedensten Art und Verarbeitungsbetrieben landwirtschaftlicher Produkte nannte man damals "unidades agropecuarias". 1949 ist die Einrichtung der ersten großen unidad agropecuaria de Turén im Staat Portuguesa eingeleitet worden, für die ein landwirtschaftliches Areal von rund 200 000 ha südlich der Stadt Acarigua durch Waldrodungen geschaffen wurde. 1954 konnte ein weiteres großes Bewässerungsprojekt in der Nähe der Stadt Calabozo im Staate Guarico begonnen werden mit einer geplanten Gesamtfläche von 110 000 ha (Eith, 1975, S.121-123).

Jene sehr großflächigen unidades agropecuarias hat man später - wie ihre wesentlich kleineren Vorläufer - als "colonias" bezeichnet. Ihre Entwicklung verlief - je nach der Gunst der örtlichen Lagebedingungen und je nach manchen Zufälligkeiten - recht unterschiedlich. Im Falle von Turén konnte nach Überwindung einer schwierigen Anlaufzeit ein recht positives Ergebnis verbucht werden (Borcherdt, 1973, S.68-77). Auch das Bewässerungsgebiet von Guarico erlebte zeitweise eine ganz beachtliche Blüte. Davon wird später noch in einem anderen Zusammenhang die Rede sein (Kap. 6.1).

Neben den Großprojekten der "unidades" wurden gleichzeitig Kolonisationsvorhaben von mittlerer Größenordnung ausgeführt. Diese Neugründungen hatten in der Regel eine ackerbaufähige Fläche von weniger als 1 000 ha. Für diesen Siedlungstyp wurde die Bezeichnung "colonia" beibehalten. Die Vermessung der Parzellen, die Rodungstätigkeit, der Bau der Siedlerhäuser und die Anlage des Wegenetzes wurde vom IAN vorgenommen. Es blieb auch die Verwaltung dem IAN unterstellt.

Die colonias wurden vorwiegend innerhalb der Zentralregion angelegt. Das übrige Land war ja damals verkehrsmäßig noch kaum erschlossen, die Bekämpfung der Malaria in den tropischen Tieflandgebieten war noch im Gange, und die etwas gemäßigteren Höhenklimate bildeten zudem die geeigneteren Lebensräume. Die meisten colonias jener Zeit liegen in Höhen zwischen 400 und 700 Metern.

Der IAN gründete in den 50er Jahren die colonias Yuma, Bárbula und Manuare im Staate Carabobo, Rio Tocuyo im Staat Lara, Guayebo und Durute im Staat Yaracuy, ferner zwei colonias in den Llanos, nämlich Guanare im Staat Portuguesa sowie La Morena im Staat Cojedes, und eine Kolonie, La Esperanza, in der Guayana. Außerdem übernahm der IAN die Verwaltung der schon bestehenden Kolonien Chirgua, Guayabita, Mendoza und Las Manoas.

Die Größe der einzelnen Parzellen innerhalb der colonias war sehr verschieden. Zum Zeil waren vergleichsweise große Parzellen von 10 bis 100 ha verteilt worden, zum überwiegenden Teil jedoch Mikro-Parzellen von 10 ha und weniger. Die Mikro-Parzellen hätten vielleicht bei einer sehr intensiven Bewirtschaftung für eine Siedlerfamilie ausreichend sein können, aber in Marktferne und für zu wenig vorgebildete campesinos waren die Mikroparzellen von manchmal unter 5 ha von vornherein zu klein und mußten also spätere soziale Probleme heraufbeschwören.

1957 betreute der IAN insgesamt 16 colonias einschließlich der drei großen unidades agropecuarias Turén, El Cenizo und El Centro, später umbenannt in El Tocuyo. Die den Siedlern zugeteilte Fläche belief sich auf insgesamt 35 537 ha. Davon entfielen 69 % allein auf die großflächige unidad Turén. In den colonias lebten 1 573 Siedlerfamilien, ein Drittel von ihnen waren Immigranten. Einen überdurchschnittlich hohen Anteil an Einwanderern hatten die Kolonien Turén, El Cenizo, Durute, Guanare, Las Manoas und Mendoza aufzuweisen. Die Einwanderer erhielten in der Regel größere Parzellen zugeteilt, 65 % der Immigranten verfügten über Grundstücke von über 20 ha. 75 % der Venezolaner dagegen haben Parzellen von weniger als 20 ha erhalten. Begründet wurden diese ungleichen Zuteilungen damit, daß die Ausländer als Landwirte tüchtiger seien als die Einheimischen und daß sie vor allem über bessere Kenntnisse auf dem Gebiet der Landbautechnik verfügten als die venezolanischen campesinos. Beruhten solche Einschätzungen auch auf einigen Erfahrungen, so waren sie doch zu pauschal und in zahlreichen Fällen nicht richtig. Es mußte allerdings auch der IAN erst einmal einige Erfahrungen gewinnen.

Der Anteil des landwirtschaftlich genutzten Landes der colonias an den gesamten Nutzflächen Venezuelas betrug im Jahr 1957 wenig mehr als 1 % (MAC 1959, S.68). Es lieferten die colonias jedoch 1957 schon 27 % der gesamten nationalen Reisproduktion und 50 % der gesamten Sesam-Ernte. Turén war am stärksten an der Produktion von Sesam und Reis beteiligt, auch Guarico erzeugte beträchtliche Mengen an Reis. Die anderen colonias waren dagegen vorwiegend auf den Maisanbau spezialisiert. Im Durchschnitt wurden 74 % der Nutzflächen der kleineren colonias mit Mais bestellt. Der Anteil der Maisernten aller colonias wurde 1957 auf rund 10 % der gesamten Landesproduktion an Mais geschätzt, ein durchaus beachtlicher Anteil, der die enormen staatlichen Investitionen zu rechtfertigen schien.

Der Staat hat in die colonias sehr große Summen investiert, in den Jahren zwischen 1950 und 1957 rund 150 Mio. Bolívares, davon 82 % allein in die Kolonie Turén. Im Durchschnitt sind je ha landwirtschaftlich genutzte Fläche bei den colonias zwischen 5 000 und 8 000 Bs. ausgegeben worden, wobei diese Summe zum damaligen Zeitpunkt ungefähr einem gleichhohen Betrag in DM entsprochen hat.

Es funktionierten die Kolonien jedoch keineswegs alle auf lange Dauer. Organisatorische Mängel, vergessene Zusagen der Regierung, schlechte Absatzmöglichkeiten und sehr harte Arbeitsbedingungen bei zum Teil recht schwierigen klimatischen Verhältnissen bremsten den anfänglichen Aufschwung. Was jedoch mit der Gründung der colonias noch gar nicht berührt wurde, das war die agrarsoziale Frage Venezuelas. Die Landzuteilungen an einige hundert Siedler bildeten in Anbetracht vieler Tausend besitzloser Familien höchstens einen Tropfen auf einen heißen Stein. Damit konnte man die hauptsächlichen Probleme einer längst fälligen Agrarreform nicht lösen.

Die spätere positive Entwicklung einiger colonias ist nicht aus ihrer Struktur und Organisationsform heraus verständlich, sondern lediglich dem gesamtwirtschaftlichen Aufschwung des Landes und insbesondere dem Bau eines Netzes von ganzjährig befahrbaren Straßen zu verdanken. Nur mit einer Makadamdecke versehene Straßen konnten den Absatz der landwirtschaftlichen Produkte gewährleisten und eine stete Versorgung der Kolonien mit allen lebenswichtigen Gütern sichern. Eine weitere wichtige Voraussetzung für die wirtschaftliche Aufwärtsentwicklung der Kolonien bildete die Einlösung der Versprechungen, den übrigen infrastrukturellen Ausbau nicht nur zu planen, sondern auch auszuführen. Es bedurfte noch vieler Bittgänge der Kolonisten, um am Ende der 50er Jahre bei den verschiedensten Regierungsstellen die Verlegung von Strom- und Wasserleitungen, die Anlage von Entwässerungsgräben sowie den Bau von Schulen, Kirchen und landwirtschaftlichen Lagereinrichtungen zu erreichen.

Als Standorte für die verschiedenen Versorgungseinrichtungen wurden in den großen colonias oder unidades sog. "centros poblados" vorgesehen, also kleine Dörfer, von denen zunächst aber nur eines innerhalb von

Colonia Turén zustande kam. In Anbetracht der bei Kolonien mit relativ großen Betrieben sich über viele Kilometer hinstreckenden Siedlungsgebiete mit Gruppen von jeweils vier Höfen als kleinen Nachbarschaften waren solche centros poblados unabdingbare Voraussetzung für das Funktionieren jeglicher Art von Gemeinschaft innerhalb der Kolonien. Nachdem aber die meisten Kolonien zu klein waren, um ein eigenes Dienstleistungszentrum für sich beanspruchen zu können, so war dieser Mangel an notwendigen Dienstleistungen vielfach der hauptsächliche Grund für das Scheitern einer dauerhaften Ansiedlung. An einzelnen Stellen konnten auch bereits vorhandene kleine Siedlungen, in deren Nähe die neuen Kolonisationsgebiete erschlossen wurden, einen teilweisen Ersatz für die centros poblados abgeben. Im Fall der Kolonien San Bonifacio und Valle de Aroa hat man ein gemeinsames technisches Dienstleistungszentrum errichtet, aber kein eigentliches centro poblado.

Infolge des gelegentlichen Bedeutungswandels von Begriffen und infolge der plötzlichen Einführung neuer Bezeichnungen, die aber bald wieder aufgegeben worden sind, ergeben sich manchmal Schwierigkeiten in der Interpretation von im Zuge der Reformen ablaufenden Ereignissen. So gibt es neben dem Begriff der eben genannten "centros poblados" auch noch "centros agricolas". Es handelt sich dabei um kleine Agrarkolonien, die aber nicht auf Initiative des IAN, sondern auf Drängen spontaner Landbesetzer zustande gekommen sind. Der IAN hat hier zwar ein wenig bei technischen Einrichtungen geholfen, sich aber sonst nicht weiter um das Schicksal der Ansiedler gekümmert. 1957 gab es nur eine einzige derartige Einrichtung, nämlich den "centro agrícola de Tocuyo", der bei einer Gesamtfläche von 104 ha lediglich 23 Siedlerstellen zählte.

Und noch ein weiterer Begriff tauchte damals auf, der sich auf die Dauer nicht gehalten hat, der Begriff der "fraccionamientos". Auch dabei handelt es sich um Siedlungen einer spontanen Kolonisation, mit landwirtschaftlichen Klein- und Kleinstbetrieben von 0,25 bis 3 ha. Im Gegensatz zur allgemein üblichen Landbesetzung durch einzelne landlose conqueros, die sich irgendwo für einige Jahre auf nicht genutztem Staats- oder Privatland niederlassen, handelt es sich hier um Landbesetzungen durch einige Dutzend Familien, die sich auf einem Stück Land eine dauerhafte Existenz aufbauen wollten. Hier hat der IAN eingegriffen, sich jedoch nur um die Eigentumsübertragung gekümmert. Es hat weder eine technische Beratung noch eine Unterstützung durch staatliche Kredite für diese Art von Siedlungen gegeben. 1957 wurden

insgesamt 31 fraccionamientos mit einer Gesamtfläche von rund 11 000
ha und 2 715 Familien in den offiziellen Listen geführt (MAC 1959 b,
S.220). Die meisten befanden sich in den Staaten Carabobo und Miranda,
also innerhalb der relativ dicht bevölkerten Zentralregion. Hier konnte man mit spektakulären Landbesetzungen die Regierungsstellen am ehesten zum Handeln zwingen. Hier konnten die Siedler auch darauf spekulieren, dank der Nähe zu den großen Absatzgebieten in Form der Selbsthilfe ihre landwirtschaftlichen Betriebe zu entwickeln.

3 ZIELE UND ORGANISATORISCHER RAHMEN DER AGRARREFORM AB 1959/60

Die Ansätze zu einer Agrarreform in Venezuela gehen - wie erwähnt -
auf die Mitte der 40er Jahre zurück. Die häufigen Regierungswechsel
und die Fortdauer der Diktatur verhinderten oder verzögerten jedoch
die Ausführung der beschlossenen Maßnahmen. Auch der Estatuto Agrario
von 1949, der endlich die Agrarreform in Gang bringen sollte, gelang-
te während der Regierungszeit von Perez Jimenez (1948 - 1958) nicht
zur Anwendung. Die Agrarpolitik blieb bis 1958 auf die gelegentliche
Gründung von Agrarkolonien und auf die Förderung der landwirtschaftlichen Mittel- und Großbetriebe ausgerichtet. Damit glaubte man der
wachsenden Nachfrage nach landwirtschaftlichen Produkten begegnen zu
können.

Obwohl das Wirtschaftswachstum fast ausschließlich den Städten und ihren Einwohnern zugute kam, ergaben sich aus den seinerzeitigen agrarpolitischen Maßnahmen verschiedene Ansätze zur Entstehung einer Schicht
aufgeschlossener Agrarunternehmer und damit eines auf Modernisierung
bedachten Sektors in der Agrarwirtschaft. Daraus konnte sich ab den
60er Jahren die Regierungspolitik des "desarrollo hacia adentro" weiter entwickeln, ein Prozeß, wie er in ähnlicher Weise auch in den anderen lateinamerikanischen Staaten vonstatten ging (vgl. Sandner und
Steger, 1973, S.26-35).

Die Entwicklung während der 50er Jahre führte immerhin an einigen
Stellen zu einer teilweisen Intensivierung der landwirtschaftlichen
Nutzung, soweit nämlich zugleich auch ein Ausbau wichtiger Infrastruktureinrichtungen, wie Straßen, Bewässerungsanlagen usw., erfolgte.
Dies brachte eine gewisse Ausdehnung der landwirtschaftlichen Nutzflächen, auch eine Steigerung der Produktion an Grundnahrungsmitteln
und pflanzlichen Industrierohstoffen, bewirkte letztlich aber auch eine größere Konzentration des Landeigentums und der Erträge aus der

Landwirtschaft. Der campesino wurde von dieser Entwicklung kaum berührt; daher verstärkten sich erneut die sozialen Unruhen. Zunehmend gewann jedoch auch das politische Bewußtsein der Bevölkerung an Boden. Immer deutlicher wurden die Forderungen nach einem Wandel der agraren Besitzstruktur und nach einer gerechteren Verteilung von Grund und Boden.

Nach dem Ende der Diktatur von Gomez zeigten sich bereits 1936 die ersten Ansätze einer Bauernorganisation in Venezuela durch die Bildung von Syndikaten. 1947 wurde die "Federación Campesina de Venezuela" gegründet, die jedoch erst nach dem Ende der Diktatur von Perez Jimenez wieder aktiv werden durfte. 1959 fand der erste "Congreso Campesino" statt, an welchem die verschiedenen regionalen Bauernorganisationen teilnahmen.

Als 1959 eine demokratische Regierung dank kräftiger Unterstützung durch die ländliche Bevölkerung die Macht übernahm, wurde die Agrarreform - wie man es versprochen hatte - als eines der wichtigsten Ziele in das Regierungsprogramm übernommen. Die Agrarreform sollte ohne spektakulären Umsturz der bestehenden Verhältnisse den Wandel der Agrarstruktur mit demokratischen Mitteln erreichen, ein Ziel, welches zwei Jahre später - nach der kubanischen Revolution von 1961 - in der "Charta von Punta del Este", welche den Anstoß für die Durchführung weiterer Agrarreformen in Lateinamerika gab, gleichermaßen formuliert wurde (vgl. IAN, 1965b, S.80 ff; Feder, 1973).

Noch im Jahr 1959, während das Agrarreformgesetz noch ausgearbeitet wurde, erfolgten die ersten Landzuteilungen. Damit sollte die Tatkraft der jungen demokratischen Regierung unter Beweis gestellt werden. Am 5. März 1960 wurde das Agrarreformgesetz schließlich erlassen. Es basiert weitgehend auf dem Agrarreformgesetz von 1949, unterscheidet sich von diesem vor allem dadurch, daß es eingehendere Vorschriften über Kredite, Vermarktung, Genossenschaftswesen, Schulen und Wohnungsbau enthält. Dagegen sind die Aussagen über die Voraussetzungen für Landenteignungen ungenauer formuliert (Bayerer, 1964, S.2).

3.1 ZIELE DER AGRARREFORM

Nach Artikel 1 des Gesetzes von 1960 ist es das wichtigste Ziel der Agrarreform, eine Umwandlung der Agrarstruktur und eine Beteiligung der in der Landwirtschaft tätigen Bevölkerung an der sozioökonomischen Entwicklung des Landes zu erreichen. Das Latifundiensystem soll beseitigt und eine gerechtere Verteilung des Bodens bzw. ein Wandel der landwirtschaftlichen Besitzverhältnisse erreicht werden. Der Boden sollte dem Landwirt, der ihn bearbeitet, die Grundlage für ökonomische

Sicherheit und sozialen Wohlstand sowie die Garantie seiner Freiheit sein. Als Voraussetzungen für das Funktionieren einer solchermaßen ausgerichteten Agrarreform werden der Ausbau des landwirtschaftlichen Kreditwesens und die Schulung und Beratung der campesinos angesehen.

Die Agrarstruktur Venezuelas ist - wie in allen lateinamerikanischen Ländern - durch eine aus der Kolonialzeit überkommene starke Bodenbesitzkonzentration gekennzeichnet. Den Dualismus von Latifundien und Minifundien spiegeln deutlich die Zahlen der landwirtschaftlichen Betriebe wider. 1961 waren 2,2 % aller landwirtschaftlichen Betriebe größer als 500 ha, sie verfügten jedoch über 78,8 % der kultivierten Flächen. Andererseits waren 49,3 % aller landwirtschaftlichen Betriebe kleiner als 5 ha, bewirtschafteten aber nur 1,1 % des Kulturlandes.

Das Agrarreformgesetz zielte nicht allein auf die Auflösung dieser Landbesitzstruktur hin. Es galt gleichzeitig auch eine neue Siedlungsstruktur und damit in Verbindung eine verbesserte Infrastruktur zu erreichen. Das vom IAN aus Privat- oder Staatsbesitz erworbene und für die individuelle oder kollektive Nutzung zugeteilte Land sollte für die Siedlung der "asentamientos" gemäß Art. 57 und 60 ausreichend sein für die Nutzung als Acker, Weide, Wald und für den Wohnplatz. Wichtig war dabei die Ablösung der bisher vorherrschenden Streusiedlung durch ein Dorf, um die ländliche Bevölkerung zu konzentrieren und damit eine hinreichende Basis zunächst einmal für die verschiedensten Versorgungseinrichtungen zu haben. Später könnte darauf aufbauend auch eine differenzierte Berufsstruktur erreicht werden.

Ein weiteres übergeordnetes Ziel der Agrarreform war die Reduzierung der sich besonders seit 1958 verstärkenden Land-Stadt-Wanderung. Der starke Zustrom ländlicher Bevölkerung in die Städte verursachte ständig größere Probleme, weil in den Städten gar nicht genügend Arbeitsplätze geschaffen werden konnten (vgl. Borcherdt, 1967, Pachner, 1978). Es blieb zwar im Zeitraum zwischen 1951 und 1971 die Anzahl der in ländlichen Siedlungen lebenden Bevölkerung annähernd gleich (1951: 2 325 000; 1971: 2 317 000 Einwohner), doch vergrößerte sich während dieser Zeit die Zahl der städtischen Bevölkerung von 2,7 Mio. (1951) auf 8,4 Mio. Einwohner (1971). Damit verringerte sich der Anteil der in ländlichen Siedlungen lebenden Bevölkerung an der Gesamtzahl der Bevölkerung von 46,2 % (1951) auf 21,6 % (1971). Gleichzeitig sank der Anteil der in der Landwirtschaft tätigen Erwerbspersonen von 41,3 % (704 700 Personen) auf 20,3 % (660 200 Personen im Jahr 1971). Mit der Agrarreform hoffte man die Zahl der in der Landwirtschaft Tätigen wieder zu erhöhen und den Anteil der in ländlichen Siedlungen lebenden Bevölkerung wieder anheben zu können.

Die Ziele des IAN sahen vor, daß in den 15 Jahren zwischen 1960 und 1975 rund 350 000 Familien in lebensfähige landwirtschaftliche Betriebe eingewiesen werden, wofür Land aus privatem und staatlichem Besitz bereitzustellen war. Die Gesamtsumme der dafür erforderlichen Investitionen wurde auf über 23 Mrd. Bolívares (Bs.) veranschlagt. 4,6 % der Summe waren für den Landerwerb, 44,3 % für die Parzellierung des Landes sowie für die Schaffung der erforderlichen Infrastruktur und die restlichen 51,1 % für die direkten Kolonisationsmaßnahmen, z.B. für die Vorbereitung des Bodens, für den Bau von Häusern (5 000 Bs. pro Haus), für die Errichtung von Lagerschuppen, für den Kauf von Werkzeugen, Fahrzeugen usw. veranschlagt. Umgerechnet bedeutet dies Investitionen in Höhe von rund 66 000 Bs. pro anzusiedelnde Familie. Für das übertragene Land wurden dementsprechend Durchschnittskosten von 1 850 Bs. pro ha veranschlagt (IAN 1976b, Vol.III, S.4; der Kaufkraft nach entsprach in den 60er Jahren 1 Bolívar = 1 DM).

Zur Finanzierung seiner Arbeitsprogramme sollten dem IAN über 10 % der gesamten staatlichen Haushaltmittel zur Verfügung stehen, außerdem zusätzliche Mittel in Form von Krediten. Dieses Planziel ist allerdings niemals erreicht worden. Die Höhe der jährlich verfügbaren Geldmittel schwankte erheblich je nach den wechselnden politischen Konstellationen und je nach dem Konkurrenzdruck durch unumgängliche andere staatliche Ausgaben oder neue effektvolle Programme. Der Jahresbericht des IAN von 1970 schätzte den Anteil der Geldmittel für die Agrarreform am gesamten Staatsetat während des Zeitraumes 1960 bis 1970 auf nur 2,66 %. Infolge der geringeren Geldmittel mußte sich natürlich auch die Ausführung aller Pläne wesentlich hinauszögern. Die Regierung betrachtete die Fortführung der Agrarreform im Laufe der Jahre zunehmend als ein zweitrangiges Anliegen und verringerte die Zuteilung von Geldmitteln.

3.2 DIE BEHÖRDEN

Der IAN (Instituto Agrario Nacional) ist für die Durchführung der Agrarreform verantwortlich. Er ist dem Landwirtschaftsministerium beigeordnet, jedoch eine eigenständige juristische Person und kann daher selbst Eigentum haben. Das Direktorium besteht aus einem Präsidenten und vier Direktoren, von denen zwei Vertreter der Bauernorganisation und einer Fachmann aus der Landwirtschaft sein müssen. Das Direktorium wird vom Ejecutivo Nacional ernannt.

Die hauptsächlichen Aufgaben des IAN bilden die Planung und Durchführung von Agrarreform-Maßnahmen einschließlich der Finanzplanung. Der IAN entscheidet über Landerwerb, Enteignung, Parzellierungen und Land-

zuteilungen, ferner über die Gründung von centros agrarios, über die
Organisation der technischen Beratung, auch über den Wohnungsbau in
den asentamientos, und er ist schließlich beteiligt bei allen flankierenden Maßnahmen zur Agrarreform.

Bei der Umsetzung nahezu aller seiner Programme ist der IAN jedoch auf
die Mitwirkung der verschiedenen Fachministerien angewiesen. So muß
der IAN z.B. beim Straßenbau kooperieren mit dem - inzwischen allerdings umorganisierten - Ministerio de Obras Públicas (MOP), beim Wohnungsbau mit dem Ministerio de Salud y asistencia Social (MSAS), bei
der Beschaffung landwirtschaftlicher Kredite mit dem Instituto de Crédito Agropecuario (ICAP) und mit dem Fondo de Crédito Agrícola (FCA).
Für die landwirtschaftliche Beratung ist das Landwirtschaftsministerium (MAC) zuständig, für die Schulung und Fortbildung der campesinos
der Instituto Nacional de Cooperación Educativa (INCE), für die agrotechnische Ausbildung jedoch der Centro de Investigación Aplicada a
la Reforma Agraria (CIARA), um hier nur die wesentlichsten zu nennen.
Darüber hinaus gibt es noch weitere Ministerien sowie staatliche und
halbstaatliche Institutionen, mit denen die jeweiligen fachspezifischen Aufgaben abgestimmt und letztlich gemeinsam zur Ausführung gebracht werden müssen. Das bedeutet, daß die Mehrzahl aller Aufgaben
des IAN gar nicht in dessen eigener Regie zur Ausführung gelangen
kann. Weil aber für die Einrichtung einer einzigen Agrarreformsiedlung
die Zusammenarbeit mit Dutzenden anderer Behörden organisiert und hinsichtlich der praktischen Durchführung auch zeitlich aufeinander abgestimmt werden muß, gibt es einen riesigen bürokratischen Aufwand und
in der praktischen Ausführung zumindest - vorsichtig ausgedrückt -
zahlreiche Pannen. Wenn in der fernen Provinz nicht zufällig mehrere
Persönlichkeiten mit großem organisatorischem Geschick zusammentreffen und über die Grenzen von Behörden hinweg ein Meisterwerk der Kooperation vollbringen, dann kann die Einrichtung eines asentamiento
zu einem jahrelangen Unternehmen werden. Daß daraus zahlreiche Rückschläge für die Durchführung der Agrarreform resultieren, weil nämlich zwangsläufig viele der den campesinos gegebenen Versprechungen
nicht eingehalten werden, wird noch an anderer Stelle zu erörtern
sein.

3.3 DIE ANSIEDLUNG IM "ASENTAMIENTO"

Nach dem Agrarreformgesetz sollte eine Konzentration der durch Landzuteilungen begünstigten ländlichen Bevölkerung in neuen dörflichen

Siedlungen, in "asentamientos", erfolgen. Die Schaffung infrastruktureller Einrichtungen, die bessere Betreuungsmöglichkeit der Bevölkerung, sodann bessere Einkommens- und Lebensbedingungen bilden die hauptsächlichen Ziele dieser Siedlungsweise.

Der Begriff "asentamiento" läßt sich nicht so ohne weiteres exakt definieren, weil er - wie so manche anderen Begriffe - unterschiedlich und unpräzise gebraucht wird. Das führt leider auch zu Schwierigkeiten bei der Interpretation statistischer Daten. Worin die Schwierigkeiten bestehen, zeigen die folgenden Beispiele der Anwendung des Begriffes "asentamiento": [1]

- Nach Art. 60 des Agrarreformgesetzes verbinden sich die "asentamientos" sowohl mit der individuellen als auch kollektiven Landzuteilung.

- "Asentamiento" bezieht sich auf die Örtlichkeit, an welcher die Begünstigten Land zugeteilt bekommen haben (Suarez-Melo, 1974, S.308).

- Ein "asentamiento" besteht aus den vom IAN erworbenen und an campesinos verteilten Ländereien. Die Grenzen des neuen asentamiento können mit denen eines früheren Großbetriebes identisch sein, können auch mehrere frühere Besitzungen umfassen oder auch nur Teile eines früheren Großgrundbesitzes (Suarez-Melo, 1974, S.308; Duque Corredor, 1974, S.295).

- Es gibt jedoch auch "asentamientos", die sich im Zuge von Landbesetzungen auf Privat- oder Staatsland entwickelt haben, vom IAN jedoch als förderungswürdig anerkannt sind und von ihm unterstützt werden. In solchen Fällen wird vom IAN das Land aufgekauft; die campesinos bekommen nachträglich Besitztitel. Die Siedlung erhält im Laufe der Zeit Verbesserungen auf dem Gebiet der Infrastruktur (Duque Corredor, 1974, S.249-297; auch Di Natale, 1974, S.218).

- Unter technischen Gesichtspunkten versteht man beim IAN unter einem "asentamiento" ein centro poblado, also einen Wohnplatz, und dazu die Nutzungsparzellen der Begünstigten. Bei nur wenigen oder nur relativ großen Parzellen, etwa bei einem vergleichsweise extensiven Weidewirtschaftsbetrieb, ist die Zahl der Wohnstätten nicht groß genug, um ein "centro poblado" zu bilden. In einem solchen Fall bleibt die Abhängigkeit des "asentamiento" von einem "centro de servicios", also vom nächstgelegenen Dorf (Duque Corredor, 1974, S.295).

---

[1] In Chile und Panama z.B. bezieht sich der Begriff "asentamiento" auf eine provisorische kollektive Landzuteilung, die nach etwa drei bis fünf Jahren in individuelle Parzellen aufgeteilt werden soll (Suarez-Melo, 1972, S.13 und 19).

- CIARA definiert "asentamiento" als eine betriebliche Einheit (unidad de explotación) mit festen Grenzen. Solche Vieh- oder Landbaueinheiten werden den campesinos zum Zwecke einer rationellen Landnutzung zugeteilt. Dabei entsteht eine Kooperation zwischen dem IAN und den campesinos, wobei sich der IAN zur infrastrukturellen Ausstattung der asentamientos verpflichtet, während die campesinos die Verantwortung für eine rationelle Bodennutzung tragen.

Es sind die asentamientos zugleich aber auch rechtlich anerkannte Wohnplätze, die sich in ihrem Status von den spontanen Niederlassungen (nucleos espontaneos) unterscheiden, die ohnehin meist nur kleine weilerartige Siedlungen darstellen und rechtlich nicht anerkannt sind (CIARA, 1974, S.604-605).

Während bisher vor allem bei den peripheren ländlichen Räumen Venezuelas eine ausgesprochene Streulage der ländlichen Siedlungen in Verbindung mit nur weilerartigen kleinen Gruppierungen vorherrschend und typisch war und ist, erfolgt im Zuge der Agrarreform eine allmählich an Umfang gewinnende Konzentration der ländlichen Bevölkerung in den neuen dörflichen Siedlungen der asentamientos (Borcherdt, 1967, S.193).

Nach einer offiziellen Zusammenstellung des IAN gab es im Jahre 1970 insgesamt 1 252 asentamientos und 744 "nucleos espontaneos", zusammen also 1 996 vom IAN betreute Siedlungen. Fünf Jahre später, 1975, wurde bei einer neuen Erhebung des IAN über Umfang und Struktur der Agrarreformsiedlungen eine Zahl von insgesamt 2 975 asentamientos und nucleos espontaneos ermittelt, allerdings ohne eine Unterscheidung zwischen den beiden Typen. Nachdem sich die Zahl der von der Agrarreformbehörde betreuten Siedlungen nicht durch Neugründungen so erheblich erhöht haben kann, muß wohl durch Maßnahmen auf organisatorischem Gebiet - etwa durch die Erweiterung der Zahl der Kreditempfänger - die Zahl der Agrarreformsiedlungen stark angewachsen sein. Es besteht nämlich die Hälfte der 1975 vom IAN untersuchten asentamientos (einschließlich der nucleos espontaneos) aus weniger als 30 Personen, ein weiteres Viertel hat zwischen 31 und 50 Personen aufzuweisen. Solche Kleinsiedlungen entsprechen jedoch nicht den Zielsetzungen der Agrarreform.

Die räumliche Verteilung der vom IAN gegründeten oder betreuten Siedlungen zeigt deutliche Konzentrationen im Vorland der Anden, aber davon abgesehen eine weitläufige Streulage (Abb. 1). Dies hat seine Vor- und auch Nachteile. Eine starke räumliche Streuung ist sicherlich schon aus politischen Gründen zweckmäßig, könnte auch zur Ver-

sorgung der regionalen Märkte sinnvoll sein. Auf der anderen Seite
ließe sich der Aufwand für einen großen Teil der Infrastrukturmaßnahmen wesentlich senken, wenn jeweils mehrere Agrarreformsiedlungen
einander benachbart wären. Aus diesem Grund wollte man auch 1975
"areas de reforma agraria" einführen, um damit vor allem Angebot und
Leistung des Dienstleistungssektors zu erhöhen. Aber dieser Gedanke
hat sich nicht durchgesetzt.

Nicht uninteressant sind die für das Stichjahr 1976 vorliegenden Daten über den Anteil der zu den asentamientos zählenden Betriebe an
der Gesamtzahl der landwirtschaftlichen Betriebe in den einzelnen Distrikten (distritos, Verwaltungseinheit, die einige wenige municipios
= Gemeinden umfaßt). Hohe Anteile von Agrarreformbetrieben finden
sich vor allem in der Küstenkordillere und im Gebirgsvorland zu beiden
Seiten der Anden (Abb. 2).

3.4 "CENTROS POBLADOS" UND "ALDEAS RURALES"

Nach Art. 133 des Agrarreformgesetzes gehören die Verbesserung der
Wohnverhältnisse im ländlichen Raum und die Zusammenfassung der ländlichen Bevölkerung in Dorfsiedlungen (centros poblados) zu den besonders wichtigen Anliegen der Agrarreform. Der IAN hat den Bau neuer
Häuser sowie die Renovierung von Wohnungen in Zusammenarbeit mit öffentlichen und privaten Institutionen zu fördern (Art. 134 ff.). Dabei
beschränkt sich aber das Wohnungsbauprogramm keineswegs nur auf die
Agrarreformsiedlungen, sondern es ist auch anzuwenden auf campesinos
mit geringem oder mittlerem Einkommen, welche vom IAN keine Landzuteilungen bekommen haben (IAN, 1974, S.115). Insgesamt sind in den Jahren
zwischen 1961 und 1975 durch Unterstützung des IAN und des MSAS rund
150 400 Häuser gebaut worden (MAC-Anuario, 1975, S.24). Es gibt aber
auch noch ein weiteres Förderungsprogramm, bei welchem die campesinos
den Bau oder die Renovierung ihrer Häuser selbst durchführen und nur
das Baumaterial sowie technische Beratung vermittelt bekommen. Von
diesem Programm kann die ganze Bevölkerung im ländlichen Raum Gebrauch
machen. 1974 wurde geschätzt, daß noch etwa 315 000 Ranchos renoviert
werden müßten (IAN, 1975, S.9). In den vom IAN betreuten Siedlungen
lebten in der Mitte der 70er Jahre - nach den Ergebnissen einer Umfrage - fast zwei Fünftel der Befragten in einem "Haus", über die Hälfte
der Bewohner jedoch in einem "rancho campesino" (IAN, 1976, Tab. 1.6
und 1.7).

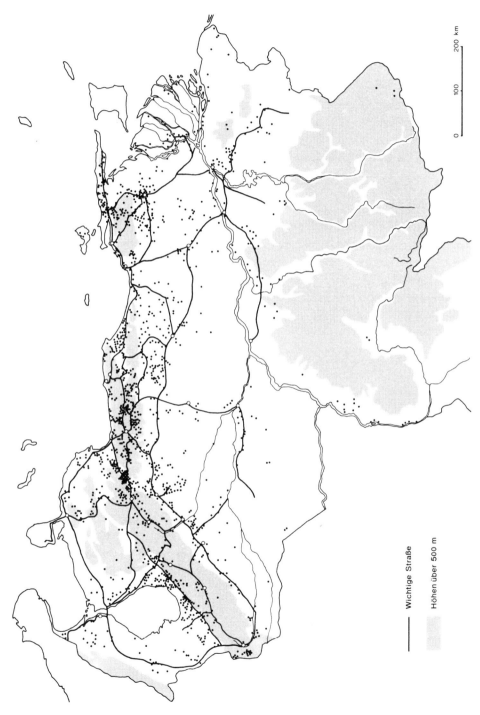

Abb. 1: Die Agrarreformsiedlungen der "asentamientos", 1976

Abgesehen von der noch unzureichenden Ausstattung der Agrarreformsiedlungen mit festen Wohnhäusern läßt auch die bisher nur geringe Konzentration der Bevölkerung in Dorfsiedlungen noch sehr zu wünschen übrig. Die eben genannte Umfrage ergab nämlich, daß 1975 noch immer etwa die Hälfte aller Wohnstätten verstreut auf den landwirtschaftlichen Nutzungsparzellen gelegen ist.

Immerhin sind bei einem Teil der im Zuge der Kolonisationsmaßnahmen angelegten neuen asentamientos auch centros poblados eingerichtet worden mit durchschnittlich je etwa hundert Familien. Gelegentlich kann es sich auch einmal um eine umgewandelte frühere hacienda handeln, doch werden zumeist neue Häuser mit staatlicher Hilfe gebaut. Die uniformen Häuser sind dann in gleichmäßiger Anordnung zeilenhaft oder um einen zentralen Platz angeordnet und in der Regel auf einen einzigen Wohnplatz konzentriert, können jedoch auch einmal auf mehrere Stellen innerhalb eines asentamiento verteilt gelegen sein. Es erfordern in den meisten Fällen allein schon die infrastrukturellen Einrichtungen eine Konzentration der Wohngebäude in der Form einer dörflichen Siedlung. Hier finden sich ein Brunnen bzw. ein Wassertank mit Anschlußmöglichkeiten für alle Wohnhäuser, hier gibt es elektrischen Strom, eine Schule, eine Sanitätsstation, eventuell einen Arzt, ferner ein "centro comunal" (eine Art Gemeindehaus), auch Lagerschuppen für die landwirtschaftliche Produktion.

Seit 1975 besteht die Tendenz, größere Dörfer für etwa 300 Familien anzulegen. Sie werden als "aldeas rurales" bezeichnet, d.h. als ländliche Weiler oder Dörfer. Vom Begriff her besteht eine Verbindung mit dem "Versorgungsweiler", der im traditionellen ländlichen Siedlungsgebiet eine wichtige Rolle spielt. Mit den allerdings erheblich größeren aldeas rurales sollen auch in erster Linie Versorgung und Betreuung der campesinos verbessert und einfacher gestaltet werden. 1975 gab es in ganz Venezuela nur 18 offizielle aldeas rurales, jeweils nur einer oder zwei in zwölf Bundesstaaten (IAN, 1975 b, S.9).

Für sämtliche Agrarwirtschaftsformen dürften jedoch solche größeren Dorfsiedlungen kaum geeignet sein, weil sich mit zunehmender Betriebsgröße naturgemäß auch die Distanzen zwischen dem Dorf und den äußeren Parzellen vergrößern müssen. So manche neueren Programme wollen zwar irgendwo einmal aufgefallene Fehler - etwa in der Siedlungsstruktur - vermeiden, aber es wird versäumt, vorher das regional unterschiedliche Zusammenwirken der verschiedenartigsten Faktoren zu berücksichtigen. Demzufolge sind dann manche Programme nur von kurzer Dauer.

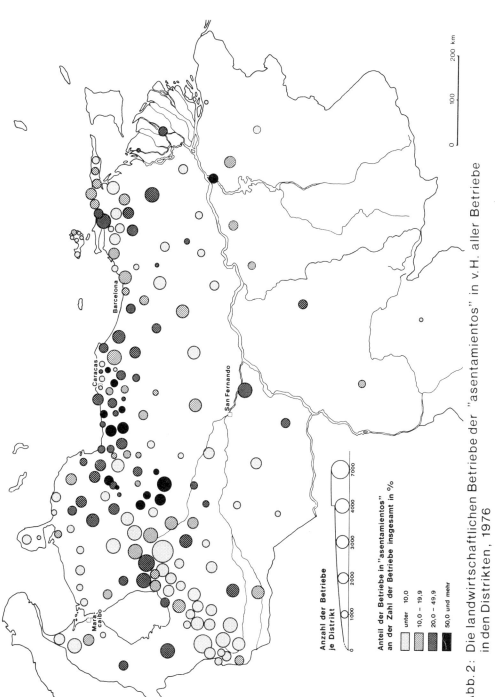

Abb. 2: Die landwirtschaftlichen Betriebe der "asentamientos" in v.H. aller Betriebe in den Distrikten, 1976

3.5 "CENTROS AGRARIOS"

Während ein centro poblado eine konkrete Siedlungsform darstellt, die es in vollendeter Form freilich erst in relativ wenigen Exemplaren gibt, ist ein "centro agrario" einerseits der Standort konkreter Einrichtungen für die Landwirtschaft, andererseits der Verwaltungssitz von Organisationen, die sich mit der Förderung der Landwirtschaft zu befassen haben. Im Grunde handelt es sich beim centro agrario um den der Landwirtschaft dienenden Teil an Versorgungseinrichtungen, welche an sich in einem centro poblado vorhanden sein müßten oder könnten.

Im Agrarreformgesetz werden die centros agrarios in Art. 58 zwar kurz genannt, aber nicht genau definiert (vgl. Di Natale, 1974, S.214-288; Duque Corredor, 1974, S.279-295). Letztlich kann man sie als Zellen ländlicher Gemeinden ansehen bzw. als Teilgemeinden mit einer eigenen Verwaltung (Suarez-Melo, 1974, S.300 ff.). Nach dem Agrarreformgesetz müssen die Begünstigten kollektiver Landzuteilungen mit Unterstützung des IAN centros agrarios bilden. Bei den individuellen Landzuteilungen bestehen keine derartigen Verpflichtungen, es können centros agrarios jedoch auch auf freiwilliger Basis eingerichtet werden. Dazu bedarf es aber wohl einer größeren Zahl von Interessenten und schließlich auch der nötigen Aktivitäten, um überhaupt erst einmal die Bildung eines solchen centro agrario anzuregen. Der IAN entscheidet schließlich, wo und wann und mit welcher Ausstattung ein centro agrario entstehen soll. In funktionaler Hinsicht ist am wichtigsten, daß im centro agrario eine Warenbezugs- und Absatzgenossenschaft aktiv ist. Diese muß hinsichtlich der Vermarktung nicht über eigene Einrichtungen verfügen, sondern sie vertritt z.B. gegenüber einem Verarbeitungsbetrieb landwirtschaftlicher Produkte die Interessen ihrer Mitglieder.

Ein centro agrario besteht aus a) Basisgruppen von maximal 30 Mitgliedern, b) aus speziellen Kommissionen zur Bewältigung bestimmter Aufgaben, c) aus der Generalversammlung sämtlicher Mitglieder als höchstem Entscheidungsgremium, d) aus dem Verwaltungskomitee, das aus fünf von der Generalversammlung gewählten Mitgliedern besteht und die laufenden Geschäfte des centro zu führen hat, e) aus dem Kontrollkomitee, welches die gesamten Aktivitäten des centro zu überprüfen hat.

Die Mitglieder des centro agrario untergliedern sich in aktive und passive Mitglieder. Aktive Mitglieder sind sowohl die Begünstigten von kollektiven oder individuellen Landzuteilungen als auch sämtliche Personen, welche im agro-industriellen Bereich des centro, in der Vermarktung oder bei Dienstleistungen im centro tätig sind. Als passive Mitglieder werden solche Personen angesehen, die nicht auf landwirtschaftlichem Gebiete tätig sind, wohl aber durch die Ausübung anderer Berufe auf Dauer mit der Gemeinschaft des centro verbunden sind. Das Verwaltungskomitee entscheidet darüber, wer passives Mitglied werden kann. Wenn ein aktives Mitglied vom centro agrario ausgeschlossen wird oder dieses verlassen will, dann verliert es sein Anrecht auf Landnutzung. Ein Ausschluß muß allerdings vom IAN genehmigt werden.

Centros agrarios sind überwiegend in den Jahren 1969-73 gebildet worden. Insgesamt wurden 380 centros agrarios gegründet mit zusammen 250 640 Familien auf rund 518 000 ha. Nach dem Regierungswechsel von 1974 ist von dieser Organisationsform nur noch wenig zu hören. Es hatte sich vorher schon die federación campesina de Venezuela gegen die Organisationsform der centros agrarios ausgesprochen. Die Bauernorganisation kritisierte den zu starken Einfluß des IAN und seiner Funktionäre. Nachdem die 1974 gebildete Regierung die federación campesina unterstützte, sind aus politischen Gründen keine weiteren centros agrarios gebildet worden. Außerdem hatten nach der 1976 vom IAN durchgeführten Erhebung insgesamt nur noch 18 asentamientos ein centro agrario aufzuweisen.

Nach den Ausführungen von Suarez-Melo (1975, S.37-47) haben die centros agrarios nur geringe Erfolge verzeichnen können, weil sie direkt dem IAN unterstanden, aber nicht geklärt war, ob die kollektiven Landzuteilungen tatsächlich gemeinsam zu bewirtschaften waren oder auch in Form individueller Landnutzung. Schließlich sind auch die Formen der Zusammenarbeit zwischen den centros agrarios und den oftmals am gleichen Standort ansässigen wirtschaftlichen Organisationen niemals völlig geklärt worden. Sind in der Folgezeit auch keine weiteren centros agrarios gegründet worden, so entstanden doch sehr ähnliche landwirtschaftliche Organisationsformen, die unter anderen Bezeichnungen die genossenschaftlichen Aspekte stärker in den Vordergrund treten ließen.

3.6 HERKUNFT DER LANDFLÄCHEN FÜR DIE AGRARREFORM

Es bedarf hier einer zumindest kurzen Darlegung, von wem - besitzrechtlich - die Ländereien stammen, die aufgesiedelt bzw. den campesinos zur Nutzung übertragen worden sind. Der venezolanische Staat verfügt über sehr beträchtliche Flächen an "tierras baldias", an Staatsland im engeren Sinne des Wortes, das vor allem in den wenig besiedelten peripheren Teilen des Landes gelegen ist. Dort nutzen kleine Gruppen von "ocupantes", d.h. von "Landbesetzern" (Gormsen, 1975, S.181) oder von sog. "conqueros", d.h. von nicht dauernd seßhaften landlosen Kleinstlandwirten (Borcherdt, 1967, S.146; Vessuri, 1977), stellenweise den staatlichen Grund und Boden. Außerdem besitzt der Staat "tierras nacionales". Dabei handelt es sich um zum Teil recht wertvolle landwirtschaftliche Ländereien ehemaliger Haciendas, die nach dem

Sturz der diktatorischen Regime von Gomez (1908 - 1935) und Perez Jimenez (1953 - 1958) durch eine Kommission gegen illegale Bereicherung (Comisión contra el enriquecimiento ilícito) vom Staat beschlagnahmt worden waren. Ferner verfügen staatliche Institutionen über "tierras ejidales", die in ihrem Ursprung auf die Kolonialzeit zurückgehen und das Gemeindeland bilden. Dazu kommt noch der Landbesitz von autonomen staatlichen Institutionen, z.B. vom Banco Agrícola y Pecuario.

Dem IAN kann der Staat seinen Landbesitz jederzeit kostenlos übertragen. Dem Staat obliegt jedoch auch die Verantwortung für die Erschliessung der dem IAN übertragenen landwirtschaftlich nutzbaren Gebiete sowie deren Inwertsetzung durch Einbindung in integrierte Entwicklungsprojekte (Art. 4).

Ländereien aus Privateigentum können gemäß Art. 24 ff. des Agrarreformgesetzes sowohl auf dem Wege des Aufkaufs als auch durch Enteignung vom IAN übernommen werden. Der Kauf von Privatland setzt voraus, daß dieses bereits landwirtschaftlich genutzt wird, was durch einen amtlichen Prüfungsbericht zu bestätigen ist, in welchem auch die Qualität der Ländereien beschrieben wird und dessen Ergebnis den Einkaufspreis wesentlich bestimmt. Die Bezahlung von Privatland erfolgt in bar, wenn der Betrag die Summe von 100 000 Bs. nicht übersteigt. Liegt die Summe höher, dann wird der darüber liegende Betrag in "bonos de la deuda agraria", d.h. in Staatsschuldscheinen unterschiedlicher Laufzeit, beglichen.

Es gibt drei verschiedene bonos-Arten. Klasse A wird ausgegeben für unkultiviertes Land oder für indirekt durch Pächter, ocupantes usw. kultivierte Ländereien. Die Laufzeit beträgt 20 Jahre bei 3 % jährlicher Verzinsung. Klasse B wird ausgegeben für vom Eigentümer widerstandslos hingenommene Enteignungen. Die Laufzeit beträgt 15 Jahre bei 4 % jährlicher Verzinsung. Bonos der Klasse C werden vergeben für Landbesitz, der relativ intensiv landwirtschaftlich genutzt wird, vom IAN jedoch benötigt wird. Die Laufzeit beträgt 10 Jahre, die jährliche Verzinsung erfolgt je nach Marktlage. Die Bezahlung durch bonos muß vom Verkäufer hingenommen werden. Die bonos sind nicht übertragbar, lassen sich aber zur Sicherung bei der Aufnahme von offiziellen Krediten für die Landwirtschaft verwenden. Bonos A und B können auch für die Zahlung von Steuerschulden eingesetzt werden.

Landenteignungen zum Zwecke der Agrarreform sind nur möglich, wenn ein Grundbesitz die erwarteten "sozialen Funktionen" nicht erfüllt. Unter "sozialer Funktion" des Grundbesitzes werden in Art. 19 des Agrarreformgesetzes aufgeführt eine direkte und produktive Bewirtschaftung des landwirtschaftlichen Betriebes einschließlich der finanziellen Verantwortung für die Betriebsführung, die Erfüllung der gesetzlichen Regelungen bezüglich der Arbeitsverhältnisse, die Berücksichtigung der gesetzlichen Bestimmungen hinsichtlich der Erhaltung des Bodens und der anderen Naturressourcen, ferner die Eintragung des Landeigentums beim nationalen Katasteramt (Oficina Nacional de Catastro de Tierras y Aguas).

In Venezuela gab es bis zum Anfang der 60er Jahre in den ländlichen Gebieten kein Kataster, so daß die genaue Ausdehnung und Abgrenzung der Landbesitzungen schwer zu bestimmen war. Daraus resultierten viele Verzögerungen bei der Durchführung der Agrarreform, bei der Landzuteilung und insbesondere bei der endgültigen Titelvergabe. Erst 1962 wurde ein Katasteramt geschaffen und mit der Aufstellung des "plan de regularización de la tenencia" begonnen.

Wenn ein landwirtschaftlicher Betrieb die genannten Voraussetzungen an "sozialen Funktionen" nicht erfüllt, kann er für Zwecke der Agrarreform enteignet werden. Dies gilt sowohl für privates als auch für staatliches Grundeigentum. Nicht enteignet werden können Naturschutzgebiete, Nationalparks und Wälder sowie landwirtschaftliche Betriebe, deren Flächen bei guten natürlichen Ertragsbedingungen 150 ha, bei geringerer landwirtschaftlicher Eignung eine Fläche zwischen 150 und maximal 5 000 ha nicht übersteigen darf (Art. 29). Betriebsflächen in diesem Umfang sind auch im Falle von Enteignungen von Großbetrieben dem Eigentümer zur Aufrechterhaltung eines landwirtschaftlichen Betriebes zu belassen (Art. 30), dazu 15 % zusätzliches Landreserve an Wäldern und Weideland. Dieses Reserveland muß innerhalb von drei bzw. fünf Jahren in landwirtschaftliches Kulturland umgewandelt werden. In dicht besiedelten Regionen kann das Reserveland um 50 % kleiner sein.

Die Enteignungen erfolgen gegen Entschädigung, wobei die Bezahlung in ähnlicher Weise durchgeführt wird wie beim Kauf von Landeigentum. Wenn bewirtschaftete Flächen, die dem Staat gehören, in Agrarreformmaßnahmen einbezogen werden, so können den "ocupantes" vom IAN Teilflächen ihres bisherigen Betriebes übertragen oder auch neue Parzellen zugewiesen werden. Für die dem IAN zufallenden Nutzflächen werden die "obras y mejoras", d.h. die durch Rodung und Landkultivierung geleisteten Arbeiten durch Geldzahlungen abgelöst.

Die im Gesetz dargelegten Ausführungen über die "sozialen Funktionen" haben mehrfach Anlaß zur Kritik gegeben. Einerseits wird dadurch eine gewisse Landnutzung geradezu erzwungen, wenn die Grundeigentümer eine Enteignung befürchten. Andererseits fördert der Staat ohnehin die Nutzung auch relativ großer Flächen, weil für nahezu jede landwirtschaftliche Produktion Kredite gewährt werden. Dadurch gewährleistet das Gesetz den Fortbestand großer landwirtschaftlicher Unternehmungen, die als kapitalstarke Betriebe mit Hilfe von Maschinen auch große Flächen bewirtschaften können. Das andere Ziel der Agrarreform, nämlich die Partizipation aller agrarsozialen Gruppen an den agrarstrukturellen Verbesserungen, wird dadurch jedoch vernachlässigt (vgl. Barraglough, 1973; Feder, 1973). Kritisiert werden auch die im Gesetz festgelegten Methoden der Landenteignung, weil die Verfahren zu umständlich und die Entschädigungssummen manipulierbar sind, so daß sogar verschiedentlich Landspekulationen zum Zwecke der Erzielung hoher Entschädigungssummen vorkamen.

Zwei Drittel der Ländereien, die bisher für die Agrarreform eingesetzt worden sind, stammen aus öffentlichem Landbesitz, davon vier Fünftel aus dem Staatsland der "baldios". Nachdem diese Ländereien zum größten Teil noch nicht erschlossen waren, ergaben sich sehr hohe Anfangskosten für die Rodung der Flächen, für den Bau von Straßen und anderen infrastrukturellen Einrichtungen.

Aus den 1976 veröffentlichten Ergebnissen einer Untersuchung des IAN sind auch Informationen über die Herkunft des Landbesitzes von jenen

2 769 asentamientos zu entnehmen, welche damals Angaben geliefert haben (IAN, 1976 b, Tab. IV-1). Daraus geht hervor, daß für die asentamientos in der Zentralregion und in der Nordwestregion zum weit überwiegenden Teil Privatland eingesetzt worden ist, auch in den Anden das Privatland den größeren Anteil hatte, während in den übrigen weniger dicht besiedelten Regionen vorwiegend öffentliches Land eingesetzt worden ist (vgl. Tab. 1).

3.7 WER ERHÄLT LAND ZUGETEILT ?

Landzuteilungen erhalten im Zuge der Agrarreform in erster Linie die campesinos, die mindestens 18 Jahre alt sind, nur unzureichendes oder gar kein Nutzland besitzen und die ihnen übertragenen Flächen selbst bewirtschaften wollen. Die Prioritätenliste des IAN zählt der Reihe nach die folgenden agrarsozialen Gruppen auf:

a) Pächter, Landarbeiter, ocupantes und Kleinbauern; sie sollen nach Möglichkeit Ländereien dort erhalten, wo sie leben und arbeiten;

b) kinderreiche Familien;

c) Personen, die ihren Wehrdienst geleistet haben;

d) Landwirte mit aufstockungsfähigen Betrieben;

e) Personen, die über eine landwirtschaftliche Ausbildung verfügen;

f) aus dem Ausland eingewanderte Landwirte.

Wieviel Land im Zuge der Agrarreform der einzelnen Familie zugeteilt werden soll, welche Größe also eine "parcela" haben muß oder darf, ist im Gesetz nicht festgelegt. Der Umfang der Nutzflächen eines landwirtschaftlichen Familienbetriebes muß sicherlich je nach den natürlichen Ertragsmöglichkeiten und je nach der Kopfzahl der Familie recht unterschiedlich sein. Unter guten natürlichen Erzeugungsbedingungen gilt die schon erwähnte obere Grenze von 150 ha für einen landwirtschaftlichen Betrieb. In der Regel darf der Begünstigte nur eine Parzelle besitzen. Er kann jedoch - entsprechend seiner vom IAN einzuschätzenden Qualifikation - auch noch weiteres Land erwerben bzw. bewirtschaften (Art. 63, 64).

Die Landzuteilungen können nach dem Gesetz sowohl für individuelle als auch für kollektive Nutzung erfolgen. Vom juristischen Standpunkt aus bezieht sich das Gesetz jedoch nur auf die individuelle Landzuteilung (Di Natale, 1974, S.193; Suarez-Melo, 1975, S.10). Das ermöglicht

Tab. 1: Regionale Verteilung der asentamientos sowie Ursprung des Landbesitzes 1975

Regionen und Staaten	asentamientos Anzahl	in v.H.	Ursprung des Landbesitzes öffentl.	in v.H.	privat	in v.H.	Fläche in ha in v.H. 1.000	
Zentral-Region								
Distr.Federal	25		3		22		20	
Miranda	113		17		96		106	
Aragua	102		39		63		126	
Carabobo	92		18		74		69	
	332	12,0	77	4,2	255	27,4	321	6,0
Nordwest-Region								
Falcón	57		18		39		222	
Lara	83		8		75		137	
Yaracuy	88		5		83		86	
	228	8,2	31	1,7	197	21,2	445	8,4
Zulia-Region								
Zulia	274	9,9	216	11,7	58	6,2	288	5,4
Anden								
Mérida	85		40		45		46	
Táchira	48		27		21		69	
Trujillo	44		9		35		93	
	177	6,4	76	4,1	101	10,9	208	3,9
Llanos								
Barinas	271		252		19		494	
Portuguesa	79		28		51		162	
Apure	101		89		12		340	
Cojedes	40		23		17		56	
Guárico	232		168		64		693	
Anzoategui	170		127		43		367	
Monagas	175		110		65		442	
	1.068	38,6	797	43,3	271	29,2	2.553	47,9
Oriente								
Nueva Esparta	20		10		10		6	
Sucre	259		230		29		477	
	279	10,1	240	13,1	39	4,2	483	9,1
T.F. Delta	126	4,5	126	6,9	-	-	124	2,3
Guayana								
Bolívar	218	7,9	210	11,4	8	0,9	879	16,5
T.F. Amazonas	67	2,4	67	3,6	-	-	28	0,5
Gesamt	2.769	100,0	1.840	100,0	925	100,0	5.330	100,0

Quelle: IAN 1976 b, Tab.IV-1 u. 10.
T.F. = Territorio Federal

die Beibehaltung eines einheitlichen Maßstabes für die Bemessung der
Betriebsgrößen unabhängig von der Frage der Betriebsorganisation. Dadurch ist es auch möglich, daß Kollektivbetriebe keine Einrichtung auf
Dauer bleiben müssen, sondern daß im Laufe der Zeit u.U. einzelne campesinos aus dem Kollektiv ausscheiden und einen privaten Kleinbetrieb
einrichten können.

Daneben gibt es auch kollektive Besitztitel, die in der Anfangszeit
der Agrarreform nur selten, nach 1970 etwas häufiger vergeben worden
sind. Zunächst erfolgten solche kollektiven Titelübertragungen nur bei
bestimmten Betriebsformen, wie etwa bei der Übergabe einer Zuckerrohrhacienda an die bisher auf diesem Betrieb tätigen Landarbeiter. In solchen Fällen ist weder ein Ausscheren eines einzelnen campesino noch
das Hinzutreten weiterer Interessenten zweckmäßig oder wünschenswert.
In den letzten Jahren betrachtete man dagegen die Vergabe kollektiver
Besitztitel mehr als ein Mittel, um eine rationellere Landbewirtschaftung im Rahmen genossenschaftlicher Betriebe (empresas campesinas) zu
erreichen.

Die Vergabe landwirtschaftlicher Parzellen erfolgt in der Regel zunächst in Form einer provisorischen Landnutzungserlaubnis auf Flächen
des IAN oder auf Staatsland. Dies ermöglicht dem Begünstigten den sofortigen Zugang zu landwirtschaftlichen Krediten, denn bei der Kreditgewährung wird stets die Ernte - und nicht das Land - als Pfand betrachtet. Die Ablösung der provisorischen Landzuteilung (título posesorio) durch Übertragung des endgültigen Besitztitels erfolgt erst
dann, wenn der Begünstigte seine Befähigung zur Führung des von ihm
übernommenen Betriebes bewiesen hat.

Die meisten Landzuteilungen sind für die Begünstigten kostenlos. Nur
in seltenen Fällen kann das Land gemäß Art. 65 ff. des Agrarreformgesetzes an Interessenten verkauft werden. In der Regel bleibt also der
IAN Eigentümer der in die Agrarreform einbezogenen Ländereien. Der
campesino bekommt seine Parzelle lediglich zur Einrichtung eines Betriebes zur Verfügung gestellt. Ohne Zustimmung des IAN darf eine Parzelle nicht auf eine andere Person übertragen werden. Im Erbfall kann
die Parzelle nur ungeteilt weitergegeben werden. Muß ein campesino aus
irgendwelchen Gründen seinen landwirtschaftlichen Betrieb aufgeben, so
werden ihm die "obras y mejoras" bezahlt, und zwar im allgemeinen vom
IAN.

Der IAN kann auch darüber entscheiden, welche Betriebsform zu wählen
ist, welche Produkte angebaut oder angepflanzt werden sollen oder ob

ein Viehwirtschaftsbetrieb einzurichten ist. Das bedeutet, daß der
Begünstigte zwar einen Besitztitel erhält, aber nicht völlig frei
über das ihm zur Verfügung gestellte Land entscheiden kann, er sich
vielmehr mit dem IAN absprechen muß und ihm letztlich auch die Enteignung droht, wenn das Land zu wenig oder nicht gemäß den Zielsetzungen des IAN genutzt wird.

1975 wurde eine neue organisatorische Variante - eigentlich mehr eine neue Bezeichnung - der Landzuteilung eingeführt, die "prenda agraria". "Prenda agraria" heißt übersetzt eigentlich "agrarisches Pfand", dessen der campesino bedarf, um einen Kredit zu erhalten. Die wörtliche Übersetzung trifft nicht den Sinn des Begriffes, weil die Ernte bzw. der landwirtschaftliche Ertrag das Pfand bildet und nicht der Boden. Die "prenda agraria" ist eine vorläufige - evtl. sogar langfristige - Landzuteilung bis zu dem Zeitpunkt, an welchem eine geeignete und endgültige Form einer kollektiven Landbewirtschaftung in Verbindung mit einer neuen betrieblichen Organisation geschaffen wird. Bei der prenda agraria soll der campesino zunächst die provisorisch zugeteilte individuelle oder kollektive Betriebsfläche bewirtschaften.

Offensichtlich sind 1975 auch ältere provisorische Titelzuteilungen der neuen Organisationsform der "prenda agraria" hinzugerechnet worden. Im Jahresbericht des IAN heißt es nämlich, daß 43 221 Familien rund 496 000 ha Land als kurz- oder mittelfristige prenda agraria erhalten hätten, weitere 2 577 Familien 104 000 ha als langfristige prenda agraria (IAN, 1976 b).

3.8 DAS KREDITWESEN

Günstige Kredite werden gemäß Art. 109 und 113 an kleine und mittlere Landwirte vergeben sowie an landwirtschaftliche Kooperativen und "uniones de prestatarios", die - übersetzt - als "Kreditnehmergemeinschaften" zu bezeichnen sind. Anspruch auf Kredit haben auch die Inhaber kleiner und mittlerer landwirtschaftlicher Betriebe, die nicht vom IAN durch Landzuteilungen begünstigt worden sind. Für die anderen Landwirte hat der Staat (Art. 110) besondere Kredit-Institutionen geschaffen.

Nach IAN 1974 (S.99) werden als "kleine Landwirte" solche verstanden, deren jährliches Bruttoeinkommen aus der Landwirtschaft 30 000 Bs. nicht übersteigt; außerdem dürfen bei diesen Betrieben nur bis zu 30 % der Arbeitstage (jornadas) durch Fremdarbeitskräfte geleistet werden. "Mittlere Landwirte" erwirtschaften aus der Landwirtschaft ein jährliches Bruttoeinkommen zwischen 30 000 und 70 000 Bs.; es dürfen nur bis zu 70 % der Tagesleistungen durch Fremdarbeitskräfte erbracht werden.

Ein Agrarkredit kann individuell einer Person oder kollektiv einer Genossenschaft gewährt werden (Art. 113). Der Kredit darf nur für den beantragten und bewilligten Zweck entsprechend Art. 112 des Agrarreformgesetzes Verwendung finden. Gemeinschaftskredite werden von den landwirtschaftlichen Kooperativen oder von den Kreditnehmergemeinschaften kleiner und mittlerer Landwirte beantragt. Der bewilligte Kredit wird von diesen entweder gemeinsam eingesetzt oder an die Mitglieder verteilt. Im letzteren Fall muß jedoch die Kooperative oder Kreditnehmergemeinschaft in ihrer Gesamtheit für den Kredit haften; außerdem muß das einzelne Mitglied auch eine Sicherheit (prenda agraria, agrarisches Pfand) für seinen Kreditanteil nachweisen (cuota-parte, vgl. IAN, 1974, S.100).

Kredite können nach Art. 112 des Agrarreformgesetzes für sehr unterschiedliche Ausgabenbereiche gewährt werden, nämlich

- für die Beschaffung von Kleinvieh, Saatgut, Düngemitteln, Schädlingsbekämpfungsmitteln, sodann für die Kosten von Feldbestellung, Aussaat, Anpflanzung, Ernte, auch für Versicherungen und kleine Reparaturen;
- für dringende Familienausgaben je nach dem Bedürfnisgrad und den Rückzahlungsmöglichkeiten der Antragsteller als zusätzliche Kredite;
- für die Anschaffung von Maschinen, Ackergeräten, Arbeitstieren sowie von Mast- und Zuchtvieh;
- für die qualitative Verbesserung des Erntegutes sowie für dessen Lagerung und Verarbeitung;
- als sog. Rehabilitierungskredit für Kreditnehmer, die unverschuldet - etwa infolge eines Unwetters - ihre Schulden nicht fristgerecht begleichen konnten (Art. 113);
- für den Bau von Häusern, Lagerhallen, Silos, Feldwegen, Be- und Entwässerungseinrichtungen sowie für die Anlage von Kunstweiden und die Errichtung von Weidezäunen;
- für alle möglichen sonstigen Zwecke, welche der landwirtschaftlichen Produktion dienlich sind, also etwa auch für Rodungsarbeiten.

Die Laufzeit der Kredite hängt vornehmlich von der Art der Investitionen und vom Zeitpunkt der anfallenden Ernten bzw. den anderen zu erwartenden Umsätzen des Betriebes ab. Für einen großen Teil der ausgegebenen Kredite ist die Rückzahlung schon nach wenigen Monaten mit dem Abschluß der Ernte jenes Produktes fällig, für welches der Kredit beantragt worden war. Der Zinssatz der Kredite für kleine Landwirte darf nicht mehr als 3 % pro Jahr betragen. Laufzeit und Zinssatz der Kredite für mittelgroße landwirtschaftliche Betriebe werden in Übereinstimmung mit dem Gesetz und seinen Ausführungsbestimmungen im Zusammenwirken mit dem Banco Agrícola y Pecuario festgesetzt, doch gibt es Ausnahmen für spezielle Programme. Im übrigen gibt es zahlreiche Sonderbestimmungen darüber, wie lange die Laufzeit der Kredite für bestimmte Investitionen oder Produktionsrichtungen maximal sein darf. Es existieren auch besondere Bestimmungen über die Kreditvergabe an Fischereibetriebe.

Soweit es sich bei den Kreditnehmern um parceleros des IAN handelt, kann dieser auch mitwirken bei der Aufstellung der Bedingungen bezüglich Umfang der Kredite, Höhe des Zinssatzes sowie Rückzahlungsraten, damit die kleinen Landwirte ihre Schulden auch wirklich begleichen können. Der IAN überwacht auch die Investitionen, welche die parceleros mit den erhaltenen Krediten tätigen. Der parcelero ist verpflichtet, die Ratschläge des IAN und des Kreditinstituts hinsichtlich des sinnvollen Einsatzes der Kredite zu befolgen (IAN, 1974, S.105). Die Anträge auf Gewährung eines Kredites müssen an die Filialen des BAP bzw. des ICAP gerichtet werden und von diesen innerhalb einer Zeitspanne von 28 bis 90 Tagen bearbeitet werden.

Der "Banco Agrícola y Pecuario (BAP)" ist 1928 gegründet worden. Die Bank gewährte zunächst Kredite sowohl an die kleineren als auch an die großen landwirtschaftlichen Betriebe. Seit 1969 war die Bank nur noch zuständig für die Kreditgewährung an kleine und mittelgroße landwirtschaftliche Betriebe. 1975 erfolgte durch die Gründung des "Instituto de Credito Agropecuario (ICAP)" eine Umorganisation. Seither ist der ICAP zuständig für die Kreditgewährung an kleine und mittelgroße Betriebe sowie an Genossenschaftsbetriebe. Die privaten landwirtschaftlichen Großbetriebe erhalten Kredite vom "Banco de Desarrollo Agropecuario (BANDAGRO)". Sie müssen 10 - 12 % Zinsen bezahlen.

In der Anfangszeit der Agrarreform wurde fast nur der "crédito ordinario o de suministro" vor allem für die Produktionskosten bestimmter Anbauprodukte wie Kaffee, Reis, Sesam, Schwarze Bohnen, Kartoffeln usw. gewährt. Dieser Kredit ist kurzfristig und darf in der Regel eine Laufzeit von 180 Tagen nicht überschreiten. Er hat jedoch zur Entwicklung der landwirtschaftlichen Betriebe wenig beigetragen (Cartay-Angulo, 1974, S.347-349). Der "crédito ordinario" wurde durch eine Variante für empresas campesinas für "cultivos anuales", d.h. für einjährige Kulturen, ergänzt. Der Kredit wurde jeweils für ein Jahr Laufzeit gewährt, wobei auch hier die Ernte als Sicherheit zu gelten hatte.

Seit 1976 gibt es Bemühungen, den "crédito ordinario" durch den "crédito supervisado", d.h. durch einen hinsichtlich der Verwendung überwachten Kredit zu ersetzen. Zunächst ist dies allerdings nur zum ge-

ringeren Teil gelungen. Der "crédito supervisado" stammt an sich
schon aus dem Jahr 1948, ist aber 1962 durch ein Abkommen des "Banco
Agrícola y Pecuario" mit der "Agencia para el Desarrollo Internacional" und der "Corporación de Bienestar Rural" erneut in seiner Form
definiert und eingesetzt worden. Wesentlichstes Ziel dieser Art von
Kredit ist eine gleichzeitige Anleitung und Fortbildung der kleinen
und mittleren Landwirte, um somit eine bessere und rationellere Führung und Bewirtschaftung der landwirtschaftlichen Betriebe zu erreichen. Dazu gehört vor allem der möglichst sinnvolle Einsatz der erhaltenen Kredite.

Der IAN (1974, S.102) schreibt die Grundsätze für die Anwendung des Programms der
überwachten Kredite vor: Es sind zu bevorzugen die nicht verschuldeten Landwirte,
welche Erfahrungen in der Landwirtschaft haben und ein "anständiges Leben" führen.
Für die Planung der Verwendung und für die Überwachung des Einsatzes der Kredite
wird geschultes Personal eingestellt. Die Betriebe sollen möglichst so gewählt werden, daß sie günstig gelegen sind und daher auch eine ständige technische Beratung
möglich ist. Zur Gewährleistung eines sinnvollen Einsatzes der staatlichen Kreditmittel sind außerdem die ökologischen Faktoren der verschiedenen Gegenden zu berücksichtigen sowie das Vorhandensein eines ausreichenden Verkehrsnetzes, zweckmässige Betriebsgrößen entsprechend den jeweiligen Betriebszielen und schließlich auch
die Vermarktungsmöglichkeiten.

Die überwachten Kredite sind in ihren Einsatzmöglichkeiten freilich
begrenzt, da sie in der Praxis nur den Inhabern solcher Betriebe gewährt werden, bei denen auch eine Anwendung moderner Technologie möglich ist. Demzufolge konzentrierte sich die Ausgabe solcher Kredite
auf die Staaten Portuguesa, Zulia, Carabobo, Táchira und Trujillo
(Cartay-Angulo, 1974, S.349).

Dem "crédito supervisado", also dem überwachten Kredit, ist der "crédito dirigido" in der Anwendung sehr ähnlich. Er wird an die nach Art.
112 und 113 des Agrarreformgesetzes zu bildenden Kreditnehmergemeinschaften vergeben. Solche entstanden erstmals 1964 in dem asentamiento
El Cortijo (Edo. Aragua). Die Kreditnehmergemeinschaften werden als
"uniones de prestatarios" bezeichnet und sind heute sehr weit verbreitet.

"uniones de prestatarios" können durch den zeitlich begrenzten Zusammenschluß von fünf oder mehr kleinen oder mittleren Landwirten gebildet werden. Die Mitglieder der "uniones" verfügen über individuelle
landwirtschaftliche Betriebe und schließen sich nur zu dem Zweck zusammen, gemeinsam einen bestimmten Agrarkredit zu beschaffen. Sie haften jedoch gemeinsam für den erhaltenen Kredit und bestehen daher zumindest so lange, bis der Kredit zurückbezahlt ist. Dann kann sich die
unión auflösen, sie kann aber auch aus praktischen Erwägungen - etwa

um den nächsten Kredit zu erbitten - weiter bestehen. Rein formal hat eine unión ein fünfköpfiges Führungs- und Verwaltungsgremium (junta directiva) und die Generalversammlung der Mitglieder.

Der hauptsächliche Sinn und Zweck der Vergabe des "crédito dirigido" an die sich immer wieder neu bildenden oder umbildenden uniones de prestatarios liegt zum einen in der Verringerung des Verwaltungsaufwandes für die Kreditvergabe, zum anderen aber auch in der Mitbetreuung von nicht schreibkundigen campesinos durch Leute in der Nachbarschaft. Um einen landwirtschaftlichen Kredit beantragen zu können, muß eine unión einen Plan aufstellen, aus welchem ersichtlich ist, für welche Flächen, für welche Arbeiten, Anschaffungen von Produktionsmitteln usw. der gemeinsame Kredit dienen soll. Voraussetzung ist, daß die Begünstigten über eine Lagerhalle oder einen Schuppen verfügen, wo Saatgut, Düngemittel, landwirtschaftliches Gerät und schließlich auch die Ernte aufbewahrt werden können. Außerdem muß irgendein Anschluß an das Verkehrsnetz vorhanden sein.

Seit der Gründung der ersten unión im Jahre 1964 hat die Zahl der Kreditnehmergemeinschaften stark zugenommen. 1976 wurden 801 uniones mit zusammen rund 32 700 Mitgliedern gezählt. Die mit Krediten bewirtschaftete Fläche belief sich auf rund 400 000 ha. Über die regionale Verteilung der uniones de prestatarios informiert die Tabelle 2. Ihr ist zu entnehmen, daß sich die uniones in der Hauptsache auf die Fußzonen der Anden, auf die landwirtschaftlich ertragreicheren Teile des Gebirges sowie auf dicht besiedelte Talschaften konzentrieren. Dagegen sind in den östlichen Regionen des Landes sowie in den Trockengebieten nur wenige uniones zu finden. Eine genauere Interpretation der regionalen Verteilung ist nicht möglich, weil sich nicht sagen läßt, an welchen Stellen besondere Aktivitäten der campesinos oder der sich um eine Fortentwicklung bemühenden Behörden zu verzeichnen sind oder wo es an jeglichem Unternehmergeist fehlt.

Bekannt ist nur, daß zwar die uniones de prestatarios die am meisten verbreitete Art landwirtschaftlicher Kreditnehmer bilden, jedoch noch immer zahlreiche organisatorische Mängel bestehen und ein Anwachsen der Zahl der uniones verhindern. Suarez-Melo (1975, S.14-27) nennt als die wesentlichsten Schwächen dieses Systems der Kreditvergabe an uniones die oft zu geringe Höhe der Kredite, die in vielen Fällen sehr späte Bewilligung von Krediten, eine unzureichende Ausbildung des IAN-Personals, die mangelhafte Koordinierung der mit dem Kreditwesen befaßten Institutionen, die oft ungenügende Beteiligung der campesinos an der Planung und Verwaltung der Kredite, eine zu starke Verbürokratisierung, den häufigen Mangel an dauerhaftem Gemeinschaftssinn bei den unión-Mitgliedern, letztlich aber auch noch eine zu geringe Beteiligung der von der Agrarreform begünstigten Familien. Schließlich ist trotz sehr hoher Produktionskosten die Produktivität der landwirtschaftlichen Erzeugung bei den uniones gering geblieben.

Die uniones de prestatarios bilden Kreditnehmergemeinschaften auf Zeit, wobei der individuelle Einzelbetrieb erhalten bleibt, das gemeinschaftliche Wirtschaften einer Nachbarschaft jedoch nicht ausgeschlossen wird. In dieser Hinsicht hängt viel davon ab, welche Persönlichkeiten sich zu einer unión zusammenschließen, ob man nur eine Art Notgemeinschaft gegenüber der Bank bildet oder ob ein organisatorisches Talent die Führungsrolle übernimmt.

Im Gegensatz zu den uniones bilden die "empresas campesinas" von vornherein und für die gesamte Zeit ihres Bestehens größere Genossenschaftsbetriebe, bei denen das Land gemeinsam bewirtschaftet wird. Die Kreditgewährung für die empresas ist im Prinzip nicht anders organisiert als bei den uniones. 1976 wurden für sämtliche "empresas campesinas" rund 162 Mio. Bs. an Agrarkrediten gewährt, für die uniones insgesamt rund 522 Mio. Bs.

Die uniones de prestatarios und die empresas campesinas werden gelegentlich unter der Bezeichnung "organizaciones economicas campesinas" zusammengefaßt. Sie werden vor allem seit Mitte der 70er Jahre verstärkt finanziell gefördert. Sie umfassen zusammen rund 40 600 Familien mit über 510 000 ha Land. Ihre räumliche Verteilung nach Distrikten ist aus der Abb. 3 ersichtlich. Indirekt spiegelt die Karte die wichtigsten Gebiete mit landwirtschaftlicher Marktproduktion wider. Den 1 124 organizaciones economicas campesinas wurden 1976 rund 684 Mio. Bs. an Krediten bewilligt. Davon wurden 57 % für den Anbau von Mais, Reis und anderen Getreidearten eingesetzt, 12 % für den Anbau von Leguminosen, 11 % für die Gewinnung von Ölsaaten. Für die Kultivierung von Kaffee, Kakao, Zuckerrohr und Tabak fanden 10,5 % der Kreditsummen Verwendung.

Daß es Kredite für nahezu sämtliche Einzelmaßnahmen auf dem landwirtschaftlichen Gebiet gibt, macht die Organisation des Kreditwesens nicht eben leicht. Gewitzte Landwirte können verschiedene Kredite in rascher Folge nacheinander bekommen, ohne daß sich jeweils die Einzelheiten der Verwendung überprüfen lassen. Vor allem gibt es viele Fälle eines nicht zweckgemäßen Einsatzes von Krediten und insbesondere auch

Tab. 2: "Uniones de prestatarios" 1976 nach Regionen

Regionen und Staaten	Zahl d. uniones	Zahl ihrer Mitglieder	Fläche in Hektar	Kredite in Mio. Bs	Durchschn. Mitgl.-Zahl	Durchschn. ha je Betrieb
Zentral-Region						
Distr. Federal	6	83	330	0,33		
Miranda	14	1.234	2.523	3,55		
Aragua	36	1.384	7.462	16,15		
Carabobo	32	1.296	7.505	12,59		
	88	3.997	17.820	32,62	45.4	4,4
Nordwest-Region						
Falcón	9	251	1.070	2,24		
Lara	30	1.615	17.022	23,38		
Yaracuy	43	3.440	28.167	38,08		
	82	5.306	46.259	63,70	64,7	8,7
Zulia-Region						
Zulia	13	424	3.102	4,82	32,6	7,3
Anden						
Mérida	35	729	2.320	5,49		
Táchira	78	2.713	11.964	19,00		
Trujillo	40	1.650	10.068	13,68		
	153	5.092	24.352	38,17	33,3	4,8
Llanos						
Barinas	23	1.361	35.908	41,94		
Portuguesa	75	3.435	72.366	89,39		
Apure	25	905	10.616	14,43		
Cojedes	26	1.843	34.058	43,86		
Guárico	41	1.300	17.605	21,72		
Anzoategui	32	922	10.862	15,34		
Monagas	158	5.135	87.884	113,44		
	380	14.901	269.299	340,12	39,2	18,1
Oriente						
Nueva Esparta	-	-	-	-		
Sucre	21	665	3.701	4,44	31,6	5,6
T.F. Delta	18	604	13.285	17,41	33,5	22,0
Guayana						
Bolívar	46	1.667	20.464	20,92	36,2	12,2
T.F. Amazonas	-	-	-	-	-	-
Gesamt	801	32.656	398.282	522,20	40,8	12,2

Quelle: IAN 1976/77, S.45

T.F. = Territorio Federal

viele Schuldner, die ihre Kredite nicht fristgerecht zurückzahlen können oder wollen. Neben echten Problemfällen, in denen Seuchen, Hochwasser, Dürrekatastrophen, Insekten- oder Rattenplagen große Teile der Ernte vernichtet oder ganze Herden dezimiert haben, ist zweifellos auch die Schlamperei der Behörden und der Kreditinstitute ausgenutzt worden. Zur Lösung der zunehmend verworrener werdenden Situation erließ die Regierung im Jahre 1974 ein Gesetz (Ley de Remisión, Reconversión y Consolidación de la Deuda Agraria), um sämtlichen säumigen Schuldnern ihre Zahlungen zu erlassen, sofern sie entsprechende Anträge stellen. Bis zum Mai 1975 wurden insgesamt 28 000 Anträge auf Erlaß von Schulden in einer Gesamthöhe von 313 Mio. Bs. gestellt (Suarez-Melo, 1975, S.9). Ungeteilte Freude hat dieses Gesetz nicht hervorgerufen. Wer sich bisher bemüht hatte, stets pünktlich seine Schulden zurückzuzahlen, sah sich plötzlich als Benachteiligter. Daher soll das Gesetz die Rückzahlungsmoral nicht unbedingt gestärkt haben.

Ab 1975 wurde dem landwirtschaftlichen Kreditwesen sogar eine noch stärkere Position gegeben. Vermutlich haben die steigenden Einnahmen aus dem Ölgeschäft dazu beigetragen, daß man die Mängel auf dem Agrarsektor mit steigenden finanziellen Einsätzen zu lösen versuchte. Das Kreditsystem wurde in den Vordergrund der Agrarpolitik gerückt. Die Banken erhielten Anweisung, daß sie 20 % ihres gesamten Kreditvolumens für die Landwirtschaft zur Verfügung stellen müßten. Ein zusätzlicher "Fondo de Crédito Agropecuario" wurde geschaffen und als Verwaltungsorganisation der "Instituto de Crédito Agricola y Pecuario (ICAP)" gegründet, welcher den bisherigen Banco Agrícola y Pecuario (BAP) ersetzte. ICAP erhielt die Aufgabe der Kreditgewährung an die kleinen und mittleren Landwirte sowie an die Genossenschaften. Besondere Regelungen für Landwirte, welche unverschuldet durch Mißernten oder Katastrophen ihre Kredite nicht zurückzahlen können, sind erst im Jahre 1978 getroffen worden. Jeder Kreditnehmer muß künftig 0,25 % der ihm zugeteilten Geldsummen gewissermaßen als Versicherungsbeitrag an die "Comisión de Riesgo" abführen (Gaceta Oficial Nr. 31441, 1978).

Die gesamte Kreditsumme, die in den Jahren zwischen 1958 und 1977 von BAP und ICAP an die Landwirtschaft in Form von Krediten vergeben worden ist, wird mit rund 7,7 Mrd. Bs. angegeben. Dazu kommen noch 1,48 Mrd. Bs. an Sonderkrediten im Rahmen von Spezialprogrammen. Von den im Zuge der Agrarreform begünstigten Familien sind jedoch nur rund 56 % in den Genuß gekommen, sich an dem Kreditsystem beteiligen zu können (MAC, 1979 b, S.34).

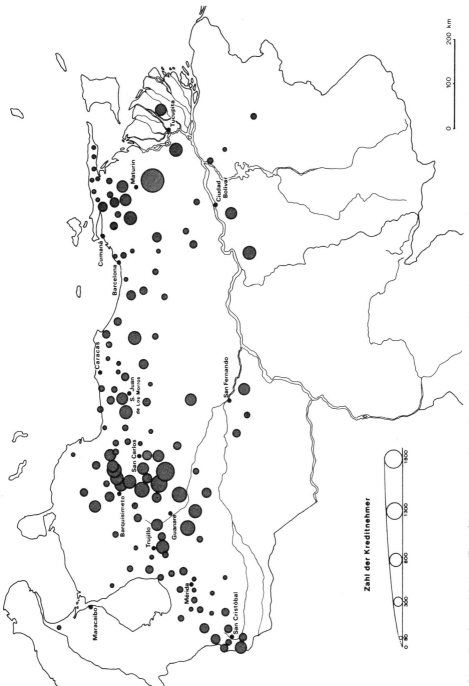

Abb. 3: Anzahl der Empfänger von Agrarkrediten in den Distrikten, 1976

Abb. 4 zeigt die Verteilung der Flächen des finanziell geförderten Anbaus der Kreditnehmergemeinschaften und der Genossenschaftsbetriebe im Jahre 1976 und - in generalisierter Darstellung - die Aufteilung der Flächen auf die hauptsächlichen Anbauprodukte. Auf den ersten Blick ist sichtbar, daß die Schwerpunkte des mit Krediten geförderten Anbaus im Vorland der Anden zwischen Barinas und San Carlos sowie im Bereich der nordöstlich anschließenden geologischen Depressionszone zwischen Anden und Küstenkordillere, vorwiegend in der breiten vom Rio Tocuyo durchzogenen Niederung, liegen. Kleinere Schwerpunkte liegen in den östlich anschließenden Hügellandschaften, in der Niederung des Sees von Valencia, am Südrand der Küstenkordillere del Interior im Ostteil der Küstenkordillere zwischen Cumaná und Materin. Ganz im Westen ist schließlich noch ein Schwerpunktgebiet rund um die Einsattelung von Tachira zu erkennen, wo der in Schwarz eingetragene Kaffee die dominierende Rolle spielt. Die Lage der übrigen finanziell geförderten Kaffee-Anbauflächen ist zwar durchaus bezeichnend (Andenregion um Boconó und Valera, Küstenkordillere bei Maracay und die Hügelketten im Oriente), aber das sind keineswegs die einzigen Distrikte mit Kaffeeanbau. Nur sind eben die Flächen der Mittel- und Großbetriebe und auch aller ohne Kredit wirtschaftenden campesinos außerhalb der hier dargestellten Thematik. Die in der Kartenskizze erkennbaren Schwerpunkträume für Anbaukredite sind natürlich auch jene Gegenden, in denen gerade über die Kredite die stärkste staatliche Beeinflussung wirksam ist.

Bemerkenswert ist vor allem auch die Tatsache, daß der Fläche nach der in den Ebenen leicht zu mechanisierende Maisanbau die mit Abstand wichtigste Kultur darstellt. Daneben spielen der Anbau von Reis, Hirse und Schwarzen Bohnen eine große Rolle in den Anbauprogrammen der mit Krediten geförderten "organizaciones economicas campesinas".

3.9 DIE GENOSSENSCHAFTEN

Von den Genossenschaften war schon im vorangegangenen Kapitel immer wieder die Rede, weil das System der verschiedenartigen Agrarkredite zu einem großen Teil genossenschaftliche Organisationsformen voraussetzt. Andererseits hängen Aufbau- und Entwicklungsmöglichkeiten der Genossenschaften in hohem Maße von der Gewährung landwirtschaftlicher Kredite ab. Das ist oben bereits dargelegt worden.

Wenn hier trotzdem ein eigener Abschnitt über die "Genossenschaften" eingefügt wird, so geschieht dies in der Absicht, Entwicklung und Po-

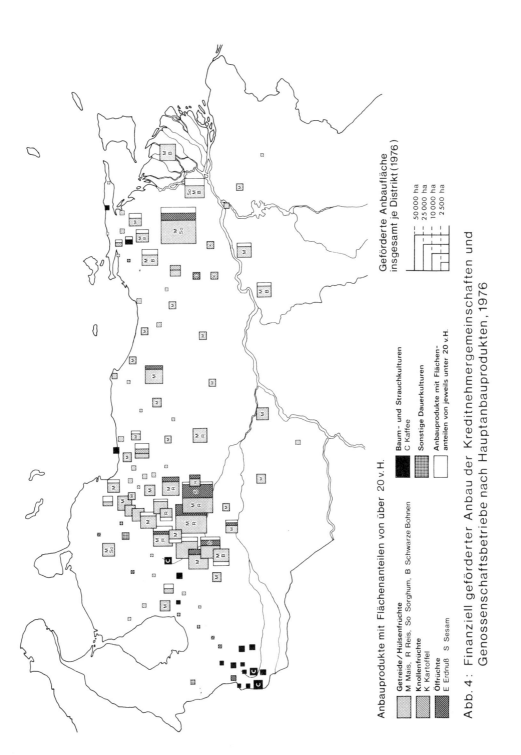

Abb. 4: Finanziell geförderter Anbau der Kreditnehmergemeinschaften und Genossenschaftsbetriebe nach Hauptanbauprodukten, 1976

sition der landwirtschaftlichen Genossenschaftsbetriebe kurz darzulegen. Gut funktionierende Genossenschaften stellen ja nicht nur das Idealziel der venezolanischen Agrarreform dar, mit ihrer Hilfe könnte man in der Tat eine sehr wesentliche Aufwertung ländlicher Räume herbeiführen und die Abwanderung in die Großstädte zumindest bremsen.

Von den im vorangegangenen Kapitel bereits erwähnten Personenvereinigungen sind die "uniones de prestatarios" nicht unbedingt als Genossenschaften zu bezeichnen, denn es handelt sich zunächst und in erster Linie um "Agrarkreditnehmervereinigungen". Trotz der gegenseitigen Haftung für einen erhaltenen Agrarkredit können die Mitglieder einer solchen Vereinigung völlig individuell ihre Betriebe bewirtschaften. Sie können sich aber ebenso auch zu einem vorübergehend bestehenden genossenschaftlichen Betrieb organisieren. Dazwischen gibt es alle nur erdenklichen Übergangsformen, wie sie innerhalb von Nachbarschaften ohnehin seit eh und je bestanden haben. Weil aber die landwirtschaftlichen Betriebsformen nicht aus dem Bestehen von "uniones de prestatarios" abzuleiten sind, müssen sie hier außer Betracht bleiben.

Während die "uniones de prestatarios" - formal gesehen - nur während der Laufzeit eines gewährten Agrarkredites bestehen, handelt es sich bei den "empresas campesinas" um auf lange Sicht eingerichtete Produktionsgemeinschaften mit einem zentral gelenkten Mittel- oder Großbetrieb. Der Unterschied gegenüber den "uniones de prestatarios" ist in der Praxis manchmal weniger markant als von der formalen Definition her. Viele "empresas campesinas" existieren nur einige Monate oder wenige Jahre, lösen sich auf, wenn der Gemeinschaftsgeist für den Fortbestand des Betriebes nicht hinreicht. Doch zunächst sollen im Folgenden die formalen Kriterien aufgezeigt werden.

Die ersten Ansätze zur Bildung von Produktionsgenossenschaften sind 1947 mit der Einrichtung der "comunidades agrarias" (vgl. Kap. 2.2) geschaffen worden. Der Begriff "empresas campesinas" taucht dann erstmals in den Artikeln 105 und 107 des Agrarreformgesetzes von 1960 auf. Darin wird ausgeführt, daß der IAN die Besitzer von individuellen Landparzellen zu fördern habe, die sich durch die Bildung einer Genossenschaft in eine juristische Person verwandeln. Das Zustandekommen von empresas campesinas setzt also keine kollektiven Landzuteilungen voraus. Es können sowohl kollektive als auch individuelle Landzuteilungen zur Einrichtung einer empresa campesina führen.

Die Zahl der Mitglieder der Genossenschaften ist unterschiedlich und zwar in Abhängigkeit sowohl von der jeweiligen Betriebsgröße als auch von den topographischen Gegebenheiten und von der Produktionsrichtung des Betriebes. Die Arbeit im Betrieb wird von den Mitgliedern der empresa und ihren Familienangehörigen ausgeführt. Es dürfen jedoch in Ausnahmefällen auch Arbeitsverträge mit betriebsfremden Arbeitskräften abgeschlossen werden, wobei diese den gleichen Lohn erhalten wie die Genossenschaftsmitglieder.

Geleitet wird die empresa campesina durch die asamblea general de socios, die Generalversammlung. Für die Geschäftsführung und Verwaltung des Betriebes sind fünf von der Generalversammlung gewählte Mitglieder verantwortlich, sie bilden den consejo administrativo. Zusätzlich besteht auch noch ein consejo de vigilancia, also ein Kontrollgremium innerhalb der empresa. Schließlich gibt es auch noch ein comite de desarrollo und ein comite de producción, also besondere Komitees für Entwicklung und Produktion, welche aus campesinos bestehen und die Mitglieder stärker an Programmierung und Arbeitsablauf des Betriebes beteiligen sollen.

Für die geleistete Arbeit werden die Mitglieder der empresa campesina je nach den geleisteten Familien-Arbeitsstunden (jornadas de trabajo) entlohnt. Vom erzielten Gewinn werden 75 % an die Mitglieder der empresa verteilt - und zwar auch wieder je nach der geleisteten Arbeitszeit -, 10 % gehen in einen Rücklagefonds, 10 % kommen in einen Sozialfonds, der auch durch Beiträge der socios (=certificados de aportación de los socios) aufgestockt wird. Schließlich werden noch 5 % des Gewinns einem Erziehungs- und Ausbildungsfonds zugeführt.

Die Mitglieder der empresa campesina können auch Kapital im eigenen Betrieb investieren, erhalten dann bei der Gewinnausschüttung dementsprechend einen zusätzlichen Anteil. Auf diese Weise ergeben sich im Laufe der Jahre zunehmende Unterschiede bei der Gewinnbeteiligung der einzelnen Familien, womit sich die ohnehin schon bestehenden Einkommensunterschiede - nämlich je nach der Zahl der mitarbeitenden Familienmitglieder und je nach Zahl der geleisteten Arbeitsstunden - noch erhöhen. Trotz solcher sicherlich sehr gerechten Lösungen kommt es damit völlig unbeabsichtigt zu sozialen und ökonomischen Ungleichheiten innerhalb der empresa. Unbewußt führt dieses gelegentlich zu Mißtrauen und Mißgunst und schließlich zum Zerfall eines solchen Genossenschaftsbetriebes.

Im Gegensatz zu anderen lateinamerikanischen Ländern, in denen ähnliche landwirtschaftliche Genossenschaftsbetriebe entstanden sind, kommt es bei den empresas campesinas nur selten vor, daß die Mitglieder der Genossenschaft kleine Parzellen für die Selbstversorgung der Familie mit landwirtschaftlichen Produkten erhalten (Soto, 1973, S.206). Es wird aber später noch von einem solchen Fall die Rede sein.

Die ersten empresas campesinas entstanden in Venezuela in der Anfangsphase der Agrarreform, nachdem sich gezeigt hatte, daß die Aufteilung bisher funktionierender landwirtschaftlicher Großbetriebe in kleine Parzellenwirtschaften unökonomisch war. Vor allem bei den Pflanzungen von Kakao, Kaffee und Zuckerrohr ergaben sich daraus mehr Schwierigkeiten als Vorteile. Bei diesen Produkten ist die gemeinsame Bewirtschaftung größerer Betriebsflächen in der Regel vorteilhafter. Verschiedentlich haben deshalb auch empresas campesinas vom IAN übernommene Großbetriebe ungeteilt und unverändert weitergeführt, so daß sich hinsichtlich der Bewirtschaftung der Betriebe prinzipiell nicht viel geändert hat.

Unabhängig von der Frage der Produktionsziele ist beim Fortgang der Agrarreform der Anteil der empresas campesinas an der Gesamtheit der Landzuteilungen allmählich gewachsen. Seit der Mitte der 70er Jahre wird den kollektiven Landzuteilungen gegenüber den individuellen Landparzellen deutlich der Vorzug gegeben.

Die hauptsächlichen Ziele der empresas campesinas liegen auf ökonomischem Gebiet, doch gibt es bei einigen empresas auch bemerkenswerte Bemühungen auf allen Gebieten der sozialen Dienste. Vor allem aber ist man darum bemüht, eine Erhöhung der Produktivität der Genossenschaftsbetriebe zu erreichen, die gewährten Kredite sinnvoll einzusetzen und pünktlich zurückzuzahlen sowie eine optimale Vermarktung der erzeugten Produkte zu erzielen. Die empresas sollen aber auch beweisen, welche Vorteile sich den campesinos durch die Arbeit in einem kollektiven Betrieb ergeben. Die Erprobung neuer Anbaumethoden und neuer Produkte, der Einsatz von Düngemitteln und Insektiziden ist im Genossenschaftsbetrieb sehr viel eher zu erreichen als bei den individuell bewirtschafteten Kleinbetrieben. Nicht zuletzt sollen in der empresa die campesinos mit der Buchführung (registros contables) bekannt gemacht werden. Und schließlich sollen die empresas erweisen, welche Vorteile die im Großbetrieb organisierte Arbeit mit sich bringt, daß nur geringe Verwaltungskosten anfallen, die eingesetzten Kredite hier besonders rentabel sind und stets auch eine technische Beratung möglich ist, wie sie in ähnlicher Form bei den Kleinbetrieben gar nicht geleistet werden könnte.

Diese Zielsetzungen sind sicherlich richtig, klingen zweifellos sehr optimistisch, aber die Wirklichkeit ist - vorsichtig ausgedrückt - doch wesentlich differenzierter. Es gibt bisher noch keine vollständige vergleichende Untersuchung der empresas campesinas in Venezuela. Es gibt nur einige Fallstudien, die schlaglichtartig die Probleme der Genossenschaftsbetriebe erhellen können. So teilt z.B. Soto (1973) mit, daß die mit Feldbau oder Pflanzungen befaßten empresas eine günstigere Entwicklung genommen hätten als die Viehwirtschaftsbetriebe. Vor allem hätten sich empresas campesinas mit dem Anbau von Zuckerrohr, Kaffee, Kakao sowie Fruchtbäumen recht gut bewährt (S.275-277), also mit solchen Produktionsrichtungen, bei denen sich im Hinblick auf die Verarbeitung oder Vermarktung der Produkte das Wirtschaften im Großbetrieb oder überbetriebliche Arbeitsgemeinschaften im Rahmen einer Nachbarschaftshilfe auch früher schon bewährt hatten. Neu sind dagegen forstwirtschaftliche empresas campesinas, die offenbar recht gut funktionieren (Suarez-Melo, 1972, S.24).

Ab den 70er Jahren hat der IAN die empresas campesinas in verstärktem Umfang durch Kredite und spezielle Entwicklungsprogramme für Kaffee- und Kakaoanbau u.a.m. gefördert. 1971 gab es in Venezuela 184 empresas campesinas mit rund 5 300 Mitgliedern und einer Gesamtbetriebsfläche von 70 100 ha (CIARA, 1974, S.319). 1976 wurden 323 empresas campesinas mit zusammen 8 100 Mitgliedern und einer gesamten Betriebsfläche von 111 800 ha mit Krediten in einer Gesamthöhe von fast 162 Mio. Bs. gefördert. Tabelle 3 macht ersichtlich, wie sich die empresas campesinas und die Zahl der Genossenschaftsmitglieder im Jahre

Tab. 3: "Empresas campesinas" 1976 nach Regionen

Regionen und Staaten	Zahl der empresas	Zahl ihrer Mitglieder	Fläche der empresas in Hektar	Vorgesehene Kreditsummen für 1976-77 in Mio.Bs.	Im Durchschnitt Mitglieder je Betrieb	Fläche je Betr.
Zentral-Region						
Distr.Federal	-	-	-	-		
Miranda	8	321	1.065	0,81		
Aragua	16	352	1.660	1,44		
Carabobo	24	394	1.937	10,08		
	48	1.067	7.662	12,33	22,2	159,6
Nordwest-Region						
Falcón	-	-	-	-		
Lara	30	859	4.854	12,76		
Yaracuy	13	342	3.223	6,57		
	43	1.201	8.077	19,33	27,9	187,8
Zulia-Region						
Zulia	-	-	-	-	-	-
Anden						
Mérida	3	63	225	0,49		
Táchira	7	230	1.928	4,51		
Trujillo	-	-	-	-		
	10	293	2.153	5,00	29,3	215,3
Llanos						
Barinas	46	818	18.099	20,98		
Portuguesa	60	2.482	54.723	72,25		
Apure	-	-	-	-	-	-
Cojedes	1	24	200	0,26		
Guárico	31	501	7.516	13,29		
Anzoategui	32	935	8.373	10,41		
Monagas	15	218	2.150	5,13		
	185	4.978	91.061	122,32	26,9	492,2
Oriente						
Nueva Esparta	-	-	-	-		
Sucre	28	437	2.163	2,23	15,6	77,2
T.F. Delta	-	-	-	-		
Guayana						
Bolívar	9	127	715	0,72	14,1	79,4
T.F. Amazonas	-	-	-	-	-	-
Gesamt	323	8.103	111.831	161,93	25,0	346,2

Quelle: IAN, 1976/77, S.46

T.F. = Territorio Federal

1976 auf die verschiedenen Staaten des Landes verteilten. Die räumlichen Schwerpunkte lagen in der südlichen Küstenkordillere, in den mittleren und östlichen Llanos sowie - mit einem deutlichen Schwerpunkt des eingesetzten Kreditvolumens - in den bewaldeten, feuchteren westlichen Llanos, in den Staaten Portuguesa und Barinas. Es waren jedoch 1976 nach den Befragungen des IAN trotz der deutlich zunehmenden Tendenz zur Bildung von empresas campesinas nur 9 % aller durch die Agrarreform begünstigten Familien des Landes in den Genossenschaftsbetrieben tätig.

Als hauptsächliche Hindernisse stellen sich einer erfolgreicheren Entwicklung der empresas campesinas das großenteils recht niedrige Bildungsniveau der campesinos und ihr eingefleischter Individualismus entgegen. Dazu kommt oftmals eine Mißachtung der juristischen Rahmenbedingungen und ein zu starker Einfluß der staatlichen Funktionäre, so daß diese eigentlich nur den früheren patrón des Großbetriebes ersetzen. Daher wurden in jüngster Zeit die Bemühungen verstärkt, durch eine vermehrte Schulung und Ausbildung den Genossenschaftsmitgliedern mehr reale Grundlagen für ihre Mitwirkung und Mitbestimmung im Genossenschaftsbetrieb zu vermitteln (vgl. Soto, 1973, S.201-222 u. 275-277; Suarez-Melo, 1972, auch 1975, S.28-36).

Bedenkt man, daß zum Aufbau einer Vielzahl von Genossenschaftsbetrieben sehr viel Vorarbeit geleistet werden muß und dazu mit Sicherheit auch viele Jahre notwendig sind, dann ist verständlich, daß bleibende Erfolge auf dem Gebiet der landwirtschaftlichen Genossenschaftsbetriebe und damit auch rasch wachsende Zahlen von empresas campesinas erst nach einigen Jahren eintreten können.

Insgesamt handelt es sich bei dieser Entwicklung um einen Vorgang, der sich in ähnlicher Weise in nahezu allen Ländern Lateinamerikas abspielt. Vor allem seit Ende der 60er Jahre wird den Betriebstypen der landwirtschaftlichen Genossenschaftsbetriebe verstärkte Aufmerksamkeit geschenkt. So entwickeln sich in Kolumbien und Costa Rica die "Empresas Comunitarias", in Ecuador die "Cooperativas", in Peru die "Cooperativas de Producción" und die "Sociedades Agrícolas de Interes Social (SAIS)", in Chile die "Asentamientos" und die "Centros de Reforma Agraria (CERA)", in Argentinien die "Cooperativas de Producción y de Trabajo", in Brasilien die "Cooperativas de Producción Agrícola" und in Honduras die "Empresas Cooperativas" und die "Asentamientos". Mohr sieht in der Entwicklung der landwirtschaftlichen Produktionsgenossenschaften einen sehr wesentlichen unter vielen Faktoren, welche die Entwicklung der ländlichen Räume voranbringen: "Sie eröffnen der ländlichen Marginalbevölkerung die Möglichkeit zu effizienter Produktion, indem sie ihr die Kosten- und Wettbewerbsvorteile der genossenschaftlichen Kooperation verschaffen und Ansatzpunkte für staatliche und private Förderungsmaßnahmen bieten." Im Rahmen der ländlichen Entwicklungsstrategien kommt den Genossenschaften insbesondere auch durch ihre erzieherischen Wirkungen große Bedeutung zu. "Ob sie das Unternehmensmodell für die zukünftige lateinamerikanische Gesellschaft sind, muß dahingestellt bleiben" (Mohr, 1975, S.185 f.).

4 DER RAUM-ZEITLICHE ABLAUF DER AGRARREFORM AB 1959/60

Der zeitliche Ablauf der Agrarreform und die räumliche Verteilung der verschiedenen Aktivitäten wurden durch ein ganzes Bündel von Einflußfaktoren beeinflußt, gefördert oder gebremst. Zu diesen Einflußfaktoren zählen insbesondere das wechselnde Interesse der Regierung an agrarstrukturellen Veränderungen, die Bemühungen um die Schließung von Versorgungslücken bei der Nahrungsmittelversorgung des Landes, das gelegentliche Ringen um die Gunst der Wähler, wechselnde Zwänge des Staatshaushaltes, besondere Aktivitäten einflußreicher Persönlichkeiten zu Gunsten der einen oder anderen Region, räumlich begrenzt auch der Druck durch die campesinos in Form von Landbesetzungen, Unterschiede in Qualifikation und Aktivität der bei den Agrarreformmaßnahmen mitwirkenden Behördenvertreter, Schwierigkeiten bei der Kooperation von zu vielen beteiligten Ministerien und ihren nachgeordneten Dienststellen, Mängel in der Versorgung und Betreuung der angesiedelten campesinos, um hier nur die wichtigsten Einflußfaktoren aufzuführen. Hinzu kommen beim IAN der Wechsel von Personal, in kurzen Zeitabständen immer wieder neue Reorganisationen der Verwaltung, Schwergewichtsverlagerungen in den Programmen und eine zu große Betonung von lediglich kurzfristig wirksamen Maßnahmen.

Das Ergebnis einer solchen Entwicklung mit ständig wechselnden Vorzeichen, die zum Teil nur verschwommen sichtbar sind und sich nicht in ihrer wirklichen Größenordnung fassen lassen, kann hier nur in groben Strichen skizziert werden.

Etwas vereinfachend kann man den Ablauf der Agrarreform seit 1960 in drei Phasen untergliedern. Die erste Phase bis 1964 ist gekennzeichnet durch ein Überwiegen von Landübereignungen an campesinos als bisherige Nutzer des nun zugeteilten Grund und Bodens. Die zweite Phase ab 1965 steht wesentlich stärker unter dem Vorzeichen neuer Kolonisationsvorhaben und eines verstärkten soziökonomischen und infrastrukturellen Ausbaus. In der dritten Phase ab 1975 werden als Schwerpunkte der Agrarpolitik die Förderung der landwirtschaftlichen Produktion, des Kreditwesens, der kollektiven Landzuteilungen, die Einführung der "prenda agraria" sowie die weitere Durchführung der Agrarreform in vorher festgesetzten "areas de reforma agraria" in den Vordergrund gestellt.

4.1 DIE PHASE ÜBERWIEGENDER HACIENDA-AUFTEILUNGEN UND TITELVERGABE (1959 - 64)

In den ersten Jahren der Agrarreform wurde versucht, wenigstens in den vergleichsweise dicht besiedelten Gebieten den Umfang des Großgrundbesitzes zu verkleinern. 47 % der vom IAN in diesen Jahren übernommenen Ländereien war vorher privater Grundbesitz. Die meisten damals vom IAN aufgeteilten haciendas befanden sich in den hauptsächlichen Siedlungsgebieten der Küstenkordillere, einige auch in den Anden sowie in der Fußzone des andinen Gebirgszuges. Der Ruf nach Landzuteilungen kam ja in erster Linie aus den bereits erschlossenen und relativ dicht besiedelten Gegenden mit einem Überwiegen des privaten Landbesitzes. Zudem hatten im Zusammenhang mit einer Verstärkung der Industrialisierung die wirtschaftlichen Aktivräume der Zentralregion sowie der Staaten Yaracuy, Zulia und Portuguesa eine starke Zuwanderung von ländlicher Bevölkerung aus peripheren Landesteilen zu verzeichnen. Hinzu kam, daß in eben diesen Regionen qualitativ hochwertige Agrargebiete zu finden sind. Aber gerade in den alten Siedlungsgebieten der Zentralregion und der anderen genannten Staaten haben schon seit der Kolonialzeit starke Tendenzen zur Bildung von Großgrundbesitzungen bestanden (Brido-Figueroa, 1979, vol. III).

Die mit den Großbetrieben verbundene Problematik wird auch heute immer wieder diskutiert. Es besteht vor allem in den marktnahen Gebieten der dichter bevölkerten Regionen eine größere Neigung zur Gründung klein- und mittel-bäuerlicher Betriebe, während sich die Großgrundbesitzer mit großer Zähigkeit gegenüber Bemühungen um weitere Landaufteilungen zur Wehr setzen. Nicht selten ist der Wunsch nach Landzuteilungen im Umkreis der Großstädte allerdings auch verbunden mit der Spekulation der campesinos, daß einige Familienmitglieder dort auch nichtlandwirtschaftliche Arbeitsplätze finden und man im Falle der Umwandlung der Betriebsfläche in Bauland eine überdurchschnittliche Entschädigung erwarten kann.

In der Anfangsphase der Agrarreform von 1959/60 haben sich da und dort mit einigem Spektakel Kräfte geregt, um eine sofortige Zuweisung von Parzellen aus Großgrundbesitzungen zu erzwingen. Organisiert von der Federación Campesina kam es in den Staaten Aragua, Carabobo, Yaracuy, Trujillo und Zulia zu verschiedenen Landbesetzungen, wurde vor allem aber auch politischer Druck ausgeübt (Cotten, 1968, S.12). Aus diesem Grund wurden schließlich - wie schon erwähnt - die ersten Landzuteilungen bereits 1959 vorgenommen, obwohl das Agrarreformgesetz noch im Parlament beraten wurde und noch nicht in Kraft getreten war.

Da und dort kam es auch zu spontanen Landbesetzungen durch kleine
Gruppen von campesinos, die meist nur einen Teil eines Großgrundbesitzes zur Ansiedlung und zur Einrichtung kleiner landwirtschaftlicher
Betriebe zugeteilt erhalten sollten. Solche Besetzungen von hacienda-
Land wurden in der Regel nachträglich vom IAN sanktioniert und das Gelände aufgekauft (Warriner, 1979). Es gab aber auch Fälle, in denen
Großgrundbesitzer die Besetzung eigener hacienda-Flächen organisiert
und unterstützt haben, um auf diese Weise ihren Grundbesitz höchst
vorteilhaft an den IAN verkaufen zu können (Cotten, 1968, S.9-12).

In der Anfangszeit der Agrarreform kamen u.a. verschiedene gut funktionierende haciendas zur Aufteilung. Einerseits erhoffte man sich davon positive politische Auswirkungen, andererseits war man tatsächlich
der Auffassung, daß eine Aufsiedelung von gut bewirtschaftetem Großgrundbesitz fast schon eine Garantie für Entwicklung und Fortbestehen
kleinbäuerlicher Siedlerstellen darstellen müßte. Dies war ein großer
Irrtum. Die neuen Landbesitzer fühlten sich nunmehr als Herren und
stellten ihrerseits schlecht bezahlte Landarbeiter ein. Demzufolge
sank die Produktivität der Flächen sehr plötzlich. Dies wurde glücklicherweise schon bald offenbar, so daß in der Folgezeit solche Fehler
vermieden werden konnten.

Warriner (1969, S.359-371) berichtet über die Entwicklung von acht asentamientos in
der Zentralregion, fünf in Aragua und drei in Miranda gelegen, die aus aufgeteilten
haciendas hervorgegangen sind. Für die geringen wirtschaftlichen Erfolge bei der
Mehrzahl der asentamientos nennt er als Gründe a) die zu geringe Größe der neuen Betriebe, daher Unterbeschäftigung und geringes Einkommen, b) eine zu wenig auf die
Betriebsgröße abgestimmte Nutzung des Bodens, c) das Fehlen zweckmäßiger Organisationsformen für die landwirtschaftliche Produktion, d) den Mangel an Kenntnissen und
Erfahrungen für die Führung der landwirtschaftlichen Betriebe, und zwar sowohl der
individuellen als auch der kollektiven Betriebe, e) die häufigen Meinungsverschiedenheiten zwischen den Verwaltungskomitees der asentamientos und dem IAN-Personal,
nicht selten allein aus politischen Gründen, f) die unzureichende und zu wenig auf
den jeweiligen Betriebstyp abgestimmte Beratung und Betreuung durch das IAN-Personal.

Nachdem die hacienda-Aufteilungen einen so geringen Erfolg hatten und
weiteres geeignetes hacienda-Land nicht angeboten wurde, hat man in den
folgenden Jahren der Neulanderschließung und der Aufteilung von Staats-
und Gemeindeland den Vorrang gegeben. Vor allem sprach auch die Knappheit der Geldmittel dafür, den Kauf von Privatland, insbesondere funktionierender haciendas, zu reduzieren. So beschränkten sich die Verfahren von Aufkauf und Aufteilung von Großgrundbesitzungen innerhalb der
dichter besiedelten Regionen auf eine nur kurze Phase in den Jahren
1960 und 1961.

1960 hat man jedoch - neben der Legalisierung von Landbesetzungen -
gleichzeitig auch schon in großem Umfang reine Titelzuteilungen für

schon bestehende Betriebe vorgenommen. Vom IAN wurden für bisherige
Pächter, Landarbeiter und ocupantes deren Betriebsflächen dem jeweiligen Eigentümer abgekauft, zum Teil auch ein wenig aufgestockt und
damit eine wenigstens statistisch nachweisbare und politisch durchaus
wirkungsvolle Aktivität nachgewiesen. Die campesinos erhielten Ländereien an eben jenen Plätzen übertragen, an denen sie gerade saßen.
Daß dabei alle übrigen Anliegen der Agrarreform vernachlässigt wurden,
hat damals noch niemand gestört. Diese Art von Titelzuteilungen haben
jedoch an vielen Stellen die notwendige infrastrukturelle Erschließung
geradezu verhindert. Die Streulage der Betriebe machte nennenswerte
agrarstrukturelle Verbesserungen häufig unmöglich.

Die Titelzuteilungen an schon vorhandene landwirtschaftliche Kleinbetriebe in Streulage haben offenbar den IAN in eine Art Erfolgsrausch
versetzt. Zum Teil erfolgten Titelübertragungen auch ohne vorherige
Klärung umstrittener Eigentumsverhältnisse. Um die Titelvergabe für
landwirtschaftliche Betriebe auf besetztem Staatsland zu vereinfachen,
wurde ein besonderes Programm "regularización de la tenencia de la
tierra de ocupantes de baldios" eingeführt. So wurden beispielsweise
im Jahre 1963 insgesamt 9 656 Familien durch Landvergaben begünstigt.
In 8 182 Fällen handelte es sich jedoch um reine Titelzuteilungen. Nur
1 474 Familien wurden auf neu erschlossenen Ländereien angesiedelt.

Mit den Titelzuteilungen sollte zunächst einmal ein wesentliches Ziel
der Agrarreform - wenn auch in sehr einseitiger Weise - erreicht werden, nämlich die Übertragung landwirtschaftlich genutzter Flächen an
diejenigen Personen, welche das Land tatsächlich bewirtschaften. Der
Versuch des IAN, dieser Zielsetzung des Agrarreformgesetzes gerecht
zu werden, fand nicht nur bei den Betroffenen und bisher Benachteiligten großen Widerhall, es kam auch verschiedentlich zu neuen Landbesetzungen, und zwar nicht nur aus Gründen der Existenzsicherung kleiner
campesinos. Auch Spekulanten ließen sich Land zuweisen. Mancher verschaffte sich sogar mehrere Parzellen, notfalls durch Vertreibung von
campesinos durch illegale Methoden. Dieses Eindringen von Spekulanten
hatte schon Anfang der 60er Jahre einen derartigen Umfang, daß man
von einem Rückgang (regresión) der Agrarreform zu Gunsten einer neuen
Bodenbesitzkonzentration sprach.

Auch zahlreiche campesinos, denen eben erst ein Besitztitel oder eine
Parzelle zugewiesen worden war, haben schon nach wenigen Monaten ihr
Land wieder verlassen oder illegal weitergegeben. Mancher hatte wohl
nur die Chance einer Landzuteilung genutzt, um mit vagen Hoffnungen auf

irgendwelche besseren Lebensumstände zu spekulieren. Die meisten campesinos gaben jedoch auf, weil ihre Betriebsflächen zu klein waren, es an technischer Beratung fehlte, keine Kredite zu bekommen waren und der zugesagte Ausbau der Infrastruktur auf sich warten ließ. Die Wiedererlangung der seinerzeit unrechtmäßig vergebenen oder weitergegebenen Ländereien hat den IAN noch lange Zeit beschäftigt. 1974 wurde das Dekret 350 erlassen, welches eine Regelung der Rückgabe von IAN-Eigentum enthält. Die große Zahl von Fällen des Mißbrauchs bei den Landzuteilungen erklärt sich wohl dadurch, daß nach der IAN-Statistik von 1975 immerhin 78 % aller Begünstigten ocupantes gewesen sind. Als conqueros waren sie früher alle paar Jahre weitergezogen, hatten sich irgendwo auf fremdem Grund und Boden einen neuen Kleinbetrieb errichtet, um schließlich irgendwann weiterzuziehen. Man kann nur vermuten, daß diese Gruppe nicht durchweg in den festen Rahmen offizieller Landzuteilungen integriert werden konnte.

Es sind in der Anfangsphase der Agrarreform jedoch auch zahlreiche infrastrukturelle Verbesserungen durchgeführt und eingeleitet worden. Große Fortschritte wurden auf dem so wichtigen Gebiet des Straßenbaus erzielt. Daneben machte vor allem der Wohnungsbau große Fortschritte (Bayerer, 1964, S.29-31). Agrarstrukturelle Verbesserungen wurden nicht nur in den Altsiedlungsgebieten durchgeführt, sondern vor allem auch in den jungen Kolonisationsgebieten in der Fußzone der Anden. Dadurch wurden wesentliche Voraussetzungen geschaffen, um in den folgenden Jahren die Neulandkolonisation zügig voranzutreiben (vergl. Borcherdt, 1969, Karte 4: Zahl der angesiedelten Familien 1960 - 1965).

In Zahlen ausgedrückt sieht die Bilanz der ersten Jahre der Agrarreform bis Ende 1964 so aus: Insgesamt wurden 77 955 Familien "begünstigt", 2,18 Mio. ha Land vom IAN übernommen und insgesamt 321,6 Mio. Bs. in den Erwerb von Ländereien gesteckt.

4.2 DIE PHASE ÜBERWIEGENDER NEUKOLONISATION AUF BALDIOS UND EJIDOS SOWIE AUF GEKAUFTEM PRIVATLAND (1965 - 74)

1964 übernahm die Acción Democrática unter Präsident Leoni die Regierungsgeschäfte. Der IAN wurde teilweise umstrukturiert und erhielt neue politische Direktiven. Es folgte jetzt eine Phase verstärkter Neulanderschließungen, wobei aus finanziellen und auch politischen Gründen großenteils staatliche Landreserven herangezogen wurden. Ende 1964 erhielt der IAN rund 7 Mio. ha Staatsland (baldios) übertragen.

In dieser Maßnahme spiegelt sich die neue Tendenz wider, innerhalb der wirtschaftlichen Zentralregion möglichst keine weiteren produktiven Großbetriebe zu zerschlagen, sondern die Ausweitung der landwirtschaftlichen Produktion durch Neulanderschließungen in weniger dicht besiedelten Räumen zu erreichen. Zum vorrangigen Ziel wurde jetzt die Steigerung der Agrarproduktion, weil infolge der zunehmenden Lücken in der Nahrungsmittelversorgung die gesamte Agrarreform in Mißkredit zu kommen drohte.

Der Wandel in den Zielsetzungen kam auch darin zum Ausdruck, daß vor allem gegen Ende der 60er Jahre anstelle einer Vielzahl über das Land verstreuter Projekte wesentlich weniger, dafür größere "integrale Entwicklungsprojekte" zur Ausführung gelangten. Nach Art. 162 des Agrarreformgesetzes sollte mit solchen Projekten eine rasche und vielseitige Entwicklung ausgewählter Gebiete erreicht werden. Mit der räumlichen Konzentration der Agrarreformmaßnahmen hoffte man zugleich auch das Zusammenwirken der verschiedenen Behörden und sonstigen Institutionen zu erleichtern. Von einer wenigstens teilweisen Kooperation der verschiedenen Fachbehörden konnte auch ein sparsamer Umgang mit den finanziellen Mitteln erwartet werden.

Die Erschließung von Neuland sollte außerdem dazu beitragen, die bisher noch kaum besiedelten peripheren Landesteile stärker zu erschliessen. Wesentliche Voraussetzungen dafür waren einerseits die Bekämpfung der Malaria in den Tieflandzonen, andererseits der Bau eines weitmaschigen Netzes von Allwetterstraßen. Venezuela hat Dank seiner reichlichen Einnahmen aus der Erdölwirtschaft vor allem in den Jahren nach 1960 dem Straßenbau besondere Aufmerksamkeit geschenkt. Dadurch wiederum wurde es möglich, die wirtschaftliche Integration nahezu aller Landesteile in die Gesamtwirtschaft des Staates zu erreichen. An vielen Stellen bildeten jedoch die neuen Straßen zugleich auch Leitlinien für eine nach außen vorrückende spontane Besiedlung (Borcherdt, 1971), der erst in einigem zeitlichen Abstand die gelenkte landwirtschaftliche Kolonisation im Rahmen der Agrarreformmaßnahmen nachfolgte.

Die Neulanderschließung setzte vor allem zu beiden Seiten der Anden in den Fußzonen des Gebirges an, wobei von den zum Gebirge parallel verlaufenden Straßen in das Vorland hinausführende Wege angelegt wurden, die einer planmäßigen Besiedlung als Leitlinien dienen konnten. Das Land entlang den Hauptstraßen war freilich längst schon privates Nutzland landwirtschaftlicher Großbetriebe. Folglich liegen die meisten asentamientos erst in einigem Abstand vom Gebirgsrand. Nur wo große

Bewässerungsgebiete geschaffen worden sind, beginnt das junge Siedlungsgebiet bereits beim Austritt der Täler aus dem Gebirge.

Gute Anknüpfungsmöglichkeiten boten sich für die Neulanderschließung auch im Anschluß an die älteren Kolonien aus den 40er Jahren. So wurden etwa im Anschluß an Colonia Turén und an das Bewässerungsgebiet von Guarico neue asentamientos angelegt mit Kleinbetrieben für campesinos. Im Gegensatz zur seinerzeitigen Kolonisationsphase, in welcher die Ansiedlung von Ausländern im Vordergrund stand, darf in den neuen asentamientos der Anteil der Ausländer nur maximal 25 % betragen (Eidt, 1975, S.124).

Die Hauptgebiete der Neulanderschließung befanden sich vor allem in den westlichen und zentralen Llanos, im Süden der Küstenkordillere, in den Waldgebieten von Altagracia de Orituco, im Nordwesten sowie im Süden des Sees von Maracaibo. In ersten Ansätzen wurden Agrarreformsiedlungen jedoch auch im Orinoco-Delta und im Bergland von Guayana geschaffen.

4.3 DIE EINRICHTUNG VON BEWÄSSERUNGSGEBIETEN

Wenn an dieser Stelle ein Kapitel über die Einrichtung von Bewässerungsgebieten eingefügt und dadurch die Berichterstattung über den raum-zeitlichen Ablauf der Agrarreform unterbrochen wird, so bedarf dies einer kurzen Rechtfertigung. Die Einrichtung von Bewässerungsgebieten gehört zu den besonders erfolgversprechenden Maßnahmen im Zuge der Agrarreform. Man hat auch schon frühzeitig umfangreiche Programme für die Anlage von Bewässerungsgebieten geschaffen, doch ist deren Verwirklichung stets weit hinter den gesteckten Zielen zurückgeblieben. Zum einen haben sich allein schon aus finanziellen Gesichtspunkten Notwendigkeiten zu einem Nacheinander in der Verwirklichung der geplanten Projekte ergeben, zum anderen bereiteten die technischen und vielfach auch die organisatorischen Maßnahmen weit größere Schwierigkeiten als bei den ersten, vorläufigen Planungen angenommen worden war. Daher waren von den ursprünglich vorgesehenen 304 000 ha Bewässerungsflächen im Jahre 1976 erst 96 000 ha und 1981 rund 125 000 ha als bewässerbares Land ausgewiesen, konnten demzufolge erst 32 % bzw. 41 % der Fernziele von 1960 als erfüllt gelten (MAC-Anuario 1976, S.320; MAC-Memoria 1981, S.II-215). Dabei muß man jedoch bedenken, daß zu den ursprünglich vorgesehenen Projekten im Laufe der Jahre weitere hinzukamen, andererseits natürlich auch Abstriche gemacht werden mußten, wenn etwa das verfügbare Wasser nur für Teile des vorgesehenen Nutzareals ausreichte.

Überhaupt sind die Flächenangaben der einzelnen Bewässerungsgebiete
nur mit sehr großen Vorbehalten zu verwenden. Man kann mit wenig Wasser ein sehr ausgedehntes Terrain landwirtschaftlich nutzen, wenn man
mit dem Wasser sparsam umgeht und nur Kulturen anbaut, die nur gelegentlich der zusätzlichen Bewässerung bedürfen. Handelt es sich jedoch
um Kulturen mit einem sehr hohen Wasserverbrauch, muß also häufig bewässert oder beregnet werden, dann wird das verfügbare Wasser u.U. nur
für geringe Anbauflächen ausreichen. Hierzu vermitteln die statistischen Unterlagen nur unzulängliche Aussagen. Hinzu kommen natürlich
auch noch die unterschiedlichen Niederschlagsmengen im Laufe der Jahre, was Folgerungen nicht nur hinsichtlich der aufgestauten Wassermengen hat, sondern auch auf die Häufigkeit der zusätzlichen Wassergaben
auf Feldern und in Pflanzungen von Einfluß ist.

Die meisten Bewässerungsgebiete befinden sich im Vorland der Anden,
und zwar sowohl auf der südöstlichen als auch auf der nordwestlichen
Seite des Gebirges, wo an sich reichliche Niederschläge fallen und nur
während einiger trockener Perioden bewässert werden muß, wenn ertragreiche Ernten erzielt werden sollen. Weitere Bewässerungsgebiete liegen innerhalb bzw. südlich der Küstenkordillere sowie im trockenen
Bergland von Lara-Falcón.

Abgesehen von den größeren Bewässerungsgebieten, deren Lage in Abbildung 5 wiedergegeben ist, gibt es zahlreiche kleine und kleinste Bewässerungsareale, die im Gebirge an Bachläufe, in Trockengebieten an
primitive Zisternen anknüpfen, oder bei denen mit Brunnenwasser beregnet wird. Dabei handelt es sich meistens um private Anlagen, für
deren Einrichtung jedoch staatliche Kredite in Anspruch genommen werden können.

In den verkehrserschlossenen Haupttälern der andinen Hochregion von
über 2 000 m haben zahlreiche Indios vor allem nach 1970 sich einfache
transportable Beregnungsanlagen zugelegt, um mit Hilfe des natürlichen
Druckes eines an einem Gebirgsbach ansetzenden Wasserrohres Kartoffeln
und Gemüse zu beregnen. Der relativ geringe Kostenaufwand für die Beregnungseinrichtungen und die Möglichkeit, schon mit geringen Flächen
einen Familienbetrieb aufzubauen, hat zu einer starken Bevölkerungszunahme an solchen Plätzen geführt, an denen das Bewässerungswasser die
Kultivierung noch weiterer Flächen zuließ. Die Beregner sichern nicht
nur die Ernten von relativ hochwertigen Erzeugnissen, sie ermöglichen
auch das Einbringen einer zweiten oder gar dritten Ernte je Flächeneinheit und Jahr. Gepflanzt und geerntet wird eigentlich ständig, denn

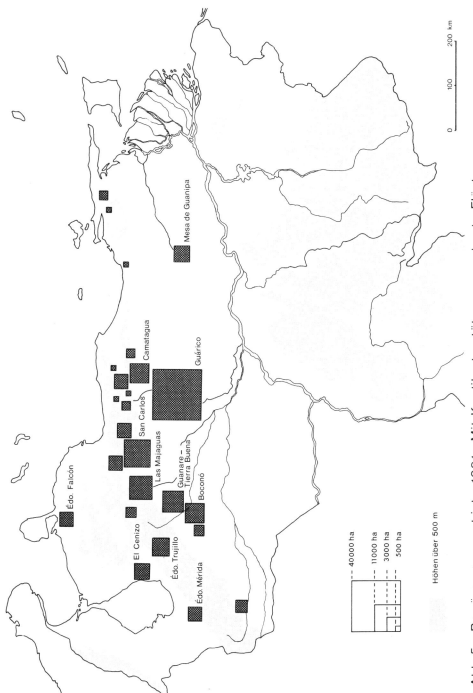

Abb. 5: Bewässerungsgebiete 1981: Mit Kreditunterstützung angebaute Flächen

die kleinen Betriebsflächen werden in winzige Stücke unterteilt, so daß eine zweckmäßige Verteilung der Arbeitszeit möglich ist.

Seit Ende der 70er Jahre werden mit Unterstützung der Corporación de los Andes auch verschiedene Dorffluren mit kleinen betonierten Bewässerungskanälen versehen, von denen aus verschiedene Flurteile mit Wasser für die verlegbaren Beregnungsanlagen versorgt werden können.

In den Trockengebieten des nordöstlichen Andenrandes um Quibor und im Bergland von Lara-Falcon sind in den 70er Jahren die ersten "lagunas" von den für ihre Betätigung im Gartenbau bekannten Isleños eingerichtet worden. Die nicht sehr zahlreichen, aber kräftigen Niederschläge während der Regenzeit werden in Teichen gesammelt, die zwischen Hügeln am Zusammenfluß mehrerer episodischer Bachläufe durch einfache Erddämme aufgestaut werden. Dazu genügt der Einsatz eines Schaufelbaggers. Das sich in der laguna ablagernde Tonmaterial sorgt bald für die natürliche Abdichtung des Staubeckens. Unterhalb der Hügel sind die mit nur schütterem Espinar und Cardonal bestandenen Schwemmfächer infolge des angehäuften Grobmaterials zu wasserdurchlässig. Erst am unteren Ende der Schwemmfächer, wo das Feinmaterial einen höheren Anteil hat und sich die Feuchtigkeit im Boden länger hält, sind die geeigneten Plätze für die Anlage der Felder großer Gartenbaubetriebe, die weitgehend auf das Beregnungswasser aus der laguna angewiesen sind. Nachdem sich die ersten Anlagen ein paar Jahre lang bewährt hatten, die Probleme des Wasserrechts in einem an sich nahezu gewässerlosen Gebiet gering sind, wurden Dutzende weiterer lagunas - jetzt auch mit staatlichen Krediten unterstützt - gebaut. Man kann heute nur staunen, welche Entwicklungen sich seit Anfang der 70er Jahre in diesen Halbwüstengebieten vollzogen haben. Aber das sind inselhafte Nutzflächen, in manchen Gegenden zwar nahe benachbart gelegen, dennoch wohl kaum in ihrem tatsächlichen Umfang zu statistischen Zwecken erfaßt. Die Zahlenübersichten des MAC über die größeren Bewässerungsgebiete weisen zwar seit einiger Zeit in Erweiterung der Liste der Großprojekte auch Namen von Staaten auf, womit die Summen vieler kleiner, ebenfalls mit Krediten bedachter Bewässerungsflächen angegeben werden, aber die kleinen Betriebe, die sich ohne die oft nur langwierig zu beschaffenden Kredite ihre Beregnungseinrichtungen geschaffen haben, dürften kaum alle erfaßbar sein. In Abb. 5 sind trotz der nur andeutungsweisen Lokalisierbarkeit der kleinen Bewässerungsareale die staatenweisen Summenangaben aus Vergleichsgründen ebenfalls dargestellt.

Etwas genauer dürften die Angaben für die Summe der Bewässerungsflächen im Bereich der Mesa de Guanipa in den östlichen Llanos sein. Dort müssen nämlich erst Tiefbrunnen angelegt werden, um an das Grundwasser heranzukommen, wofür Genehmigungen einzuholen sind. Vor allem weiß man bei den Mittel- und Großbetrieben das Angebot an Krediten auszunutzen. Daher sind die Anbauflächen dieser Bewässerungsareale im wesentlichen bekannt. Die Entwicklung des Anbaus in den östlichen Llanos, vor allem im Bereich der Mesa de Guanipa, wo vorwiegend Erdnußfelder beregnet werden - zum Teil mit kostenaufwendigen Karussellberegnungsanlagen -, aber auch Pflanzungen von Mereybäumen und Yuca mit und ohne Beregnung vorhanden sind, zeigt die enormen Möglichkeiten für eine verstärkte Inwertsetzung der früher nur als klassisches Weideland geltenden Savannen der Llanos altos. Es muß sich allerdings erst noch erweisen, ob die Grundwasservorräte eine weitere Vergrößerung der Anbauareale zulassen und ob nicht schon bald eine Limitierung der Wasserentnahme eingeführt werden muß.

Es können zu privaten Ländereien gehörende Flußläufe, Quellen sowie Grundwasservorkommen nach Art. 41 u. 42 des Agrarreformgesetzes auch enteignet werden, wenn das verfügbare Wasser nicht schon zu einer rationellen Bewässerung eingesetzt wird. Nach Art. 43 kann die Enteignung auch erfolgen, wenn Wasser für die Versorgung der vom IAN errichteten Siedlungen oder für Verarbeitungsbetriebe landwirtschaftlicher Produkte benötigt wird.

Zusammen mit dem Landkataster wird - als langfristiges Unternehmen - ein Wasserkataster angelegt, welches Angaben über die Nutznießer von öffentlichem Wasser enthalten soll. Mit der Fertigstellung der einzelnen Teile des Wasserkatasters gelten die Wasserentnahmerechte als gesetzlich geregelt.

Mit der Durchführung von Arbeiten bei Bewässerungs- und Entwässerungsvorhaben wurde eine eigene Behörde betraut (Instituto de Riego). Als Anfang der 60er Jahre die Ausführung der ersten größeren Bewässerungsprojekte riesige Geldsummen verschlungen hatte, ohne jedoch nennenswerte Folgewirkungen zu zeitigen, wurde 1966 als neue Behörde ODASIR (Oficina de Desarrollo Agrícola de los Sistemas de Riego) geschaffen, die um eine bessere Koordinierung aller mit den Großprojekten befaßten Institutionen bemüht sein sollte. 1971 wurden von ODASIR neun Bewässerungsprojekte betreut mit einer Gesamtfläche von rund 55 300 ha, was einem Anteil von 72 % an allen Bewässerungsflächen entsprach (Eden, 1974, S.48).

Nachdem die Einrichtung der ersten großen Bewässerungsgebiete trotz des Aufwandes erheblicher Geldmittel nur langsam vonstatten gegangen war, sind ab der Mitte der 60er Jahre in stärkerem Maße kleinere Bewässerungsprojekte zur Ausführung gekommen, zunächst vor allem im Becken des Sees von Valencia. 1970 umfaßten die kleineren Bewässerungsgebiete zusammen 6 400 ha, 1976 rund 15 100 ha. Beabsichtigt war damals eine Ausweitung der kleineren Bewässerungssysteme auf eine Gesamtfläche von etwa 73 000 ha (MAC-Anuario 1976, S.320).

Für das Jahr 1981 finden sich im MAC-Memoria Angaben über die Nutzungsarten der mit Krediten bewirtschafteten Bewässerungsflächen. Demnach steht der Anbaufläche nach der Reis an erster Stelle (38 % der mit Krediten bedachten Areale). Es folgen - nach dem Umfang der Anbauflächen

geordnet - Zuckerrohr (13,5 %), Grasanbau (10,7 %), Hirse (8 %), Kartoffeln (5 %), Tabak (3,8 %), Erdnüsse (3,3 %), Mais (3,2 %), Kokospalmen (2,7 %) und Citruskulturen (1 %), ferner verschiedene Gemüsearten.
Bemißt man die Bewässerungskulturen nicht nach der Flächenausdehnung der Einzelprodukte, sondern nach deren finanziellem Ertrag, denn ist der Anbau von Kartoffeln mit weitem Abstand am lohnendsten (24 % der gesamten Verkaufserlöse von Bewässerungskulturen). Es folgen - jetzt also nach dem Erlös geordnet - Reis (14 %), Tabak (13,5 %), Karotten (7,7 %), Tomaten (6,2 %), Weißkohl (6,1 %) und Gras bzw. Heu (6 %). Sind diese Angaben auch nur für die Gesamtheit der Bewässerungsflächen vorhanden, so illustrieren sie doch ganz gut, was beim Bewässerungsfeldbau im Vordergrund steht.

Nachdem die großen Bewässerungsprojekte nicht nur riesige Summen für die Baumaßnahmen verschlungen haben, sondern weiterhin einen großen Aufwand für die Erhaltung der Einrichtungen erfordern, ist die neuerdings in den Vordergrund gerückte Bevorzugung von Kleinprojekten mit einem Blick auf die finanzielle Leistbarkeit sicherlich realistischer. Aber oft sind es eben nur Mittel- und Großbetriebe, die sich auf den ertragreicheren Bewässerungsanbau umorientieren können. Nur im Gebirge vermag auch der kleine campesino mit wenig Mitteln Beregnungsanlagen einzurichten. Größere Agrarreformsiedlungen mit Bewässerungsflächen konnten dagegen nur im Gebirgsvorland geschaffen werden.

Die in den Bewässerungsgebieten angesiedelten campesinos haben den Vorteil, daß dort eine vergleichsweise recht breit gefächerte Infrastruktur vorhanden ist. Es sind hier verschiedene centros poblados mit allen dazugehörigen Einrichtungen geschaffen worden. Insgesamt gesehen bilden allerdings die in den Bewässerungsgebieten lebenden Familien nur einen geringen Prozentsatz der insgesamt durch Agrarreformmaßnahmen bedachten Personen.

Tab. 4: Centros poblados, Zahl der Häuser und angesiedelten Familien in den Bewässerungsgebieten bis 1973

Bewässerungsgebiete	angesiedelte Familien	centros poblados	mit Häusern
Boconó	418	3	315
Camatagua	126	1	106
Cariaco	138	-	-
Cojedes-Sarare	954	6	745
Cumaná	509	-	-
El Cenizo	600	-	-
El Tuy	174	-	-
Guanapito	40	-	-
Guanare	237	2	172
Guarico	901	3	209
San Carlos	146	-	-
Suata-Taiguaiguay	327	-	-
Gesamt	4.570	15	1.547

Quelle: MAC-Anuario 1975, S.747.

Es gibt auch zwei große landwirtschaftliche Kolonisationsgebiete, die nicht mit Bewässerung, sondern mit Entwässerung verknüpft sind. Dabei handelt es sich einerseits um ein Landgewinnungsprojekt im Orinoco-Delta, wo durch die Eindeichung von Inseln Polderland gewonnen wird, das nun nicht mehr zur Zeit der höchsten Wasserstände über mehrere Monate hin überschwemmt, sondern ganzjährig landwirtschaftlich nutzbar ist. Das andere Projekt bildet die "Zona Sur del Lago de Maracaibo", wo im Tiefland des Seebeckens ausgedehnte Sumpfgebiete entwässert und mit Deichen gegen das Eindringen von Hochwasser geschützt werden. Ob diesen beiden Großprojekten auf Dauer Erfolg beschieden sein wird, ist noch nicht abzusehen. Die weitflächigen Abholzungen und Entwässerungen führen nämlich zu einer Verdichtung der Böden, und die tropischen Regengüsse richten immer wieder Unheil auf den Feldern an.

4.4 BILANZ DER AGRARREFORM IM JAHRE 1975

Seit Inkrafttreten des Agrarreformgesetzes hat der IAN mehrmals, in der Regel bei einem Regierungswechsel, eine Bilanz des bisherigen Verlaufs der Agrarreform gezogen, um neue Programme zu erarbeiten, frühere Fehler zu beseitigen und den Fortgang der Reformen zu aktivieren.

Nach der 1975 vom IAN vorgelegten Bewertung der Agrarreform (IAN: Inventario Nacional de Tierras y Beneficiarios de la Reforma Agraria) ist festzustellen, daß ein Großteil der bisherigen Bemühungen nur relativen Erfolg hatte, wenn man die Ergebnisse an den ursprünglich gesteckten Zielen mißt.

In Bezug auf die Landbesitzstruktur zeigt ein Vergleich der Agrarzensus-Daten von 1961 und 1971, daß der Dualismus von Klein- und Großbetrieben weiterhin besteht. In diesem Zeitraum erfolgte eine Abnahme der Betriebe mit weniger als 5 ha um 28 % (34 036), die größtenteils durch die Land-Stadt-Wanderungen bedingt war. Trotzdem machten die Kleinst- und Kleinbetriebe im Jahre 1971 noch immer 42,9 % (121 581) aller landwirtschaftlichen Betriebe aus; sie verfügten über nur 1,3 % des Kulturlandes (272 135 ha). Andererseits ist in diesem Zeitraum eine Zunahme der Betriebe mit über 20 ha festzustellen; dabei handelt es sich vermutlich vorwiegend um die Zunahme der kommerziellen landwirtschaftlichen Betriebe von Agrarunternehmen als Folge der Agrarpolitik.

Die in den asentamientos vorhandenen landwirtschaftlichen Betriebe machten weniger als 1/4 aller vom Agrarzensus erfaßten landwirtschaftlichen Betriebe aus, sie verfügten über 4,6 % des Kulturlandes. Weiter ist aus dem gleichen Agrarzensus zu ersehen, daß über die Hälfte der Betriebe = 58,4 % (30 368) kleiner als 10 ha waren und über 9,8 % des erfaßten IAN-Landes verfügten. Bei den größeren Betrieben handelt es sich um empresas campesinas und andere Formen gemeinsamer Bewirtschaftung (definiert im Agrarzensus 1971) oder auch, wie Daum (1977) zeigt, um "amalgamation", d.h. um parceleros (=Begünstigte der Agrarreform) oder andere Agrarunternehmer, die IAN-Land bewirtschaften, ihre Betriebe jedoch durch den - meist illegalen - Kauf von bienhechurias oder durch Pacht oder durch Übernahme von bereits aufgegebenen Parzellen erweitert bzw. auf diese Weise einen neuen Betrieb eingerichtet haben. Bei diesen Betrieben werden moderne Agrartechniken angewandt und die Produktion voll und ganz an den Markt geliefert. Solche Betriebe bilden eine gefährliche Konkurrenz für die "gewöhnlichen" parceleros des IAN, die auch für den Markt produzieren, aber über kleinere Betriebe verfügen und sich in nur geringerem Umfang der modernen Technik bedienen sowie schwieriger an Kredite gelangen können (Daum, 1977).

Tab. 5: Betriebsgrößenklassen in den asentamientos 1971

Betriebsgrößenklasse (ha)	Zahl der Betriebe absolut	in %	Bewirtschaftete Flächen in ha	in %
unter 1	1 141	2,8	688	0,1
1- 5	17 027	32,7	43 252	3,5
5- 10	11 890	22,9	74 248	6,1
10- 20	11 588	22,3	138 087	11,3
20- 50	6 712	12,9	174 335	14,3
50- 100	1 809	3,5	111 629	9,2
100- 500	1 196	2,3	230 448	18,9
500- 1 000	168	0,3	107 046	8,9
1 000- 2 500	97	0,2	141 814	11,6
über 2 500	39	0,1	195 748	16,1
Gesamt	51 997	100,0	1217 331	100,0

Quelle: Ministerio de Fomento, Dirección General de Estadistica y Censos Nacionales, IV Censo Agropecuario, Total Nacional, S.3.

Zusammenfassend läßt sich sagen, daß die Landbesitzkonzentration noch immer besteht und auch bei den asentamientos und anderem IAN-Besitz vorkommt. Rein ökonomisch gesehen, bilden die Großbetriebe durchaus einen positiven Faktor in den asentamientos. In sozialer Hinsicht stimmen sie nicht mit dem Ziel der Agrarreform überein (vgl. Daum, 1977). Auch die Tatsache, daß die Wiedererlangung von IAN-Land mit im Vordergrund der neuen Agrarreformpolitik steht, ist ein Zeichen dafür, daß eine illegale Besetzung und Bewirtschaftung größerer Flächen von IAN-Land erfolgt ist und zu Landkonzentrationen beiträgt.

Als Folge der Agrarreform gibt es weniger Pächter und ocupantes, dafür mehr Eigentümer. Trotzdem ist die Zahl der parceleros, die über einen endgültigen Besitztitel verfügen, relativ gering, so daß die ocupantes noch immer die Mehrheit bilden. Im übrigen läßt sich schwer feststellen, wie viele neue Betriebe tatsächlich bisher vom IAN geschaffen worden sind.

Der überwiegende Teil des vom IAN erworbenen und verteilten Landes ist für die Durchführung neuer Kolonisationsvorhaben verwendet worden und war vorher Staats- oder Gemeindeland. Dagegen fand die "gerechtere Verteilung des Bodens und Abschaffung des Großgrundbesitzes" gemäß Art. 1 des Agrarreformgesetzes bisher erst in Ansätzen statt, wobei durchaus nicht übersehen werden soll, daß in manchen Gegenden eine Aufsiedlung von Großgrundbesitzungen unmöglich ist.

Die Erhebung von 1975 zeigt auch eine Differenz von 65 662 Familien zwischen der Zahl der vom IAN angesiedelten Familien - nach IAN-Jahresberichten für 1959 - 1975 wären es 216 236 Familien - und der geschätzten Zahl von Familien nach der Befragung des "Inventario Nacional de Tierras y Beneficiarios de la Reforma Agraria", wonach nur 150 574 Familien auf Agrarreform-Ländereien leben. 30,4 % der Familien hätten demzufolge ihre Parzellen aufgegeben, nicht nur weil diese zu klein waren, sondern auch infolge der Mängel auf den Gebieten von Infrastruktur, Kreditwesen und technischer Beratung. 1975 verfügten erst 29 % der asentamientos über Wasserleitungen, 3 % über Kloaken, etwa ein Drittel hatten elektrischen Strom und 29 % ein centro de salud. Über 4/5 der Zufahrtstraßen befanden sich in einem schlechten Zustand, über die Hälfte waren während der Regenzeit nicht befahrbar (El Universal vom 7.8.1977).

Die sozioökonomische Beteiligung der campesinos an der Entwicklung des Landes ist im allgemeinen sehr begrenzt. Die Parzellen sind in der Regel zu klein und die Produktion wenig rentabel. Es werden hauptsächlich die traditionellen Produkte angebaut, für welche die Erzeugerpreise niedrig liegen. Nur ein geringerer Teil dieser Produkte wird durch staatliche Stellen vermarktet, der größte Teil geht an Zwischenhändler. Etwa die Hälfte der parceleros hat "insumos" (Düngemittel, Pestizide usw.) verwendet. Der Einsatz von landwirtschaftlichen Maschinen ist begrenzt; nur 1/4 der Befragten hat solche in Anspruch genommen. Angaben über Kredite machte nur ein Drittel der Befragten, soweit sie zu den organizaciones campesinas gehören; für die restlichen Begünstigten der Agrarreform gibt es keine genauen Angaben über die Inspruchnahme von Krediten.

Die ökologischen Verhältnisse werden in der Regel wenig berücksichtigt, zudem ist die technische Beratung in den meisten Fällen mangelhaft. Die unzureichende Ausbildung nicht nur der campesinos sondern auch des IAN-Personals stellt ein großes Hindernis für den Erfolg der Agrarreform dar. Nach der IAN-Befragung waren 1975 über die Hälfte der Befragten Analphabeten. Um hier Abhilfe zu schaffen, entstand Ende der 60er Jahre ein neues Programm: "Promoción, Organización y Capacitación Campesina". Die Schulung und Ausbildung der campesinos sollte an sich im Rahmen der Agrarreform stattfinden. Auch sollte die ökonomische und soziale Organisation und Integration der Bauern etwa im Rahmen der uniones de prestatarios, empresas campesinas und centros agrarios gefördert werden, um eine größere Selbständigkeit der campesinos und mehr Partizipation am Reformprozeß und an der Entwicklung des Landes zu erreichen. Aber dies geht nur sehr langsam voran.

Der Lebensstandard der campesinos ist niedrig. Die Einkommen aus der eigenen Landwirtschaft reichen meist nicht aus. Nach der Erhebung des IAN von 1975 hat 1/4 der parceleros kein Einkommen aus ihrer Parzelle erwirtschaftet; ca. 1/3 hat ein Einkommen durch einen Zuverdienst bezogen und ca. 1/3 hat weniger als 300 Bolivares/Monat erhalten.

Von einem weitreichenden und umfassenden Erfolg der Agrarreform kann also bis 1975 nicht die Rede sein. Es ist richtig, daß durch den IAN viele Familien Land zur Bewirtschaftung erhalten haben, auch Zugang zu Krediten und anderen Vorteilen, welche die Programme des IAN da und dort gebracht haben. Ebenso soll der Beitrag des "reformierten Sektors" an der landwirtschaftlichen Produktion des Landes nicht übersehen werden. Trotzdem sind die Disparitäten auf dem Agrarsektor weiter vorhanden. Für den geringen Erfolg der Agrarreform werden u.a. folgende Gründe genannt: Ungenauigkeiten im Agrarreformgesetz, Mangel an Geldmitteln, nicht ausreichende Förderung der organizaciones campesinas bzw. mangelhafte Partizipation der campesinos an der Agrarreform. Die Agrarreform ist nicht zuletzt ein politisches Instrument, das je nach den verschiedenen politischen Strömungen sehr unterschiedlich gehandhabt wird. Gelegentliche Bilanzen des Standes der Agrarreform - fast bei jedem Regierungswechsel - sollen nur dazu dienen, daß in der Öffentlichkeit die Meinung entsteht, die Regierung werde sich weiterhin - und nun auch verstärkt - mit der Agrarreform befassen. In Wirklichkeit aber wird sichtbar, daß sich die Maßnahmen der Agrarreform immer langsamer hinschleppen (vgl. Suarez Melo, 1975, S.6). Nach 1975 sind wieder neue Programme erarbeitet worden. Dieses Mal geht es mehr um strukturelle Verbesserungen. Es bleibt abzuwarten, inwieweit alle diese neuen Maßnahmen angewandt werden und zu welchen Erfolgen sie führen. Bisher liegen nur wenige Angaben über den Verlauf dieser jüngsten Phase der Agrarreform vor.

4.5 NEUE WEGE AGRARSTRUKTURELLER VERBESSERUNGEN AB 1975, ABER DAS ZIEL RÜCKT NICHT NÄHER

1970 sind die zehn Jahre vorher formulierten Ziele für die Agrarreform der lateinamerikanischen Länder konkreter definiert worden (Undécima Conferencia Regional de la FAO para América Latina, Caracas, 1970). Im Vordergrund blieb nach wie vor das Bemühen um agrarstrukturelle Verbesserungen, um die eingeleiteten Agrarreformen "effektiver" zu machen und endlich eine höhere Wirtschaftlichkeit der z.T. sehr kostenaufwendigen Maßnahmen zu erreichen (Suarez-Melo, 1972). Unter solchen Zielsetzungen ging man in Venezuela ab 1975 daran, in den vorhandenen Agrarreformsiedlungen mehr für die Erweiterung der Infrastruktur zu unternehmen. Das 1980 ins Leben gerufene fünfjährige Programm "Proyectos Integrales de Reforma Agraria (PIRA)" zielt ebenfalls in diese Richtung.

Es sollen dabei durch vielfältig ineinandergreifende Maßnahmen die asentamientos in ganz bestimmten Agrarzonen verstärkt betreut werden: Ticoporo, Coloncito, Valle de Caús Pocó, Barlovento, Sur Cojedes, Centro Occidental Cojedes, Bajo Tocuyo, Nirgua-Cabuy, Tocuyo Medio, Carora, Esteller, Turén, Achaguas, San Simón u.a., die meisten im östlichen Vorland der Anden oder in den nördlichen Andenausläufern bzw. in den angrenzenden Hügelländern gelegen.

Mit einem weiteren Programm "Areas Rurales de Desarrollo Integrado (ARDI)" möchte man eine noch weiter gehende Integration aller Aktivitäten auf landwirtschaftlichem Gebiet erreichen. Im Grund genommen, ist das nur eine Wiederholung schon früherer Zielsetzungen, aber bisher war auf diesem Gebiet zu wenig getan worden, weil zumeist die erforderlichen Geldmittel nicht zur Verfügung standen. Nun sind zwar im 6. Plan de la Nación 1981 - 1985 große Summen für ARDI angesetzt, aber die inzwischen verstärkt wirksam gewordene wirtschaftliche Rezession wird den Mittelansatz zwangsläufig schrumpfen lassen. Zu den hauptsächlichen ARDI-Programmgebieten zählen: Valle de Aroa, die Mesa de Guanipa, Turén I und II, die Bewässerungsgebiete von Majaguas, Guanare-Maparro, Uribante-Arauca und Yacambú-Quíbor (CORDIPLAN: 1981 - 1985, Vol.II, S.13).

Ein weiteres Hauptanliegen bildet der Ausbau des Genossenschaftswesens. In den Jahren zwischen 1976 und 1980 sind 457 neue empresas campesinas mit zusammen rund 12 000 Mitgliedern geschaffen worden (MAC, Memoria 1976-80), doch gibt es zu dieser Mitteilung keine weiterreichenden Informationen.

Die Schaffung neuer landwirtschaftlicher Betriebe ist in der jüngsten Phase der Agrarreform etwas in den Hintergrund getreten, beschränkt sich jetzt jedoch nicht nur auf Land- bzw. Titelzuteilungen für den

Aufbau oder die Erhaltung von Klein- und Mittelbetrieben, sondern die Förderung kommt auch mittelgroßen, mit Maschineneinsatz wirtschaftenden Agrarunternehmern zugute. Auch sind Mittel vorgesehen für Kredite an die Landwirtschaftsberater, an delegados agrarios und agrotécnicos, wenn sie selbst Land erwerben oder sich ein Haus bauen wollen.

Die prenda agraria, die provisorische Landvergabe, wird jetzt in den schon geschilderten Varianten schneller und häufiger erteilt, um dadurch mehr Land nutzen und durch die rascher erhältlichen Agrarkredite auch entsprechend produktiv bewirtschaften zu können. Man mußte offensichtlich zu vereinfachten bürokratischen Regelungen greifen, um endlich das Ausmaß der sich häufenden illegalen Landaneignungen wieder eindämmen zu können. Vom IAN noch nicht verteilte Flächen waren in zunehmendem Umfang einfach von "Interessenten" stillschweigend kultiviert worden. Ein solches eigenständiges Vorgehen der Landwirte als Gegenwehr gegen die langwierigen bürokratischen Abwicklungen hatte natürlich dem IAN viele Entscheidungen vorweggenommen bzw. die Behörden in Zugzwang gebracht. Nach Angaben des IAN sollen zwischen 1975 und 1980 in beschleunigten Verfahren über 226 300 Familien provisorische Landzuteilungen, also prenda agraria, im Gesamtumfang von rund 3,35 Mio. ha erhalten haben. Das würde bedeuten, daß jetzt innerhalb von 5 Jahren ebenso viele Familien Land erhalten hätten wie in den 16 Jahren der Agrarreform davor. Diese Zahl kann sich nicht allein auf weitere Neuansiedlungen beziehen, sondern muß die vielen Fälle umfassen, in denen lediglich der formale Akt der provisorischen Landzuteilung noch nicht durch alle behördlichen Instanzen gegangen war. Eine Aufschlüsselung der Zahlen liegt jedoch nicht vor, eine nähere Interpretation dieser Vorgänge ist daher nicht möglich.

Ebenso bleibt es vorläufig nur eine Vermutung, daß die neuerdings stark angestiegene Zahl von empresas campesinas nicht nur als Bevorzugung und Stärkung dieser Organisationsform der landwirtschaftlichen Nutzung zu deuten ist, sondern in hohem Maße aus Umbenennungen von bisherigen uniones de prestatarios resultiert. Aus den zuletzt veröffentlichten Zahlen allein läßt sich der tatsächliche Umfang der neueren Wandlungen sicherlich nicht erkennen. Für eine Interpretation müßte man jedoch erst das Ausgangsmaterial der Daten kennen. Was sich aus den Zahlen dennoch indirekt ableiten läßt, das ist der gegenwärtige Entwicklungstrend, bei welchem der "Fortschritt" zunächst mal wieder mit Umorganisationen erreicht werden soll. Diesmal führt er notgedrungen zu einer Verkürzung der zeitraubenden bürokratischen Wege zur endgültigen Landzuteilung, um damit einem sich breitmachenden spekulati-

ven Wildwuchs neuer Betriebsgründungen entgegenzutreten. Zum anderen
führt der Entwicklungstrend zu einer deutlichen Stärkung des Genossenschaftswesens, und zwar nicht nur bei den landwirtschaftlichen Betrieben, sondern ebenso auch auf dem so wichtigen Gebiet der Vermarktung landwirtschaftlicher Produkte. Damit gewinnt allerdings die staatliche Beeinflussung und Reglementierung noch mehr als bisher an Gewicht. Ob sich auf diese Weise die früher einmal in sehr idealistischer
Weise formulierten Ziele der Agrarreform erreichen lassen oder private
Entscheidungen und Aktivitäten unmöglich bzw. "überflüssig" werden und
Passivität und Desinteresse sich noch auffallender breit machen, das
wird sich nicht erst in ferner Zukunft erweisen. Diese Entwicklung ist
schon seit langem in Gang gekommen, macht sich aber in verhängnisvoller Weise immer mehr breit.

Es ist bestimmt nicht leicht, den richtigen Mittelweg zu finden, der
im Zuge der Agrarreform Eigeninitiativen zuläßt und sogar stärkt, zugleich aber durch staatliche Maßnahmen die den natürlichen Gegebenheiten der einzelnen Regionen am meisten angepaßten Produktionsrichtungen
fördert und dafür auch den unumgänglichen Rahmen an Infrastruktur bereitstellt.

Für den Außenstehenden, der sich nur in größeren Zeitabständen im Lande umsehen kann, ergibt sich das Dilemma, daß man zwar einerseits allmähliche Fortschritte auf dem Gebiet der Agrarreform sieht, bei näherer Betrachtung aber so viele Unfertigkeiten, vor allem organisatorische Mängel und Pannen erkennt, daß sich der inzwischen erreichte
Fortschritt doch bald relativiert und der Umfang der alljährlichen
Nahrungsmittelimporte verständlich erscheint.

Ausgesprochen negativ ist die Tatsache zu werten, daß die technisierte
Landwirtschaft die meiste Unterstützung erhält, wobei nur das Ziel einer allgemeinen Produktionssteigerung verfolgt wird, die bisherigen
Teilerfolge einer "sozialen Reform" jedoch zum guten Teil wieder geopfert werden. Insbesondere bei den neuen Projekten eines "Desarrollo
Integrado (ARDI)" oder von "Proyectos Integrales (PIRA)" werden die
campesinos in den "Fördergebieten" derartig von den Betreuern der zuständigen Behörden gegängelt, daß ihnen - weil ja alles mit dem IAN
"abgestimmt" sein muß - keinerlei eigener Entscheidungsspielraum mehr
bleibt. Die Behördenvertreter bestellen für die parceleros eines asentamientos die privaten Agrounternehmer, die mit ihren mitgebrachten
Landmaschinen alle technisierbaren Arbeiten ausführen, also pflügen,
säen, düngen, Insektizide versprühen, ernten usw. Die campesinos unterschreiben nur noch den Erhalt der etappenweise gewährten Kredite,

müssen aber davon die fremde Maschinenarbeit bezahlen. Nach der Ablieferung der Ernte bleibt praktisch nur ein Taschengeld, und an Arbeit ist das ganze Jahr über im eigenen "Betrieb" eigentlich nichts selbständig zu tun. Diese Situation ist mehr als grotesk. Die asentamientos werden auf diese Weise zu personell völlig überbesetzten "Staatsbetrieben" umgewandelt. Bei diesen hat sich die Funktion der zahlreichen "Berater" der campesinos auf die wahrlich wenig zeitaufwendige Rolle eines Vermittlers für private agrotechnische Dienstleistungen reduziert.

Die neuen Förderungsprogramme sehen vor, daß innerhalb der organizaciones campesinas in verstärktem Umfang "huertos familiares", also Hausgärten für die Selbstversorgung der Familie mit Knollenfrüchten, Schwarzen Bohnen, Bananen usw., eingerichtet werden sollen. Das klingt hinsichtlich der Zielsetzung - es ist an sich ein altes Programm aus der Anfangszeit der Agrarreform - durchaus sehr vernünftig, zeigt aber auch, daß man in zwanzig Jahren Agrarreform noch nicht zu der Erkenntnis vorgestoßen ist, daß jede Agrarreformsiedlung je nach der agrarsozialen Zusammensetzung der Siedler sowie je nach der Lage in einem spezifischen Naturraum und zu den Märkten für traditionelle sowie für agroindustriell verwertbare Produkte anders zu bewerten ist. Weder mit den Fördermaßnahmen noch über den Weg der Kreditgewährung und noch weniger mit Hilfe einer standortgerechten Fachberatung wird versucht, die unterschiedliche Leistungsfähigkeit von kleinen Parzellenbetrieben einerseits und der vollmechanisierten Mittel- und Großbetriebe andererseits zu berücksichtigen. Solange die Kleinbetriebe das gleiche produzieren wie die Großbetriebe, werden sie im wirtschaftlichen Erfolg immer unterlegen sein.

Fatal ist, daß die Forderung nach Einrichtung von "huertos familiares" sehr an das alte hacienda-System erinnert, bei welchem den Landarbeitern als Teil ihrer Entlohnung die Nutzung einer kleinen Parzelle zur Selbstversorgung überlassen wurde. Man kann nur hoffen, daß mit den huertas familiares andere Nutzungsformen angestrebt und auch erreicht werden.

Leider gibt es keine Nachrichten über die Entwicklung der Agrarreformsiedlungen außerhalb der "Programmregionen". Die Berichterstattung des Landwirtschaftsministeriums beschränkt sich auf die Mitteilung über die Vergabe von Krediten und die Aufteilung der Kredite auf die verschiedenen Agrarprodukte. Dadurch erhält man zwar Auskunft darüber, welche Produktionsrichtungen in welchen Staaten mit welchen Geldsummen gefördert wurden, aber es wird nicht sichtbar, was auch ohne Kredithilfen angebaut wird, und es bleibt natürlich verborgen, wo man sinnvoll Kredite hätte einsetzen können, die campesinos jedoch nicht den notwendigen Zugang zu den Behörden fanden. Man wird aber nicht fehlgehen in der Annahme, daß eine große Zahl landwirtschaftlicher Kleinbetriebe zwar einmal vom IAN einen Besitztitel und vielleicht auch noch Mittel zum Bau eines Hauses bekommen hat, im übrigen aber über das Stadium eines Selbstversorgungsbetriebes noch nicht weit hinausgekommen ist.

Als neue Organisationsformen auf dem Gebiet des Genossenschaftswesens wurden 1975 "empresas de asistencia técnica", "empresas de servicios", "empresas agro-industriales" und "empresas mixtas agro-industriales" ins Leben gerufen.

Die "empresa de asistencia técnica" soll der technischen Beratung von sonst selbständigen Genossenschaften dienen, besteht demzufolge aus einem Team von Technikern und Spezialisten auf dem Gebiet des Landbaus. Wie der Einsatz solcher Beratungsteams neben den schon reichlich vorhandenen Beratern der diversen Behörden in der Praxis funktionieren könnte, lassen sich bisher noch keine Angaben machen.

Konkreter sind sicherlich in ihrer Zielsetzung die "empresas de servicios", die vom IAN zusammen mit ICAP und der Federación Campesina de Venezuela, also der berufsständischen Vertretung der campesinos, als Aktiengesellschaften aufgebaut werden sollen. Sie befassen sich mit vielseitigen Dienstleistungen für die campesinos, erledigen mit Maschineneinsatz die Feldbestellungsarbeiten, besorgen den Einkauf von Saatgut, Düngemitteln und Pflanzenschutzmitteln und führen auch den Abtransport der Ernten durch. Ob dabei wohl den campesinos noch irgendeine Arbeit bleibt?

Die "empresas agro-industriales" sind ebenfalls in der Organisationsform von Aktiengesellschaften vorgesehen, sollen Landwirtschaft betreiben und ihre eigene Produktion industriell aufbereiten, also z.B. Futtermittel herstellen.

Demgegenüber sind die "empresas mixtas agro-industriales" als größere überörtliche Verarbeitungsbetriebe aufzufassen, die aus öffentlichen und privaten Mitteln finanziert werden sollen. Bei den ersten 18 Betrieben des Jahres 1975 stammten 50 - 90 % des Kapitals von der Féderación Campesina. Dazu gehören ein Betrieb der Sisalverarbeitung in El Cují (Edo. Lara), die Zuckerfabrik von Tacarigua, ein Schlachthof, eine Fabrik zur Verarbeitung von Ananas. Die meisten tragen die Bezeichnung "Empresa de desarrollo agrícola C.A., DESACAM". Es ist nicht bekannt, ob alle auf dem Papier gegründeten Betriebe auch schon tatsächlich existieren. An sich wären das sehr wichtige Einrichtungen, aber es gibt keine näheren Angaben darüber. Bekannt ist jedoch, daß z.B. die Zuckerfabrik in Tacarigua ein schon recht alter Betrieb ist, eine ebenfalls auf der Liste stehende Zuckerfabrik Las Majaguas erst noch gebaut werden soll, während die Sisalfabrik nur zeitweise existiert hat.

Zu den organisatorischen Neuentwicklungen treten die Erweiterungen und Umorganisationen längst bestehender Einrichtungen. Zur Förderung des Anbaus bestimmter Kulturen gibt es nicht nur finanzielle Sonderprogramme, sondern auch eigene Institutionen, die sich mit speziellen Planungen, wissenschaftlichen und technischen Weiterentwicklungen, mit Finanzierungsmöglichkeiten und Vermarktung eines speziellen Anbauproduktes befassen. Nachdem die wirtschaftlichen Ergebnisse der verschiedenen "fondos" vorwiegend mit Zahlen über Geldsummen nachgewiesen werden, der venezolanische Bolívar aber seit Mitte der 70er Jahre doch erheblich an Kaufkraft verloren hat, soll hier in Anbetracht der unzulänglichen Vergleichsmöglichkeiten auf die Wiedergabe von Einzelheiten verzichtet werden. Es seien lediglich die produktbezogenen Sonderprogramme kurz genannt: Fondo Nacional del Café, Fondo Nacional del Cacao, Fondo de Desarrollo Frutícola, Fondo para el Desarrollo del Ajonjolí (Sesam), Fondo para el Desarrollo del Coco, de la Copra y de la Palma Africana sowie der Fondo de Desarrollo Algodonero (Baumwolle). Aber das sind nur die insitutionell verselbständigten Sonderprogramme, die in den letzten Jahren nochmals stärker betont wurden (MAC-Memoria, 1981).

5. VERÄNDERUNGEN IN DER LANDWIRTSCHAFT VENEZUELAS, INSBESONDERE UNTER DEM EINFLUSS DER AGRARREFORM

Bis in die 20er Jahre unseres Jahrhunderts war die Landwirtschaft der mit Abstand wichtigste Wirtschaftszweig des Landes. Nachfrage- und Preisschwankungen für die damals wichtigsten Exportartikel Venezuelas, Kaffee, Kakao und tierische Produkte, vor allem jedoch der rasche Aufschwung der Erdölförderung führten zu einem Rückgang der landwirtschaftlichen Erzeugung. Die Anteile des Agrarsektors am Export, an der Zahl der Beschäftigten sowie am Bruttoinlandprodukt sind seither beträchtlich gesunken. Andererseits mußten infolge des zunehmenden Städtewachstums und als Ergebnis eines steigenden Lebensstandards immer mehr Agrarprodukte aus dem Ausland eingeführt werden.

Die anhaltende Stagnation der Landwirtschaft zwang die Regierung, agrarpolitische Maßnahmen zur Förderung der Landwirtschaft zu ergreifen, die vor allem in den 50er Jahren in erster Linie die großen kommerziellen Betriebe stark begünstigten. Steigende Einnahmen aus der Erdölwirtschaft ermöglichten den Bau von Straßen, Stromleitungen und Bewässerungseinrichtungen, eine verstärkte Malariabekämpfung, die Zusicherung von Krediten und Preisgarantien. Dies ergab vor allem für die in der Nähe der Bevölkerungsagglomerationen gelegenen kommerziellen Großbetriebe wichtige Produktionsvorteile und blieb in der Tat nicht ohne Auswirkungen. So manche Großgrundbesitzer haben sich um die Modernisierung ihrer landwirtschaftlichen Betriebe bemüht, haben qualifizierte Fachleute als Verwalter eingestellt und zum Teil auch ihre Betriebsflächen vergrößert. Gleichzeitig sind einige neue Großbetriebe geschaffen worden. Außerdem konnte durch die Kolonisation auf Staatsland landwirtschaftliches Kulturland gewonnen werden. Insgesamt ist in den Jahren zwischen 1945 und 1958 das Acker- und Pflanzungsland um 14,7 % ausgedehnt und die landwirtschaftliche Produktion um 57 % erweitert worden (Esteves, 1977, S.22).

Die kommerziellen Mittel- und Großbetriebe haben nicht nur zur Deckung des steigenden Nahrungsmittelbedarfs der städtischen Bevölkerung beigetragen, sondern ihre Produktion ebenso nach der wachsenden Aufnahmekapazität von agro-industriellen Unternehmungen ausgerichtet. Der steigende Lebensstandard brachte den Verarbeitungsbetrieben landwirtschaftlicher Produkte zunehmend bessere Absatzmöglichkeiten. Die Herstellung von Milcherzeugnissen, Speiseöl, pflanzlichen Fetten, Zucker, Rum sowie von Baumwollgarnen und -stoffen wirkte sich für die landwirtschaftliche Produktion so mancher Gegenden positiv aus (Picon u. Ugalde, 1973, S. 23-26)

Bei einigen landwirtschaftlichen Erzeugnissen, wie Reis und Zucker, konnte der inländische Bedarf zeitweise wieder gedeckt und sogar ein Teil der Produktion exportiert werden. Dennoch erhöhte sich der Anteil der eingeführten Nahrungsmittel von 9,8 % im Jahre 1937 auf 45 % im Jahre 1958 (Esteves, 1977, S.22). Es gab eben deutliche Grenzen in den räumlichen Erschließungsmöglichkeiten, solange das Straßennetz noch unzulänglich war und in der Regenzeit viele Straßenabschnitte zeitweise nicht benutzt werden konnten. Markteinflüsse und agrarpolitische Förderungsmaßnahmen haben sich deshalb nur in begrenzten Räumen stimulierend ausgewirkt. Zudem vermochten nur relativ wenige Inhaber landwirtschaftlicher Großbetriebe sowie aus dem Ausland eingewanderte Landwirte die Möglichkeiten voll auszunutzen, die sich durch die Inanspruchnahme von Krediten und durch die Einführung technischer Neuerungen boten. Der weit überwiegende Teil der landwirtschaftlichen Bevölkerung blieb von dieser Entwicklung ausgeschlossen, verharrte weiterhin bei der Subsistenzwirtschaft oder betätigte sich als Landarbeiter oder Tagelöhner bei den landwirtschaftlichen Großbetrieben. Gleichzeitig nahm die Landflucht einen steigenden Umfang an.

Als dann später das Arbeitskräfteangebot in der Landwirtschaft knapper wurde, hat die bis in die Gegenwart anhaltende Zuwanderung kolumbianischer Landarbeiter die in die Städte abgewanderte venezolanische Landbevölkerung weitgehend ersetzt. Für die Agrarunternehmerschicht hat dies den Vorteil, daß sich viele Landarbeiter zu untertariflichen Löhnen anbieten, weil sie als illegale Einwanderer dankbar für einen Arbeitsplatz sind und sich letztlich trotz der geringen Bezahlung in Venezuela finanziell besser stellen als in ihrem kolumbianischen Heimatgebiet.

Das Agrarreformgesetz von 1960 sollte vor allem die Gründung vieler eigenständiger landwirtschaftlicher Familienbetriebe erreichen, ebenso aber auch eine zunehmende Integration der campesinos in die breitgefächerten staatlichen Förderungsmaßnahmen und in eine weitgehend marktorientierte Landwirtschaft. Dennoch führt die Agrarreform, die ja nicht vorrangig oder ausschließlich eine Bodenbesitzreform sein wollte, zu einer weiteren Zunahme modern geleiteter, kommerzieller landwirtschaftlicher Betriebe. Die Betriebsneugründungen erfolgten großenteils auf Staatsland, wobei in bedeutendem Umfang auch ausländisches Kapital eingesetzt wurde. Insgesamt hat das agrare Unternehmertum die Agrarreformmaßnahmen und staatlichen Preisstützungen sehr geschickt zu nutzen gewußt und die eigene Position innenpolitisch dadurch gestärkt, daß es den Hauptteil der landwirtschaftlichen Markterzeugung hervorbrachte und damit den Grundpfeiler der landwirtschaftlichen Entwicklung in Venezuela darstellte (vgl. u.a. Esteves, 1977, S.24).

Die im Zuge der Agrarreform geförderte Kleinlandwirtschaft konnte demgegenüber ihre Positionen nur langsam ausbauen und festigen. Die campesinos hatten zum Teil über viele Jahre hin unsichere Landbesitzverhältnisse, verfügten zum größten Teil über zu kleine Parzellen, verharrten bei traditionellen Anbaumethoden und ihren gewohnten Anbauprodukten, sie litten unter einer vielfach sehr mangelhaften Infrastruktur, unter einer völlig unzureichenden Ausbildung und technischen Beratung, in vielen Gegenden auch unter schlechten Absatzmöglichkeiten, und sie haben oft aus Unkenntnis die angebotenen Kredite nicht in Anspruch genommen. Nur sehr allmählich hat die Bildung von Genossenschaften (empresas campesinas) an Bedeutung gewinnen können. In sehr vielen Fällen haben campesinos das Risiko der eigenständigen Bewirtschaftung eines kleinen Familienbetriebes bald wieder aufgegeben, um lieber als Traktorfahrer oder als Tagelöhner auf einem der landwirtschaftlichen Großbetriebe zu arbeiten. Letztlich ist damit - wie in anderen lateinamerikanischen Ländern - in so manchen Teilen des Landes die Kluft zwischen den modern wirtschaftenden landwirtschaftlichen Großbetrieben und den bei traditionellen Wirtschaftsformen verbleibenden Kleinbetrieben sogar noch größer geworden, als sie früher gewesen ist (vgl. Barraclough, 1977; Mertins, 1979).

Natürlich war die Zielsetzung der Agrarreform in Bezug auf die kleinen campesinos eine ganz andere, als die Entwicklung letztlich mit sich brachte. Die campesinos sollten vor allem als mündige Partner am Geschehen des Agrarmarktes beteiligt werden. Dies ist nur in begrenztem Umfang gelungen. Aber ist dies allein ein Mißerfolg der Agrarreform als solcher? Es wäre ungerecht, wollte man dieses Ergebnis allein dem IAN und allen auf eine wirkliche Agrarreform abzielenden Bemühungen ankreiden.

Nun darf aber eine Agrarreform nicht ausschließlich eine Agrarbesitzreform sein. Sie muß unter allen Umständen zugleich eine Bodenbewirtschaftungsreform sein, muß vor allem auch begleitet werden von den verschiedensten flankierenden Maßnahmen zur Verbesserung der Infrastruktur. Diese und auch die zahlreichen Einzelprogramme zur Förderung von Familie, Siedlungswesen, Hausgärten, Schulung, Straßenbau, Kanalisation, Elektrifizierung, Mechanisierung, Vermarktung, zur Förderung von nahezu allen einzelnen Agrarprodukten haben sich zum großen Teil verselbständigt, beziehen sich natürlich auf ländliche Räume schlechthin, kommen auch dem privaten landwirtschaftlichen Unternehmertum aller Größenordnungen zugute. Folglich ist es am Ende auch unmöglich, eine wertende Bilanz der Agrarreform vorzulegen. Die Grenzen dessen, was man zunächst unter Agrarreform verstehen möchte, sind längst verschwommen. Aus den Jahresberichten der Behörden mit ihren statistischen Auflistungen von Tätigkeiten und Ausgaben lassen sich zwar manche Vergleiche mit Situationen in früheren Jahren ziehen, aber aus den Summen für das ganze Land oder für große Regionen läßt sich nicht ermessen, ob kontinuierliche Weiterentwicklungen zu verzeichnen waren oder ob die positiven Ergebnisse vorwiegend durch Ingangsetzung neuer Vorhaben zustande kamen, während gleichzeitig ältere Agrarreformsiedlungen auf der Strecke geblieben sind. Wenn man aber diese Schwächen des Datenmaterials zumindest gedanklich einkalkuliert, vor allem bedenkt, daß der Bereich der durchaus auch teilweise von der Agrarreform bedachten Selbstversorgungswirtschaften kaum irgendwie faßbar ist, dann können die wenigen für Vergleiche heranziehbaren Daten durchaus ganz aufschlußreiche Vorstellungen von der neueren Entwicklung der Landwirtschaft in Venezuela vermitteln.

5.1 DIE ENTWICKLUNG DES AGRARSEKTORS 1950 - 1977

Die Steigerungsrate des finanziellen Ertrages aus der landwirtschaftlichen Produktion lag in den Jahren nach 1950 im allgemeinen über jener des natürlichen Bevölkerungswachstums. Das Bevölkerungswachstum betrug in den 50er und 60er Jahren im Durchschnitt etwa 3,4 % pro Jahr, im Zeitraum 1970 - 1976 ungefähr 3 % jährlich. Dagegen belief sich die jährliche Zuwachsrate des landwirtschaftlichen Inlandprodukts in den 50er Jahren auf 6,9 %, während der 60er Jahre auf 4,9 % und im Zeitraum 1970 - 1977 auf 3,6 % (MAC 1979, S.15). Es wies aber die Agrarproduktion im ganzen sowie die mengenmäßige Erzeugung der einzelnen Anbaufrüchte von Jahr zu Jahr zum Teil erhebliche Schwankungen auf. Auf lange Sicht gesehen haben jedoch die staatlichen Förderungsmaßnahmen eine wichtige stabilisierende Wirkung ausgeübt, neben dem Ausbau des Straßennetzes vor allem die vom Staat festgesetzten Mindestpreise für zahlreiche landwirtschaftliche Produkte, die Beteiligung Venezuelas am internationalen Kaffeeabkommen, die Gründung der wichtigsten staatlichen Absatzorganisationen, der Corporación de Mercadeo Agricola (CMA) und der Almacenes de Depositos Agropecuarios (ADAGRO), der Bau von Getreidesilos, Trocknungsanlagen, Lagerhallen sowie von Aufbereitungseinrichtungen landwirtschaftlicher Produkte, die Unterstützung des An-

baus verschiedener Produkte durch Sonderprogramme sowie die Förderung
der Viehwirtschaft durch Gewährung von Zuschüssen für verschiedene
Einrichtungen der Weidewirtschaft u.a.m.

Die starke Verminderung der jährlichen Zuwachsraten der Erlöse aus der
Agrarproduktion am Anfang der 70er Jahre erklärt sich - so seltsam es
zunächst klingen mag - zum großen Teil durch den zunehmenden Einsatz
von Kunstdünger und Schädlingsbekämpfungsmitteln. Daraus nämlich resultierte eine Steigerung der Produktionskosten. Während aber die Kosten für sämtliche Produktionsmittel, insbesondere auch für Maschinen,
kräftig stiegen, wurden die landwirtschaftlichen Erzeugerpreise - nicht
zuletzt aus innenpolitischen Gründen - vergleichsweise niedrig gehalten.
Mit dem rapiden Absinken der aus der Landwirtschaft zu erzielenden Rendite gerieten zahlreiche Großbetriebe in die Verlustzone, minderten
sich bei den übrigen die Einkünfte derartig, daß kaum noch neue Investitionen in der Landwirtschaft erfolgten. Von 1970 bis 1973 sank die
jährliche Wachstumsrate des agraren Produktionswertes von 5 % auf nur
noch 1,3 %. Für verschiedene im Lande erzeugte Nahrungsmittel mußten
damals wieder verstärkt Importe getätigt werden.

1974 sind neue agrarpolitische Maßnahmen in die Wege geleitet worden,
um wieder eine größere Steigerung der landwirtschaftlichen Produktion
zu erreichen und auch Investitionen auf dem Agrarsektor wieder attraktiver zu machen. Vor allem wurden die Agrarpreise angehoben, es gab umfangreichere Kredite zu besonders günstigen Bedingungen. Die Privatbanken mußten einen bestimmten Mindestprozentsatz ihres Kreditvolumens der
Landwirtschaft zur Verfügung stellen. Als wichtige staatliche Institution entstand der Instituto de Credito Agropecuario (ICAP). Der Fondo
Nacional de Cafe und die Mittel für das Kakao-Programm wurden aufgestockt sowie die Bildung von landwirtschaftlichen Produktionsgenossenschaften in verstärktem Maße gefördert. Mit großem finanziellen Aufwand sind neue Einrichtungen geschaffen worden, um auch die vielen
landwirtschaftlichen Kleinbetriebe in die Vermarktung über agroindustrielle Verarbeitungsbetriebe einzubeziehen. Obwohl nicht alle diese
Maßnahmen unmittelbar wirksam werden konnten, erhöhte sich doch der
finanzielle Ertrag der Agrarproduktion schon im Jahr 1974 um 6,7 % und
in den folgenden Jahren bis 1981 um jährlich meist 5 - 7 % (MAC-Memoria
1978 ff).

Wie schon bei früheren Gelegenheiten, so hat auch diesmal das landwirtschaftliche Unternehmertum sehr rasch die Chancen der neuen Förderungsprogramme erkannt und darauf reagiert, während die große Masse der im
Zuge der Agrarreform geschaffenen oder etablierten Kleinbetriebe hier

nur zögernd mitmachte. Jedenfalls fällt auf, daß an der Ausweitung der
Agrarproduktion der letzten Jahre hauptsächlich die industriellen Rohstoffe, wie Baumwolle, Zuckerrohr, Sesam, Sorghum, Mais usw., beteiligt sind, für welche die Nachfrage dank der staatlich unterstützten
Erweiterung der agraren Verarbeitungsindustrie in besonderem Umfang
gestiegen ist. Der Anteil der von der Agroindustrie aufgekauften Produkte an der gesamten landwirtschaftlichen Erzeugung des Landes belief
sich im Jahre 1975 auf rund 70 %. Dagegen war bei jenen Produkten, welche für den direkten Konsum bestimmt sind bzw. über die lokalen Märkte
verkauft werden, z.B. Knollenfrüchte oder Hülsenfrüchte, die Tendenz
rückläufig.

Eine überdurchschnittliche Expansion und Ertragssteigerung hat auch
die Viehwirtschaft aufzuweisen. Ihr Anteil am Wert der gesamten venezolanischen Agrarproduktion lag 1950 bei etwa 30 %, 1968 bei 47 %, 1975
jedoch bei 52 % und 1981 bei 56 %. Die Rinderhaltung hat durch eine beachtliche Intensivierung an Bedeutung hinzugewinnen können, vor allem
im Tiefland des westlichen und südlichen Zulia.

Auch in den Zahlen der Bodennutzung spiegeln sich diese Tendenzen deutlich wider: Zwischen 1950 und 1971 wurden die Flächen der Äcker und
Pflanzungen von 1,1 Mio. ha auf 1,8 Mio. ha erweitert, was einer Zunahme von 63 % entspricht. Das kultivierte Weideland (pastos cultivados) wurde im Zeitraum 1950 bis 1971 von 1,6 Mio. ha auf 4,5 Mio. ha
vergrößert, also um 176 %. Dagegen haben sich die als natürliches Weideland (pastos naturales) bezeichneten Flächen von 11,9 Mio. ha auf
rund 11,0 Mio. ha verringert; das entspricht einer Abnahme um 7,5 %.

Nach 1971 ist das kultivierte Weideland noch weiter ausgedehnt worden
und umfaßte 1976 bereits 5,5 Mio. ha. Die Flächen der Äcker und Pflanzungen (agrícola vegetal) scheinen dagegen seither wieder rückläufig
zu sein, was sich aber nicht so ohne weiteres erklären läßt. Gleichzeitig nimmt jedoch die Mechanisierung in der Landwirtschaft in starkem Maße zu. Das führt stellenweise zu einer vermehrten Arbeitslosigkeit der Landarbeiter und Tagelöhner (Esteves, 1977, S.24). 1960 waren
noch 43 % der Erwerbstätigen in der Landwirtschaft beschäftigt, 1976
waren es nur noch 19 % (MAC 1979b, S.22). Man muß bei der Gegenüberstellung der beiden Zahlen allerdings bedenken, daß in der Zwischenzeit die Gesamtbevölkerung Venezuelas von 7,5 Mio. auf über 12 Mio. zugenommen hat.

Mit der steigenden Bedeutung der Mechanisierung in der Landwirtschaft
liefern die Mittel- und Großbetriebe einen immer höheren Anteil an der

gesamten landwirtschaftlichen Produktion für den Markt. Die kleineren landwirtschaftlichen Betriebe mit weniger als 20 ha hatten 1950 noch einen Anteil von rund 42 % des gesamten Produktionswertes der Landwirtschaft, 1971 dagegen nur noch von etwa 26 %. Demgegenüber entfielen auf die Betriebsgrößengruppen von 20 - 500 ha mehr als 50 % des Produktionswertes der Landwirtschaft (1971). Besonders deutlich wird die zunehmend stärkere Rolle der Mittel- und Großbetriebe, wenn man die Entwicklung in den Staaten Zulia und Portuguesa, in denen im Laufe der letzten Jahrzehnte zahlreiche moderne kommerzielle Betriebe gegründet worden sind, näher betrachtet. Die Wachstumsrate der Agrarproduktion war hier in den Jahren 1950 - 60 zwei- bis dreimal so hoch wie der Durchschnitt im gesamten Venezuela (Barraclough und Schatan, 1970, S.91).

Der im Rahmen von Agrarreformmaßnahmen geförderte Teil an landwirtschaftlichen Betrieben hatte 1977 einen Anteil von 25,4 % des abgeernteten Ackerlandes und war mit 16,5 % am Gesamtwert der Agrarproduktion des Landes beteiligt.

Trotz aller Bestrebungen, auf vergrößerten Nutzflächen und durch mancherlei Intensivierungsmaßnahmen in der Landwirtschaft der steigenden Nachfrage im Binnenland gerecht zu werden, bestehen fast ständig Versorgungslücken, die in Art und Umfang seltsamerweise stark variieren. Bei einigen wichtigen Produkten, wie Reis, Sesam, Zuckerrohr usw., läßt sich über Jahre hin der gesamte Bedarf des Binnenlandes decken, können zeitweise sogar Überschüsse exportiert werden, dann aber gibt es plötzlich wieder Jahre mit großen Versorgungslücken. Bei anderen Produkten, z.B. Hühnerfleisch, Eiern, Butter, Käse oder Tabak, konnten wenigstens die Importmengen reduziert werden. Dennoch sind insgesamt die Importe an Agrarprodukten noch relativ umfangreich; wenigstens ein Teil davon müßte eigentlich aus der einheimischen Produktion abgedeckt werden. Venezuelas Exporte an landwirtschaftlichen Produkten sind nicht sehr umfangreich und stehen dem Wert nach hinter dem Export von Erdöl und Eisenerz weit zurück. Die Agrarprodukte waren 1977 mit nur 1,2 % am gesamten Exportwert Venezuelas beteiligt, 1980 mit 0,2 %. Es wurden 1980 für 29 Mio. US-Dollar Kakao und für 3 Mio. Dollar Kaffee exportiert, gleichzeitig Rohöl und Erdölderivate für rund 18 300 Mio. US-Dollar und Aluminium für 402 Mio. Dollar. Andererseits war für 1977 berechnet worden, daß in diesem Jahr der Wertanteil der importierten Agrarprodukte am Lebensmittelverbrauch Venezuelas rund 28 % betragen hat (MAC, 1979 b, S.22).

5.2 PRODUKTIONSSCHWERPUNKTE DER AGRARREFORMSIEDLUNGEN 1975

Die durch den IAN betreuten landwirtschaftlichen Siedlungen - auch der "reformierte Sektor der Landwirtschaft" Venezuelas genannt - haben zum größeren Teil die traditionellen Anbauprodukte, insbesondere Mais, Bohnen, Erbsen, Bananen, Yuca, Batate, Ocumo, Ñame usw., zum Zwecke der Eigenversorgung und für die Belieferung der lokalen Märkte beibehalten. Es spielt sicherlich auch die Vertrautheit mit diesen Gewächsen und ihren spezifischen Ansprüchen eine wichtige Rolle. Nur zögernd sind andere Anbauprodukte hinzugenommen worden, in der Regel dort, wo Beratung, Betreuung und Schulung der campesinos tatsächlich voll funktionierten oder dank der Nähe zu Verarbeitungsbetrieben landwirtschaftlicher Produkte die Gunst neuer Absatzmöglichkeiten offensichtlich war. Natürlich haben auch die Kreditgewährung sowie die Garantie fester Absatzpreise die allmähliche Hinwendung zum Anbau anspruchsvollerer Produkte begünstigt. Oder es ist unter Beiseiteschieben der campesinos durch die staatlichen Berater und Organisatoren die marktorientierte Produktion erzwungen worden.

Anbauverträge (contratos agroindustriales) sind in größerem Umfang zunächst auf dem Gebiet des Maisanbaus eingeführt worden. Die Anregungen zum Abschluß von Anbauverträgen gingen einerseits aus von staatlichen Institutionen wie BAP bzw. ICAP, andererseits aber auch von den großen industriellen Verarbeitungsbetrieben wie PROTINAL. Im Laufe der Jahre haben immer mehr Verarbeitungsbetriebe landwirtschaftlicher Produkte Anbau- und Lieferverträge abgeschlossen, wurde das Spektrum der agroindustriellen Verarbeitung immer breiter. Somit konnten auch weitere Erzeugnisse im Vertragsanbau produziert werden, z.B. Erdnüsse in der Mesa de Guanipa im Umkreis von El Tigre, Sorghum-Hirse im Staate Zulia sowie in den nordöstlichen Llanos, ferner Sesam und vor allem Zuckerrohr. Auf den Anbau von Zuckerrohr haben sich eine größere Anzahl von asentamientos im Umkreis der großen Zuckerfabriken spezialisiert. Das Zuckerrohr wird dort hauptsächlich von den Genossenschaftsbetrieben der empresas campesinas erzeugt. Auch die früchteverarbeitenden Betriebe sind auf die Produktionsstruktur in ihrem näheren Umkreis von erheblichem Einfluß. Im Vordergrund steht die Verarbeitung von Citrusfrüchten, doch werden in begrenzten Mengen auch vielerlei andere tropische Früchte abgenommen, soweit sie sich für die Herstellung von Fruchtsäften oder Marmelade eignen.

Die Sonderprogramme für Kaffee und Kakao haben bei den kleinen Pflanzern ebenfalls ihre Wirkungen erzielt. Sowohl Genossenschaftsbetriebe als auch individuell geführte Kleinbauernbetriebe haben in den traditionellen Schwerpunktgebieten der Kaffee- und Kakaoproduktion alte Sträucher durch neue ersetzt, sich um verbesserte Kultivierungsmethoden bemüht und die Anbauflächen ausgedehnt. Dank der staatlichen Sonderprogramme mit reichlichen Krediten für die uniones de prestatarios und für die empresas campesinas sind zwischen 1965 und 1975 die Flächen der abgeernteten Pflanzungen von Kaffee und Kakao um rund 30 000 ha erweitert worden. Der Anteil der Kaffee- und Kakao-Kulturen lag 1975 bei 8,3 % der Ernteflächen der Agrarreformsiedlungen. Insgesamt sind im Rahmen der vom IAN betreuten landwirtschaftlichen Siedlungen die abgeernteten Flächen der für die agroindustrielle Industrie bestimmten Produkte in den Jahren zwischen 1965 und 1975 um 50 - 75 % vergrößert worden (IAN, 1976 b).

Trotzdem nahm 1975 der Anbau von Mais noch immer 45 % der gesamten produktiven Flächen der Agrarreformsiedlungen ein, was sicherlich ebenfalls auf einen steigenden Bedarf und zugleich auf die relativ einfachen Anbau- und Erntearbeiten zurückzuführen ist. Die anderen traditionellen Anbauprodukte wie Bohnen, Bananen und Knollenfrüchte machten 1975 etwa 18,4 % der Ernteflächen in den Agrarreformsiedlungen aus. Bei Schwarzen Bohnen und Gartenbohnen (caraotas und frijoles) mußte die Regierung sogar für einen verstärkten Anbau werben und feste Mindestpreise einführen, weil allein schon der wachsende Binnenmarkt eine ständige Ausdehnung der Anbauflächen dieser traditionellen Nahrungsmittel erfordert.

Der Anteil der Erlöse aus der Viehwirtschaft am gesamten Produktionswert der Agrarreformsiedlungen ist vergleichsweise gering, er betrug 1975 nur 9,7 %.

Nach der 1975 vom IAN durchgeführten Befragung ist in zwei Fünftel aller Betriebe nur jeweils ein Produkt monokulturartig angebaut worden, daneben bestand zumeist noch ein mehr oder minder umfangreicher vielseitiger Selbstversorgungsanbau. In drei Fünftel aller Betriebe hat man sich nur mit dem Anbau der traditionellen Produkte wie Mais, Yuca, caraota, frijol und Bananen befaßt. 95 % der campesinos haben sich außerhalb ihrer Landwirtschaft etwas hinzuverdient (IAN, 1976 b).

Etwas sumarisch ist im Anuario Estadistico für 1977 zusammengestellt, welche Anbauflächen in Venezuela den verschiedenen Fruchtarten eingeräumt sind. Und es findet sich auch eine Tabelle (S.279) über den Anbau der Agrarreform-Siedlungen in ähnlich grober Gruppierung. Nach dieser Quelle beträgt der Anteil des "sub-sector campesino incorporado a la reforma agraria" an den gesamten Anbauflächen der verschiedenen Getreidearten 35 %, an den Anbauflächen von Leguminosen 38 %, bei den Knollen- und Wurzelgewächsen 38 %, an den Textilfaser- und Ölpflanzen schon nur noch 21 %, an den

Anbauflächen der verschiedenen Früchte 9 %, der Gartengewächse 11 % und bei den übrigen Kulturgewächsen auch nur etwa 12 % (Rep. de Venezuela, Anuario 1977).

Die mit weitem Abstand größte Anzahl von Anträgen kleiner Agrarproduzenten wurde 1977 für den Anbau von Mais gestellt (39 %). Erst in einigem Abstand folgten Anträge für den Anbau von Yuca und anderen Knollengewächsen (9 %), Kaffee (6,5 %), Schwarze Bohnen (6 %), Gartenbohnen (4,5 %), Hirse und Reis sowie für die Geflügelhaltung (je 3 %).

Nach den Summen der an die Kleinproduzenten vergebenen Agrarkredite entfielen auf den Anbau von Mais 27 %, von Hirse 7,7 %, Reis und Knollenfrüchten je 6,2 %, Zuckerrohr 6 %, von Kaffee und Schwarzen Bohnen je um die 3,5 %.

In regionaler Aufgliederung kamen besonders viele Anträge auf Agrarkredite aus den Staaten Portuguesa (16,1 %) und Guárico (14,6 %), sodann aus den Staaten Monagas (7,6 %), Bolívar (7 %), Barinas (6,8 %), Anzoátegui (6,7 %) und Lara (6,1 %). Nach den an die Kleinlandwirte vergebenen Kreditsummen führten die Staaten Portuguesa (20 %), Guárico (13,3 %), Lara (7,7 %), Barinas (7 %), Bolívar (7 %), Anzoátegui (6,5 %) und Zulia (5,8 %). - Alle diese zuletzt genannten Zahlen betreffen nur die Kleinlandwirte, die "pequeños productores". Die Aussagen beziehen sich zwar allein auf das Jahr 1977, die Prozentanteile dürften jedoch Ende der 70er und Anfang der 80er Jahre ungefähr gleich geblieben sein.

5.3 ENTWICKLUNG DER LANDWIRTSCHAFTLICHEN PRODUKTION 1960 - 1981

Es ist nicht einfach, die Leistungssteigerung der venezolanischen Landwirtschaft mit Ertragszahlen zu dokumentieren, zumal die verfügbaren amtlichen Statistiken nicht selten erheblich differieren. Trotz aller Bedenken sei jedoch ein Zahlenvergleich gewagt. Es gibt Angaben über die jährlichen Erntemengen (MAC-Memoria), die hier nur gerundet wiedergegeben werden sollen und auch nur in Durchschnittswerten für mehrere Erntejahre, um damit einzelne witterungsbedingte Extremjahre möglichst auszuklammern.

Zum Vergleich der Zahlen für den Zeitraum 1960 - 1981 sei noch vorweg bemerkt, daß die Bevölkerung in diesen zwanzig Jahren von 4,9 Mio. auf 14 Mio. zugenommen hat. Rechnet man noch eine gewisse Erhöhung der Kaufkraft mit ein, so wird man nicht ganz fehlgehen, wenn man die Zunahme der Bevölkerung auf fast das Dreifache als einen brauchbaren Vergleichswert betrachtet. Das soll nicht heißen, daß für alle Produkte eine in etwa ähnliche Zunahme der Produktion auf das Dreifache als "wünschenswert" erachtet werden müßte. Es sind neben der Bevölkerungszahl noch viele andere Faktoren mit im Spiel, auf die jedoch nicht näher eingegangen werden kann, denn das würde zu weit vom Thema wegführen. Es soll hier ja nur hinterfragt werden, in welchem Maße seit dem Beginn der neueren Agrarreform die landwirtschaftliche Produktion durch Hinzugewinnung neuer Flächen oder durch Intensivierungsmaßnahmen gesteigert werden konnte.

Unter den Getreidearten ist traditionell der Mais am wichtigsten. Um 1960 lag die Jahresproduktion bei etwa 500 000 t, Mitte der 60er Jahre bei 550 000 t, um 1970 bei meist über 650 000 t, am Ende der 70er Jahre - bei sehr starken Schwankungen der Jahresmengen - bei nur rund 500 000 t. Sehr viel hat sich also auf dem Gebiet der so wichtigen Maisproduktion offenbar nicht getan.

Dagegen hat der Anbau von Reis in den letzten Jahren - vor allem im Zusammenhang mit der Einrichtung verschiedener Bewässerungsgebiete - schon wesentlich deutlichere Ertragszunahmen erfahren. Um 1960 wurden so um die 90 000 t geerntet, Mitte der 60er Jahre um 200 000 t, um 1970 bereits 650 000 t und Ende der 70er Jahre zwischen 500 000 und 650 000 Tonnen.

Relativ jung ist auch der Anbau der trockenresistenten Sorghum-Hirse, die als Futtermittel von großer Bedeutung ist. In der Statistik wird die Hirseernte erst seit Ende der 60er Jahre aufgeführt. Um 1970 lagen die Erträge bei rund 10 000 t, Ende der 70er Jahre jedoch bei 400 000 t. Die anderen Getreidearten sind nicht weiter der Rede wert. Weizen wird nur in den höheren Regionen der Anden zwischen 2 000 und 3 000 m Höhe angebaut. Die Erträge wurden Anfang bis Mitte der 60er Jahre noch mit etwa 1 300 - 1 500 t beziffert, lagen aber Ende der 70er Jahre nur noch bei 400 - 550 t.

Unter den "granos leguminosos" spielten traditionell die Schwarzen Bohnen (caraotas) die größte Rolle. Die Gesamterträge haben sich jedoch in den letzten 20 Jahren nicht grundlegend verändert, sie lagen Ende der 60er Jahre meist bei über 25 000 t, nach 1975 zwischen 20 000 und 23 000 t pro Jahr. Die Erträge der Gartenbohne (frijol) sind deutlich zurückgegangen. Sie lagen in der ersten Hälfte der 60er Jahre bei 13 000 bis 17 000 t, Ende der 60er Jahre über 20 000 t, Mitte der 70er Jahre noch bei etwa 12 000 t, Anfang der 80er Jahre bei 10 000 t.

Unter den Ölfrüchten hatte Sesam um 1960 etwa 25 000 t pro Jahr erbracht, Mitte der 60er Jahre um 55 000 t, Ende der 60er Jahre 80 000 bis über 100 000 t, Mitte der 70er Jahre jedoch nur noch 65 000 t, bis Anfang der 80er Jahre gingen die Ernten auf 45 000 bis 60 000 t zurück.

Die Erzeugung von Kokosfett blieb die ganze Zeit über ziemlich stabil. Recht jungen Datums ist die Produktion von Erdnüssen, die weitgehend auf die Llanos der Mesa de Guanipa im Umkreis von El Tigre konzentriert ist. Um 1960 lagen die Erträge bei jährlich rund 1 700 t, Mitte der 60er Jahre bei 2 000 t. 1974 setzte eine rasche Steigerung ein: Mitte der 70er Jahre wurden Ernten von 20 000 bis 23 000 t erzielt; seither pendeln die Jahresmengen um 18 000 bis 21 000 t.

Unter den Faserpflanzen hat die Baumwolle sehr starke jährliche
Schwankungen zu verzeichnen, wobei die ganze Zeit über Ertragsmengen von 45 000 bis 60 000 t überwiegen. Dagegen hat Sisal von 1960
bis 1970 eine Ertragssteigerung von 10 000 auf 14 000 t erfahren,
dann aber infolge nachlassender Nachfrage ein Absinken der Jahresmengen auf zunächst 13 000 t (1973 - 1976) und dann bis Anfang der
80er Jahre auf etwa 5 500 t hinnehmen müssen.

Unter den Knollenfrüchten stehen Yuca und Kartoffeln an vorderer
Stelle. Der Umfang der Erträge der Yuca blieb die ganze Zeit über
bei jährlich etwa 300 000 bis 325 000 t. Die jährlichen Mengen an
Kartoffeln konnten von zumeist um 130 000 t dank steigender Nachfrage ab 1977 auf 170 000 bis 190 000 t gesteigert werden. Dagegen
sind die Ertragsmengen der Süßkartoffel, nachdem sie bis Mitte der
70er Jahre langsam auf 30 000 t gestiegen waren, ab 1976 schlagartig auf etwa ein Fünftel zurückgegangen. Nach einer Steigerungsphase in der Mitte bis Ende der 60er Jahre sind auch die anderen traditionellen Knollenfrüchte Ocumo und Ñame ab Anfang der 70er Jahre
wieder zurückgefallen. Die Ernten lagen 1980 bei etwa der Hälfte der
Zeit um 1960.

Aus der reichen Palette der Früchte sind nur wenige bedeutendere
Veränderungen zu nennen. Die Kochbanane hat Ende der 60er Jahre einen deutlichen Rückgang erfahren, nach 1977 sind die Erträge wieder
etwas gestiegen. Die Produktion an Obstbananen ist dagegen am Ende
der 60er Jahre ungefähr verdoppelt worden. Die Jahresernten an Ananas konnten ab 1976 gegenüber früher ebenfalls auf das Doppelte gesteigert werden.

Etwa verdreifacht haben sich die Ertragsmengen an Zwiebeln, Knoblauch, Paprika und Tomaten. Bei den anderen Gemüsearten fehlen Vergleichszahlen.

Die Erntemengen des Kaffees sind von etwa 53 000 t am Anfang der
60er Jahre schon bis Mitte der 60er Jahre auf 58 000 bis 63 000 t
gesteigert worden und auf diesem Niveau geblieben. Beim Kakao betrug die Produktion um 1960 rund 14 500 t, stieg bis 1970 auf
24 000 t, sank aber ab 1971 stetig auf eine Jahresproduktion von
15 000 bis 16 000 t ab. Bei der Zuckerproduktion sind die wesentlichen Steigerungen (von 3 auf 4 Mio. t) in der Mitte der 60er Jahre und (von 4 auf 5 Mio. t) 1970/71 erfolgt; heute liegen die Jahreserträge bei 4 bis 5 Mio. t.

Auf dem Gebiet der Viehhaltung ist eine Zunahme der Milchproduktion von 0,4 Mrd. Liter auf 1,3 Mrd. Liter zu verzeichnen. Die Zahl der Schlachtungen von Rindern stieg von rund 1 Mio. Tieren auf 1,7 Mio. Die Zahl der Schlachtungen von Schweinen hat nach einem Anfang der 60er Jahre sehr beträchtlichen Rückgang Anfang der 80er Jahre die frühere Zahl von 1,7 Mio. Tieren wieder erreicht. Die Schlachtungen von Geflügel sind auf das Vierfache angewachsen, wobei die hauptsächlichsten Steigerungsraten erst Ende der 70er Jahre zu verzeichnen waren. Die Eierproduktion ist auf etwa die dreifache Zahl erhöht worden.

Der Vergleich der verschiedenen Produktionszahlen und ihrer Veränderungen über den Zeitraum der seit 1960 laufenden vielfältigen Förderungsmaßnahmen läßt indirekt erkennen, daß die ungeheuren Summen, die in Agrarreformmaßnahmen aller Art gesteckt worden sind, die landwirtschaftliche Produktion - abgesehen von einigen Teilgebieten - offenbar in nur recht bescheidenem Umfang anzukurbeln vermochten. Woran das liegt, können die zuständigen Behörden nicht erklären. Der Außenstehende aber kann nur staunen, denn es läßt sich in Anbetracht der ungeheuren personellen und finanziellen Verflechtungen der über zwei Dutzend zuständigen Ministerien und sonstigen staatlichen Institutionen kaum etwas näher analysieren.

6 REGIONALE BEISPIELE VON AGRARREFORMSIEDLUNGEN

Der Plan eines Berichtes über die Agrarreform in Venezuela entstand
erst nach einem Aufenthalt in Venezuela im Jahre 1979. Es liegen zwar
auch von früheren Forschungsreisen einige Aufzeichnungen über Agrarreformsiedlungen vor, wir hatten aber nie die Zeit gehabt, um breit angelegte Untersuchungen von asentamientos durchzuführen. Neben einer
Sammlung von Auskünften bei stichprobenweise erfolgten Erkundungen
hat sich beim Besuch so mancher asentamientos jedoch so viel Material
ergeben, daß die folgenden Schilderungen von Einzelbeispielen als
durchaus repräsentativ angesehen werden können. Die eigenen Darstellungen konnten durch erste Untersuchungsergebnisse einiger Studierender ergänzt werden, die sich im Sommer 1983 näher mit verschiedenen
Agrarreformsiedlungen in Venezuela befaßt haben.

6.1 DAS BEWÄSSERUNGSGEBIET AM EMBALSE DEL GUÁRICO

Die Einrichtung des Bewässerungsgebietes am Stausee des Guárico geht
in den Anfängen noch in die Phase der Kolonisation mit relativ großen
und von Ausländern geführten Betrieben zurück. 1954 war damit begonnen
worden, den Rio Guárico dicht oberhalb der Stadt Calabozo aufzustauen.

Die ursprünglichen Zielsetzungen für die strukturelle Planung dieses
Kolonisationsgebietes knüpfen sowohl an der Bedeutung der mittleren
Llanos als viehwirtschaftliches Überschußgebiet als auch an der Vermittlerrolle von Calabozo bei der Versorgung der in der Küstenkordillere gelegenen städtischen Zentren mit Vieh und tierischen Produkten
an. Calabozo liegt etwa 80 km südlich der Küstenkordillere in den Mittleren Llanos und war einst das wichtigste Marktzentrum auf viehwirtschaftlichem Gebiet zwischen dem Rio Apure und der Küstenkordillere.
Alljährlich wurden riesige Herden von Schlachtvieh aus den Llanos in
die wirtschaftliche Zentralregion getrieben, wo man im Becken des Sees
von Valencia die Tiere allerdings erst noch mästen mußte, bevor man
sie zu den Schlachthäusern brachte. Seit dem Bau von Straßen, vor allem ab den 50er Jahren, konnte der Viehtrieb zunehmend durch Lastwagentransporte ersetzt werden. Aber ein wesentlicher Nachteil der Weidewirtschaft in den Llanos ließ sich damit nicht beseitigen, nämlich
der enorme Kontrast zwischen Regenzeit und Trockenzeit und die daraus
resultierenden Probleme der Futterversorgung der Tiere sowie die damit
wiederum zusammenhängende Minderung der Fleischqualität.

Diesem Nachteil auf dem Gebiet der Fleischversorgung sollte dadurch abgeholfen werden, daß im Anschluß an den Stausee des Guárico ein ausgedehntes Viehwirtschaftsgebiet mit ganzjähriger Bewässerungsmöglichkeit geschaffen wurde. Und zwar sollten gemischtwirtschaftliche Betriebe mit je etwa 180 ha Nutzfläche entstehen, die teils auf Viehwirtschaft, teils auf den Anbau von Reis ausgerichtet waren.

Die ersten Parzellen wurden schon 1955 unter dem Regime von Perez Jiménez vergeben. Jeweils vier Betriebe bilden an einer Wegkreuzung eine kleine Nachbarschaft. 1963/64 kamen einzelne empresas campesinas hinzu mit je etwa 400 ha für 16 Familien, 1967/68 außerdem noch IAN-Siedlungen mit Kleinparzellen von durchschnittlich 10 ha. Für die Kleinbetriebe war vorgesehen, daß etwa 40 % der Flächen mit Reis und Bananen bestellt werden, um daneben Milch- und Mastviehhaltung zu betreiben (MOP, Memoria 1969, II, S.231). Mit bewässerten Wiesen konnte das nur rentabel sein, wenn das Gras geschnitten und an das eingestallte Vieh verfüttert wird. Dies erfordert freilich einen höheren Arbeitsaufwand als die sonst übliche reine Weidewirtschaft.

Ursprünglich hatte man gehofft, ein Bewässerungsgebiet von 110 000 ha einrichten zu können, davon 80 000 ha mit natürlichem Gefälle im Anschluß an die Zuleitungsgräben und 30 000 ha mit Hilfe von Pumpen zu bewässern. Heute umfaßt die gesamte Nutzfläche des Kolonisationsgebietes rund 40 000 ha, wovon aber nicht alles bewässert wird, zumal das verfügbare Bewässerungswasser von Jahr zu Jahr einigen Schwankungen unterliegt.

Es reicht das Bewässerungswasser vor allem deshalb nicht, weil aus dem vorgesehenen Schwerpunkt Viehwirtschaft nicht viel geworden ist. Einige Betriebe hatten mit Milchviehhaltung begonnen, aber weil es in Calabozo keine Molkerei gibt, mußte - und muß auch heute noch - die Milch zur 300 km weit entfernten Stadt Zaraza gebracht werden. Einige Betriebe haben Milch an Geschäfte und Privatleute in Calabozo verkauft. Das Fleischvieh haben Händler übernommen. Aber eine intensive Viehmästung größeren Stils ist nie in Gang gekommen. Vielmehr hat sich der Reisanbau als sehr viel einträglicher und weniger arbeitsaufwendig erwiesen.

Der Reis wird im Oktober bis Dezember gesät, um nach etwa 120 Tagen im Februar/März geerntet zu werden. Wird zu spät ausgesät, dann fällt die Ernte bereits in die Regenzeit, der Einsatz von Maschinen ist dann erschwert. Man kann auch Ende August säen und im Dezember ernten, aber diese Phase gilt als riskanter. Um durchweg zwei Ernten von allen Feldern zu erzielen, würde das Bewässerungswasser bei weitem nicht ausreichen.

Bei den größeren Betrieben werden je etwa 80 ha für den Reisbau eingesetzt. Es ergibt sich eine beträchtliche Ersparnis an Arbeitsaufwand, wenn Aussaat, Düngung und Schädlingsbekämpfung vom Flugzeug aus durchgeführt werden. Mehrere derartige Unternehmen haben sich beim Flugplatz von Calabozo angesiedelt. Am Stadtrand von Calabozo gibt es auch zahlreiche Vermarktungseinrichtungen: Trocknungsanlagen, Reismühlen, Silos und Lagerschuppen, aber keine Produktion von verbrauchsfertigen Enderzeugnissen. Es muß von den landwirtschaftlichen Betrieben jedoch sämtlicher Reis an die staatlichen Organisationen ADAGRO und CORPOMERCADEO verkauft werden. Erst wenn deren Kapazität voll ausgelastet ist, darf an die privaten Verarbeitungsbetriebe verkauft werden. Die Privatfirmen kaufen jedoch nur ungern direkt von den Erzeugern, weil sie merkwürdigerweise beim Staat billiger einkaufen. Das Funktionieren dieses Systems ist irgendwie ein Rätsel.

Aber ganz ohne Kenntnisse und Erfahrungen funktioniert auch der Reisanbau nicht. Schon innerhalb weniger Jahre wurden 20 % der größeren Betriebe aufgegeben. Ebenso sind viele der auf Kleinparzellen angesiedelten campesinos bald wieder verschwunden. Zum großen Teil waren allerdings die campesinos vorher noch nie in der Landwirtschaft tätig gewesen, sondern kamen als frühere Arbeiter oder Arbeitslose, um an den Vorteilen eines Entwicklungsprogramms teilhaben zu können.

Aber es hat bei der Einrichtung des Bewässerungsgebietes auch manches andere nicht geklappt. Als beim Hausbauprogramm der "vivienda rural" keine Mittel zur Verfügung standen, wohl aber beim städtischen Wohnungsprogramm "vivienda urbana", wurde eben ein Teil der campesinos in der Stadt angesiedelt. Dort in Calabozo haben auch so manche campesinos ihre erwirtschafteten Gelder spekulativ im Wohnungsbau oder zur Einrichtung eines eigenen kleinen Ladens angelegt. Das rasche Anwachsen der Stadt Calabozo von 4 000 E. (1941) auf rund 60 000 E. (1977) ermunterte zu mancherlei Spekulationen außerhalb der stets unsicheren Landwirtschaft.

Unsicher war die Landwirtschaft - nach den Aussagen Beteiligter - insofern, als Reis in Venezuela teilweise schon zu viel produziert wurde, das Bewässerungswasser nicht immer ausreichte - im trockenen Sommer 1973 konnten nur 23 000 ha bewässert werden -, auch die Verfügbarkeit der Kredite gelegentlich eine Glückssache war, und schließlich stellten sich beim Reisanbau immer mehr Schädlinge ein und erhöhten das Ertragsrisiko. Daher haben auch die Inhaber großer Betriebe den finanziellen Erlös möglichst außerhalb der eigenen Landwirtschaft angelegt, vorwiegend im Wohnungsbau in Caracas.

Die meisten Schwierigkeiten ergeben sich für die Siedler immer wieder
- und darüber berichten auch engagierte Behördenvertreter ganz offen,
konnte man auch in Zeitungsberichten einiges nachlesen - durch Gleichgültigkeit, Schlamperei, zu wenig Koordinierung und Überbürokratisierung bei den zahlreichen Verwaltungsstellen, die irgendwie mit dem Bewässerungssystem, mit der Saatgutbeschaffung, mit Kreditgewährung,
Schädlingsbekämpfung, Vermarktung usw. im Bewässerungsgebiet am Guárico befaßt sind. Zu den Schwierigkeiten gehört auch, daß nicht immer das
richtige Saatgut bezogen werden kann und sich auch nicht erproben läßt,
ob anderswo bewährte Neuzüchtungen eventuell im Gebiet von Calabozo ertragreiche Ernten bringen würden. Oft stehen Kredite nicht reichtzeitig bereit oder werden des öfteren nur zum Teil zur Verfügung gestellt.
Daß infolgedessen Bestechungen und Manipulationen keine Seltenheit
sind, nimmt nicht weiter wunder.

Inwieweit schon beim Bau des Staudammes "gespart" worden ist, läßt
sich heute kaum noch beweisen; aber vorsichtshalber hat 1976 der zuständige Ingenieur den Wasserspiegel des Stausees abgesenkt, so daß
in einem niederschlagsreichen Jahr am Ende zu wenig Bewässerungswasser
vorhanden war.

Dabei wird die Wasserspende des Rio Guárico ohnehin immer geringer,
seit im Oberlauf am gleichen Fluß der Stausee von Camatagua eingerichtet worden ist (1968), der zur Trinkwasserversorgung von Caracas beiträgt (7m³/sec.) und der - allein schon aus politischen Gründen - den
Regierungsstellen wichtiger ist als der unterhalb liegende Stausee eines landwirtschaftlichen Bewässerungsgebietes.

Gegenüber der Situation in den Anfangsjahren ergaben sich mancherlei
Veränderungen. 1977 existierten innerhalb des Bewässerungsgebietes 120
Großbetriebe (empresariales) - ursprünglich waren über 200 Parzellen
mit je ca. 180 ha eingerichtet worden -, 150 Mittelbetriebe mit 20 -
40 ha (medianos) und 800 - 900 Kleinsiedler (campesinos) mit durchschnittlich 10 ha. Die vom IAN eingerichteten asentamientos im Südosten und im Westen des Kolonisationsgebietes umfassen organisatorisch
64 uniones de prestatarios und 16 empresas campesinas (Mündliche Auskünfte 1977).

Die Besitzer der Kleinbetriebe leben zum größeren Teil in Calabozo,
aber auch verschiedene Familien aus den Großbetrieben. Die Stadt Calabozo mit ihren Schulen, Ladengeschäften und sonstigen infrastrukturellen Einrichtungen ist eben ein sehr viel besserer Wohnstandort als eine Streusiedlung oder ein schlecht ausgestatteter Straßenweiler. Daraus

ergibt sich auch, daß nur etwa 20 % der Kinder der campesinos in der Landwirtschaft bleiben wollen, ein großer Teil strebt den Besuch höherer Schulen an.

Im Laufe der 70er Jahre hat die Rattenplage zu immer größeren Verlusten geführt, bei einigen Betrieben in solchem Maße, daß eine zunehmende Verschuldung eintrat. Die vom Ministerium zugesagten Rattenbekämpfungsmaßnahmen, vor allem im Bereich der Bewässerungskanäle, haben monatelang auf sich warten lassen. Die Behörden waren jedoch auch unfähig, das Problem der zunehmenden Verschuldung von Landwirten infolge Rattenfraß und andere unverschuldete Ernteverluste irgendwie zu lösen. Die Reisbauern haben durchaus große Anstrengungen unternommen, um den Plagen nach bestem Können zu begegnen. Rund um die Felder wurden Zinnblechfolien aufgestellt, die nicht so ohne weiteres von Ratten überklettert werden können. Aber es müssen täglich entlang der Folien Kontrollgänge durchgeführt werden, um etwaige neue Schlupflöcher rasch finden zu können und Giftköder auszulegen. Dafür müssen zusätzliche Arbeitskräfte eingestellt werden. Während der Reisernte benötigt ein Betrieb auch noch nachts einen Wachposten, der - mit Leuchtraketen und Schrotflinte ausgerüstet - den Einfall von Entenschwärmen verhindern soll. Eigene Nachtwächter braucht ein Betrieb aber auch für die Motorpumpe draußen am Bewässerungskanal und für die Düngersäcke und Maschinen beim Haus. Und bei den Betrieben mit Viehhaltung muß ständig jemand die Herde gegen Diebe absichern. Die häufigen Diebstähle von Vieh oder teurem Gerät haben bei den größeren Betrieben schon manchen Landwirt zur Abwanderung veranlaßt oder zumindest zur Reduzierung des bewirtschafteten Landes.

Die Rattenplage, die sich mit großem Aufwand und nur mit wechselndem Erfolg eindämmen läßt, hat nun dazu geführt, daß bei einigen Betrieben die Reisanbauflächen verringert und dafür teils das nichtgenutzte, teils das Wiesen- und Weideland ausgedehnt worden ist, wie sich 1979 beobachten ließ. Es scheint so, als würde sich jetzt aus der Not heraus das ursprüngliche Wirtschaftsziel des Bewässerungsgebietes am Embalse del Guarico doch noch in den Vordergrund schieben, nämlich die Viehwirtschaft. Ob diese Tendenz anhält oder sich nur als ein Intermezzo, vielleicht auch als Spekulation einzelner Landwirte erweist, das läßt sich nicht vorhersagen. Vieles hängt davon ab, ob auf diesem Gebiet die Kooperation der diversen staatlichen Organisationen besser funktioniert und inwieweit dem landwirtschaftlichen Unternehmertum ein Handlungsspielraum belassen bleibt.

6.2 EL CENIZO ODER DAS PROBLEM DER BEWÄSSERUNG MIT FLUßWASSER AM ANDENRAND

El Cenizo liegt ein paar Kilometer westlich von Agua Viva auf dem ebenen Gelände alter Schwemmfächer in der Nähe des Rio Motatán, wo dieser aus den Anden kommend in das Becken des Sees von Maracaibo eintritt. Die an ein Bewässerungssystem anknüpfende Kolonie war Ende der 40er Jahre eingerichtet worden. 100 000 ha sollte das ganze Siedlungsprojekt einmal umfassen. Aber so weit ist es nie gekommen.

Die Möglichkeiten der landwirtschaftlichen Nutzung waren hier am Ausgang des Motatántales schon seit dem Ende des vergangenen Jahrhunderts relativ günstig. Die Kaffee-Ernten aus dem Binnenraum der Anden um Trujillo und Boconó wurden mit Tragtierkolonnen über Valera zum Fuße der Anden gebracht und dann weiter durch eine sumpfige Waldzone zum Hafen La Ceiba am See von Maracaibo. Von dort brachten Segelschiffe die kostbare Ladung zum Überseehafen Maracaibo. Auf beiden Seiten der Anden besteht die Fußzone des Gebirges aus einem Nebeneinander von in sich verschachtelten älteren und jüngeren Schwemmfächern, einigen sehr mächtigen, von größeren Flußläufen stammend, und niedrigeren, von kürzeren Bachläufen aufgebaut. Alles zusammen bildet ein abwechslungsreiches Mikrorelief, aber im ganzen gesehen, leitet diese vorwiegend sanft geneigte Schwemmfächerzone in das weite Becken von Maracaibo über, in welchem der flache See nur den Rest einer einstmals viel ausgedehnteren Meeresbucht darstellt. Die Niederung, vor allem im südlichen Teil des Beckens, wird von mäandrierenden Bach- und Flußläufen durchzogen, die in der Regenzeit - unterhalb der Schwemmfächerzone - weitflächig über die Ufer treten und dadurch die Ausbildung einer Sumpfwaldzone begünstigen. Diese war mit den Tragtierkolonnen nur mit großen Mühen zu durchqueren. Darum wurde gegen Ende des vergangenen Jahrhunderts auf dem schwierigsten Wegestück eine Eisenbahnlinie gebaut, zunächst von Sabana de Mendoza zum Hafenplatz La Ceiba, später auch noch in einem Bogen zum Motatántal und dieses ein Stück aufwärts bis zum Ort Motatán, der wenig unterhalb der Handelsstadt Valera liegt. Bis 1947 war die Bahn auf ihrem unteren Abschnitt durch das Seebecken noch in Betrieb.

Inwieweit die Gunst der Verkehrsbeziehungen über den Hafen La Ceiba zum aufnahmefähigen Markt von Maracaibo die Landwirtschaft in diesem Teil der Andenfußzone begünstigt und beeinflußt hat, läßt sich nicht ermitteln. Sicher ist nur, daß eine unstete conuco-Wirtschaft betrieben wurde mit dem Anbau von Mais, cambures (Obstbananen) und plátanos (Kochbananen); daneben bestand auch etwas Kakaoanbau durch einen von Jesuiten geleiteten Betrieb (MOP, 1963, S.5). Vielleicht sind die an dieser Stelle schon vorhandene Verkehrserschließung, die verstreuten Flächen landwirtschaftlicher Nutzung und die Nähe des Rio Motatán als ein Zusammentreffen günstiger Standortvoraussetzungen für die Einrichtung einer Agrarkolonie betrachtet worden. Jedenfalls hat im Jahre 1947 die Corporación Venezolana de Fomento (CVF) damit begonnen, in Zusammenarbeit mit dem Ministerio de Obras Publicas (MOP) die "colonia agricola El Cenizo" einzurichten, zunächst einmal ein Teilgebiet von 10 000 ha. In der Hauptsache sollten hier comunidades agrarias entstehen.

Noch im Jahre 1947 wurden 20 km Straße entlang des Andenrandes als Südgrenze und randliche Erschließungsachse der Agrarkolonie ausgebaut, ein Teil der späteren Carretera Panamericana. Auch entstanden eine kleine Flugzeugpiste beim MOP-Verwaltungs-Camp Vivian sowie die ersten 14 km Kanäle für das Bewässerungssystem. Bis Ende 1948 waren durch den Einsatz von Bulldozern rund 6 000 Hektar entwaldet.

Die erste Ausbauphase der Agrarkolonie von El Cenizo sollte fünf Areale von unterschiedlicher Struktur und Nutzung umfassen: Den Nordostteil erhielt die 1947 gegründete "Compañia Anónima Agropecuaria El Cenizo" mit einer Wirtschaftsfläche von 1 750 ha. Dieser landwirtschaftliche Großbetrieb hat auf teilweise bewässerbarem Grasland die Erzeugung von Milch, Butter und Käse als Schwerpunkt entwickelt. Dafür wurden Hochleistungsrinder importiert und damit begonnen, mit diesen allmählich eine Herde aufzubauen, die einmal - bei gleichzeitiger Erweiterung der Nutzflächen - an die 5 000 Kühe umfassen sollte.

Im Zentralteil der Kolonie wurden 26 parcelas mit je rund 100 ha für diplomierte peritos agropecuarios geschaffen und dazu als weiterer Großbetrieb die "Compañia Anónima Frutera El Cenizo" mit einer Wirtschaftsfläche von fast 2 000 ha. Auf dem unteren Teil des noch zu drainierenden Geländes sollten Pflanzungen von Bananen, Zitrus- und Mangobäumen, auch von Guayaba und Lechosa (Papaya) angelegt werden. Der trockenere obere Teil kam für Ananas- und Merey-Kulturen in Frage und sollte als drittes Areal weitere 2 000 ha umfassen. Ein viertes Areal war im Westen für eine comunidad agraria vorgesehen, der 4 000 ha für den Anbau von "grandes cultivos mecanizados" zur Verfügung stehen sollten. Und schließlich umfaßte der Plan noch ein Areal von 700 ha für Aufforstungen.

Noch während der Einebnung des Geländes für die 26 Parzellenbetriebe zeigte sich, daß die Anlage der Zweigkanäle zu den einzelnen Grundstücken eine Unterteilung in je zwei quadratische Hälften zu je 50 ha erforderte. Daraus ergab sich die Möglichkeit, den Betriebsinhabern zunächst eine Parzelle von 50 ha fest zu übertragen und die zweite Parzelle nur "zur Probe" zu überlassen. Nach drei Jahren sollte entschieden werden, ob eine Aufstockung des Betriebes auf 100 ha in Frage kommt oder die zweite Teilfläche zur Gründung eines weiteren Betriebes verwendet werden kann (CVF, 1950, S.75). Die Inhaber der Parzellenbetriebe sollten sich mit Hilfe von Maschineneinsatz und unter Mitwirkung von 4 - 5 Taglöhnern je Betrieb vorwiegend mit dem Anbau von Mais, Bohnen, Sesam und Yuca befassen. Randlich zur Kolonie war auch noch ein Gebietsstreifen für die Niederlassung kleiner Familienbetriebe vorgesehen, um damit auch aus der Gegend stammende campesinos in das Entwicklungsprogramm zu integrieren. Daneben boten sich dort Möglichkeiten für die Ansiedlung von Tagelöhnern sowie einiger Einzelhandels- und Dienstleistungsbetriebe. 1949 dürften - den Beschreibungen zufolge - etwa 3 000 Personen in der noch im Aufbau befindlichen Agrarkolonie gelebt haben.

1952 wurde in einem Bericht notiert (nach MOP, 1963), daß rund 30 % der Fläche der Kolonie El Cenizo das Gelände der Compañía Agropecuaria bildeten und sich die Restfläche aus 41 parcelas mit je etwa 100 ha zusammensetzte. Mit 28 Siedlern bestanden Vierjahres-Kontrakte der CVF zum Anbau von Mais und nur wenigen anderen Kulturen. 13 fincas waren zu dieser Zeit wieder verlassen, auch wurde die Compañía Frutera nicht mehr erwähnt. Die Bewässerung funktionierte nur auf etwa 100 ha, weil offenbar das Mikrorelief nicht nivelliert worden war.

Das Bewässerungswasser wurde an einem Stauwehr dem Rio Motatán entnommen und in einem 16 km langen Hauptkanal von 7 m Breite und 2 m Tiefe und einer Wasserführung von 15 000 Litern/sec. in Anpassung an die Höhenlinien in etwa parallel zum Gebirgsrand nach Südwesten geführt und über verschiedene Nebenkanäle den Betrieben zugeleitet. Sicherlich gab es mehrere Gründe für das frühzeitige Stagnieren von El Cenizo, aber einen besonders wesentlichen bildet die Tatsache, daß der Hauptkanal das Wasser direkt aus dem Rio Motatán bekommt. Es haben alle Bewässerungsgebiete, die an den aus den Anden kommenden Gebirgsflüssen anknüpfen, mit mehr oder minder beträchtlichen Schwierigkeiten bei der Wasserentnahme und Wasserverteilung zu kämpfen. Die Gebirgsflüsse weisen mit dem Wechsel von Regenzeit und Trockenzeit sehr starke Unterschiede in den Abflußmengen und demzufolge auch in der Materialführung auf. Die häufige Verlagerung des Stromstrichs, das Wandern von Kiesbänken und vor allem das Eindringen von Schottern und Schlamm in die betonierten Bewässerungskanäle erschweren bzw. verhindern die regelmäßige Verteilung des Wassers. Die Kanäle sind immer wieder verstopft, es mangelt an Wasser, wenn es am dringendsten benötigt wird.

Gehen auch die Meinungen der Behörden über die Hauptursachen der Fehlplanungen auseinander, so ist doch sicher, daß die ursprünglich vorgesehene Ausdehnung des Bewässerungsgebietes von El Cenizo nie erreicht worden ist. Marrero schrieb in seinem 1964 erschienenen Buch (S.316), daß von den geplanten 10 000 ha der ersten Ausbaustufe nur 1 500 ha bewässert würden. Im MOP-Bericht von 1963 heißt es, daß in den Jahren 1958 - 1963 rund 3 000 ha Bewässerungsland nivelliert, die Kanäle erneuert und die Wege verbessert worden seien.

Im Zusammenhang mit der seit 1960 angelaufenen Agrarreform wurde der IAN für El Cenizo zuständig. Es scheint Landbesetzungen gegeben zu haben, dann erste Versuche zum Neuaufbau. 1963 soll der IAN etwa 450 Parzellenbetriebe betreut haben, eingeschlossen auch die kleinsten Selbstversorgungsbetriebe. Allmählich sind dann ausgedehntere Arbeiten in Angriff genommen worden.

Für die Folgezeit finden sich gelegentliche kurze Erwähnungen von "El Cenizo" im Rahmen der Kurzberichte über die verschiedenen Bewässerungsgebiete in den MAC-Memorias. 1970 wird aufgeführt, daß das gesamte Bewässerungsgebiet von El Cenizo 65 000 ha umfaßt (1972 sind es dann nur noch 45 000 ha) und die Kulturflächen in 4 Etappen eingerichtet werden. Die erste umfaßt 8 000 ha und wird durch den erwähnten Kanal von Río Motatán her bewässert. Die zweite und dritte Etappe mit zusammen 48 000 ha sollen ihr Wasser vom Stausee bei Agua Viva erhalten (der bis heute kein Wasser enthält). Für die vierte Etappe von 9 000 ha ist Brunnenbewässerung vorgesehen.

Von den Großbetrieben ist nicht mehr die Rede; die vorherrschende Betriebsstruktur läßt sich nur andeutungsweise erahnen. 300 Familien betreiben Landwirtschaft in El Cenizo. Die höchsten finanziellen Erlöse erzielt die auf 270 ha angebaute Baumwolle. 30 agricultores sind in einer "unión de prestatarios de algodón" zusammengeschlossen. Das zweitwichtigste Produkt bilden Kochbananen, die von einer etwa ebenso starken unión auf gleichfalls 270 ha angebaut werden. Kakao ist auf 230 ha gepflanzt, bringt 1970 aber (noch!) keinen Ertrag. Im übrigen werden im MAC-Bericht von 1970 nur noch 72 ha Schwarze Bohnen und 30 ha Yuca aufgeführt, alles in allem rund 870 ha, also nur ein Bruchteil der für die erste Ausbauetappe vorgesehene Fläche.

Der MAC-Bericht für 1972 führt bei El Cenizo eine unión de prestatarios mit Baumwollanbau von 39 Mitgliedern und eine solche mit dem Anbau von Schwarzen Bohnen durch 10 Mitglieder auf. Als großer Nachteil wird das Fehlen von centros poblados hervorgehoben. Die Streusiedlung auf den einzelnen Parzellen ist vor allem für jegliche Art der Versorgung, den Schulbesuch der Kinder, aber auch für Weiterbildung der campesinos eine schlechte Voraussetzung. Insgesamt zeigen sich noch immer keine wesentlichen positiven Veränderungen in dieser mit großen Investitionen bedachten Agrarkolonie.

Nach einer langen Phase der wirtschaftlichen Stagnation, in der es öfters zu Abwanderungen von Siedlern gekommen ist, wird El Cenizo Mitte der 70er Jahre zunächst einmal in Etappen umorganisiert. Im MAC-Memoria 1974 werden zwar wieder die schon bekannten Flächenangaben für El Cenizo wiederholt, doch ist nun die erste Etappe mit 8 000 ha zweigeteilt: In einer zentralen Zone von 3 500 ha ist der Anbau der verschiedensten Früchte durch Parzellenbetriebe vorgesehen, im östlichen Teil soll eine comunidad agraria 4 000 ha für "grandes cultivos mecanizados" nutzen, es wird dort mit dem Pflanzen von Zuckerrohr begonnen. Von insgesamt 6 500 ha bewässerbarer Fläche haben allerdings nur 2 550 ha Berieselungswasser erhalten.

In den folgenden Jahren beginnt man dann endlich mit der Planung bzw. Einrichtung von zwei centros poblados für je 200 Familien, von denen jede etwa 5 - 8 ha für den Anbau von Tomaten, Zwiebeln, Yuca, Zuckerrohr usw. zugeteilt bekommt. 1979 ist eines davon fertiggestellt worden. Weil aber der Umbau des Bewässerungsgebietes mit neuen Planierungsarbeiten verbunden wird und das Bewässerungssystem noch immer nicht voll funktionsfähig ist, beschränken sich die Siedler 1979 weitgehend auf einen Selbstversorgungsanbau, erhalten aber vom Staat Ausgleichszahlungen für die noch immer nicht erzielbaren Ernten aus einem Bewässerungsfeldbau. Immerhin wird im Ostteil die Zuckerrohrfläche bis 1982 auf nahezu 900 ha ausgedehnt, dafür der Anbau anderer Kulturen - vor allem von Hirse - eingeschränkt.[1]

Allerdings lebt erst ein Teil der parceleros in dem neuen centro poblado. Als sich nämlich 1979 die Übergabe-Feierlichkeiten der jungen Siedlung verzögerten, besetzten landlose Familien die Häuser. So wohnt der größere Teil der parceleros weiterhin in den weilerartigen Sied-

---

1) Neuere Angaben für die Zeit ab 1979 hat dankenswerterweise Herr Thomas Ade beigesteuert, der im Herbst 1983 El Cenizo besuchen konnte.

lungen an der Carretera Panamericana, was mit zumeist erheblichen Anmarschwegen zu den Nutzungsparzellen verbunden ist. Es sind jedoch auch vom centro poblado die äußeren Parzellen bis zu 15 km entfernt gelegen. Im centro poblado gibt es asphaltierte Straßen, Gehwege, Straßenbeleuchtung, Schule, Kindergarten, Kirche, Gemeindehaus sowie Bodegas. Zwar ziehen die ersten ocupantes wieder ab, weil sich deren weitergehende Hoffnung nicht erfüllt hat, aber die Konzentration aller Siedler in einem Dorf zum Zwecke einer intensiveren Betreuung ist bisher noch nicht gelungen.

Erstaunlich groß ist dennoch die Zahl der in El Cenizo eingesetzten Betreuer aus verschiedenen Behörden. Im ehemaligen campamento des MOP in der Nähe der Panamericana residiert ein Stab von zahlreichen Agraringenieuren und Beratern, die sich ausschließlich diesem Bewässerungssystem widmen. Es ist aber nicht klar, wem oder was nun diese intensive Betreuung gilt, denn je weiter die Umstellung auf den Anbau von Zuckerrohr auch bei den kleineren parceleros fortschreitet, desto mehr verengt sich das Spektrum an weiteren Kulturen, vermindern sich die Notwendigkeiten einer weiteren Fortbildung der campesinos. Allerdings sind die Probleme der Bewässerung noch immer nicht gelöst, ist auch nicht abzusehen, wann sich das Siedlungsprojekt El Cenizo einmal wirtschaftlich stabilisieren wird.

Änliche Probleme mit schottergefüllten Bewässerungsrinnen, verstopften Einlässen der Hauptkanäle und dem Ausbleiben von Wasser in kritischen Phasen des Pflanzenwachstums sind auch bei anderen Bewässerungsgebieten in der nordwestlichen und ebenso auch in der südöstlichen Fußzone der Anden zu beobachten. Nähere Untersuchungen der damit verbundenen Probleme sind bisher nicht bekannt; eigene Arbeiten hierzu sollen bei passender Gelegenheit in Angriff genommen werden.

6.3 ZUCKERROHR-EMPRESA IM CHAMATAL BEI MÉRIDA

In den Anden liegt ein paar Kilometer unterhalb der Stadt Mérida auf einer Mesafläche des Chamatals der Ort San Juan und etwa 2 km davon entfernt der asentamiento "Estanquillo". Hier handelt es sich um eine empresa campesina, an der (1970) 29 Familien beteiligt waren. Die empresa war und ist auf den Anbau von Zuckerrohr spezialisiert. Ursprünglich gehörte das Areal der empresa einer Kaffeehacienda, die sich beim Verkauf des Betriebes an den IAN zum großen Teil schon auf den Zuckerrohranbau umgestellt hatte, so wie das auf den unter 2 000 m hoch gelegenen Mesas

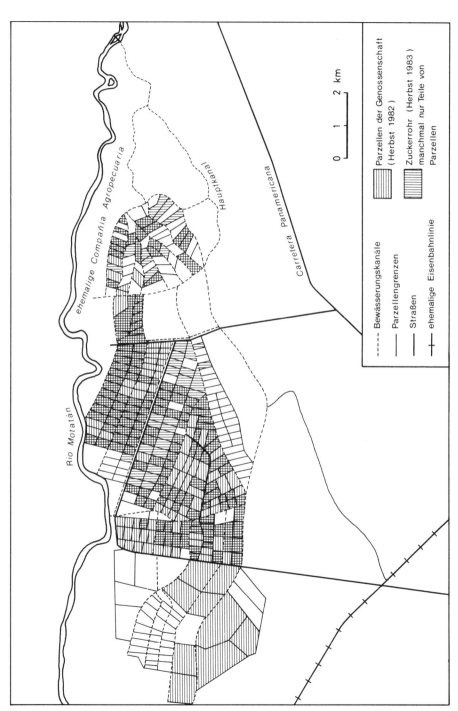

Abb. 6: Bewässerungsgebiet "El Cenizo", 1983

und Schwemmfächern im Chamatal alle landwirtschaftlichen Mittel- und Großbetriebe in den 50er und 60er Jahren gemacht haben. Die hacienda hatte eine Gesamtfläche von rund 1 500 ha, zum großen Teil sehr steile Hanglagen mit dürftiger Vegetation, denn das mittlere Chamatal ist klimatisch als semiarid zu bezeichnen.

Am oberen Ende eines der Mesa aufsitzenden weiten Schwemmfächers liegen die Gebäude der alten Kaffeehacienda mit den betonierten Flächen zum Trocknen der Kaffeekirschen. Etwas unterhalb davon ist der asentamiento mit den Zeilen der Fertighäuser angelegt worden.

Im September 1970 wurden rund 300 ha Feldflächen von der empresa bewirtschaftet. Fast alle Mitglieder der empresa waren früher auf der hacienda tätig, führten also nun - unterstützt durch den IAN - in eigener Regie den Betrieb, den sie seit vielen Jahren kannten. Der größte Teil des Zuckerrohrs war noch unter der Leitung des einstigen hacendado gepflanzt worden, also vor 10 - 15 Jahren. Folglich ergaben diese Felder auch nur Erträge von 40 - 50 t pro Hektar und Jahr. Nur einzelne Felder hatten die campesinos neu angelegt; sie brachten doppelt so hohe Erträge. Aber es kam deshalb niemand auf die Idee, daß man etwa größere Flächen neu anlegen sollte. Den einzelnen kümmerte es nicht, und die selbst gewählte Leitung der Genossenschaft war offensichtlich nicht geneigt, die Verantwortung für ein neues Arbeitsvorhaben zu übernehmen.

Geerntet wird Zuckerrohr das ganze Jahr über, das meiste zwar in der Trockenzeit der ersten Jahreshälfte, einiges aber auch in den folgenden Monaten. Etwa die Hälfte der Produktion mußte - entsprechend den Auflagen des IAN bei der Einrichtung der empresa - an die am Fuße der Anden gelegene große Zuckerfabrik abgeliefert werden. Der übrige Teil der Ernte und das gesamte Erntegut aus der zweiten Jahreshälfte wurde in der betriebseigenen kleinen trapiche verarbeitet. Man stellte etwa zigarrenschachtelgroße Stücke von braunem papelon her, der als Süßigkeit begehrt ist und für den je Tonne (1970) 48 Bs. erlöst werden konnten, während die Zuckerfabrik für die gleiche Menge Rohzucker nur 35 Bs. bezahlte.

Die Arbeitszeit für die Mitglieder der empresa war auf 5 1/2 Tage pro Woche angesetzt, die täglichen Arbeitsstunden von 7 - 12 und von 13 - 17 Uhr. In der freien Zeit bewirtschafteten die Mitglieder der empresa ihre kleinen Privatparzellen, auf denen sie neben Produkten für die eigene häusliche Selbstversorgung auch etwas Tabak anbauten. Der Tabakanbau hat in dieser Gegend schon eine alte Tradition, er wird in so manchen Reisebeschreibungen erwähnt, zumal hier die Besonderheit darin besteht, daß man "chimo", einen Kautabak, herstellt, der offenbar noch ganz gute Nebenverdienste zuläßt. Zusätzliches Land zur eigenen Bewirtschaftung konnten die Mitglieder dieser empresa - nach ihren eigenen Aussagen - ohne weiteres hinzubekommen. Und an diesen Privatparzellen bestand auch ein zunehmender Bedarf.

Dagegen funktionierte der Betrieb der empresa nicht mehr so wie in der ersten Anfangszeit, als man noch mit großem Idealismus für die Genossenschaft gearbeitet hatte. Zwei Hauptprobleme ließen Uneinigkeit aufkommen: Zunächst und vor allem war man unzufrieden mit dem für alle Genossenschaftsmitglieder gleichen Lohn, obwohl doch ganz offensichtlich einige sehr faul waren, sich gerne um Arbeiten herumdrückten, während andere überdurchschnittliche Leistungen erbrachten. Nachdem dies keine Anerkennung fand, entfiel jedes persönliche Engagement, wurden nur die nötigsten Dinge mit entsprechender Ruhe und Gelassenheit ausgeführt. Einer mißtraute dabei dem anderen, und man erklärte uns ganz offen, daß man es - könnte man sich wieder entscheiden - nunmehr vorziehen würde, Individualparzellen zu bewirtschaften. Ein weiteres Problem ergab sich aus der Erkenntnis, daß vom Ertrag der empresa einiges in den Betrieb investiert werden mußte, so daß also gar nicht der ganze Ertrag als Lohn oder als Prämie zur Verteilung gelangen konnte. Folglich war die Generalversammlung nicht für größere Investitionen oder intensivere Wirtschaftsweisen zu gewinnen, weil dadurch nur Kosten entstanden und der Gewinn geschmälert wurde.

Enttäuscht war man aber auch, weil vom IAN noch nicht alle Versprechen eingelöst worden waren. Es gab im asentamiento noch immer keine Stromversorgung, und die dreiklassige Schule, für welche täglich eine Lehrerin aus Mérida kam, hätte längst durch weitere Klassen ergänzt werden sollen.

6.4 GENOSSENSCHAFTLICHE BETRIEBE MIT KÄSEREI, FORELLENZUCHT UND GARTENBAU

Von einem sehr liebenswürdigen und engagierten Herrn der "Delegación de Mérida del Instituto Agrario Nacional" wurde uns im September 1970 der eben im Aufbau befindliche asentamiento Monterey, nur wenige Kilometer oberhalb der Stadt in "El Valle" auf einem breiten steilen Schwemmfächer gelegen, gezeigt. Der IAN hatte für die künftige kleine Genossenschaft eine große Stallung mit einer daran angeschlossenen

Käserei errichtet. Die Käserei wurde von einem eingewanderten Sizilianer betrieben, der zunächst noch beim IAN angestellt war. Er stellte Parmesankäse verschiedener Größen her, den er an Händler verkaufte. Um die Viehhaltung kümmerten sich 9 Kolonistenfamilien, die über je 3 ha Weideland verfügten. Je Hektar - so wurde uns gesagt - sei ein Viehbesatz von 2 Kühen möglich, nach der Einsaat von Imperialgras sogar ein höherer Viehbesatz. Noch stammte zur Zeit unseres Besuches erst etwa die Hälfte der täglich angelieferten 100 - 120 Liter Milch von den Kühen des asentamiento. Die Kolonisten waren nebenbei als Tagelöhner bei nahegelegenen landwirtschaftlichen Betrieben tätig. Der künftigen "empresa campesina Monterey" wurde jedoch in Anbetracht ihrer Spezialisierung auf die Parmesankäseherstellung und im Hinblick auf den nahen städtischen Absatzmarkt eine große Zukunft vorausgesagt.

Die Entwicklung ist jedoch ganz anders verlaufen. Die Genossenschaft brach sehr rasch auseinander, die Käserei wurde stillgelegt und von der später neu formierten empresa campesina verkauft. Bei unserem Besuch im Jahre 1979 war der Käsereibetrieb eben wieder neu begründet worden. Der neue Besitzer stammt aus dem nicht weit entfernt gelegenen asentamiento Prado Verde und hat sein Handwerk durch einen Kurs erlernt. Die Milch wird von haciendas der Umgebung angeliefert, aber auch von der empresa Monterey, die sich wieder zehn Kühe und ein paar Stück Jungvieh zugelegt hat.

Ein paar hundert Meter von der Käserei entfernt liegt oben am Hang eine "trucheria", eine Forellenzucht mit ihren verschiedenen Wasserbecken. Diesen neuen Betriebszweig hat die zehn Mitglieder umfassende empresa campesina Monterey im Jahre 1976 aufgrund staatlicher Initiativen hinzugenommen. Jährlich werden etwa 120 000 Fische mit einem Gesamtgewicht von rund 23 000 kg erzeugt. Im übrigen werden von den Mitgliedern der empresa, die über 170 ha Gemeinschaftsland, aber über keine privat genutzten Parzellen verfügt, Viehhaltung und Gemüseanbau betrieben. Die Arbeiten in den verschiedenen Betriebszweigen werden umsichtig ausgeführt. Die Mitglieder verdienen täglich 25 Bs., doch kann der Betrag auch mal kleiner sein, wenn die empresa weniger einnimmt. Am Jahresende werden an die 8 000 - 9 000 Bs. Gewinn ausgeschüttet; das ergibt aufgeteilt auch nur eine kleine Summe für die einzelnen Familien, nur ausreichend für sehr bescheidene Ansprüche.

Gegenüber der Käserei liegt jenseits des Weges, der von der trucheria hangabwärts führt, ein Gartenbaubetrieb inmitten seiner Blumenfelder, rings umgeben von nicht genutzten Parzellen. Unmittelbar am Weg steht ein Eisentor mit der aus Eisenstäben geformten Inschrift "Empresa La Cabonera", doch gibt es dahinter keinen Weg, sondern nur Unkraut. Der Besitzer des Gartenbaubetriebes ist das einzige hier verbliebene Mitglied einer einst 9 Betriebe umfassenden empresa campesina. Die Genossenschaft ist allein an der recht unterschiedlichen Arbeitseinstellung und Arbeitsleistung der einzelnen Mitglieder gescheitert. Einige frühere Mitglieder sind nur innerhalb der Nachbarschaft umgezogen und betreiben heute individuell Gemüseanbau, andere wohnen zwar in der Nähe, arbeiten jedoch in der Stadt Mérida. Die Inhaber der anderen Betriebe hier im Tal schließen sich lediglich zu "uniones" zusammen, um dadurch von ICAP Kredite zu erhalten. An der Bildung neuer Genossenschaftsbetriebe besteht offenbar kein Interesse. Es scheint gerade der sehr stark mit dem Marktgeschehen verflochtene Gartenbau zu sein, der sich mehr für individuelle als für genossenschaftliche Betriebe eignet.

6.5 GENOSSENSCHAFTLICHER ANBAU VON ERDNUß UND YUCA IN DEN ÖSTLICHEN LLANOS

Östlich der Erdölstadt El Tigrito liegt der asentamiento El Basquero. Der engagierte Chef einer empresa nennt die Siedlungszeile sehr großzügig "centro poblado", obwohl hier nur 26 Familien wohnen (1977) und die Zahl der Versorgungseinrichtungen dementsprechend minimal ist. Der asentamiento ist 1965 gegründet und der Betrieb einer empresa campesina eingerichtet worden. Aber die empresa hat nie reibungslos funktioniert. Eine gewisse Mobilität der Siedler brachte von Anfang an Umschichtungen. Von den derzeit 26 Familien sind nur 9 seit der Gründungsphase beständig dabei geblieben. Die asentamiento-Bevölkerung stammt zu drei Vierteln aus der Gegend, ein Viertel ist dagegen über größere Distanzen zugewandert.

1976 ist die empresa campesina wieder neu belebt bzw. durch den Zusammenschluß einiger Familien wieder aktiver geworden. Inwieweit dies als Reaktion auf verstärkte Bemühungen der Behörden, auf die neuen Wirtschafts- und Förderungsprogramme oder als Folge der persönlichen Führungskraft des neuen Chefs der empresa zu verstehen ist, ließ sich nicht ausmachen, wahrscheinlich wirken sich diese drei Faktoren zusammen aus. Es könnte zudem der seit einigen Jahren deutlich sichtbare Erfolg einer zunehmenden Zahl von privaten Mittel- und Großbetrieben mit dem Anbau von Erdnüssen und Yuca im Umkreis der Stadt El Tigre von

einigem Einfluß gewesen sein und zur Nachahmung angeregt haben. Aber
der ganze asentamiento ließ sich dennoch nicht unter einen Hut bringen.

Eine Gruppe von 12 Familien bewirtschaftet als neue empresa einen Teil
der Flächen des asentamiento und hat den wirtschaftlichen Schwerpunkt
auf den Anbau von 200 ha Yuca amarga (blausäurehaltig, aber mit Anteilen von 60 % sehr stärkereich) gelegt. Daneben werden auch Bohnen (frijoles) angebaut. Später soll noch der Anbau von Yuca dulce (ohne Blausäure, nur 20 % Stärke, vorwiegend als Gemüse genutzt) einige Feldstreifen einnehmen. Zunächst wird die Yuca dulce nur in den Hausgärten
angebaut und vermehrt. Die Vermehrung der Yuca erfolgt ja auf vegetativem Wege, wobei für den feldmäßigen Anbau Stengelstücke als Setzlinge
in den Boden gelegt werden. Ernten kann man schon nach etwa 7 Monaten,
aber die Wurzelknollen sind dann noch relativ klein. So ist es besser,
wenn man Yuca etwa 12 Monate lang auf dem Feld stehen läßt. Verkauft
wird die Yuca amarga zum Preis von 15 Cts. je kg an die Stärkefabriken
in Cantaura oder in Pariaguán, das eine etwa 150 km nördlich, das andere etwa 60 km westlich von El Tigre gelegen. Ein kleiner Teil der
Yucaknollen wird in der örtlichen cassave-panaderia, in einer Art Bäckerei, in primitiver Form zu runden tortillas verarbeitet und im nahegelegenen El Tigrito verkauft. Dadurch besteht noch eine kleine zusätzliche Verdienstmöglichkeit.

Das durchschnittliche Familieneinkommen ist schwer zu berechnen, zumal
unterschiedliche Arbeitsleistungen einkalkuliert werden müssen. Nachdem
im ganzen Land 15 Bs. als täglicher Mindestarbeitslohn festgelegt sind,
dürfte die spontane Angabe von 30 Bs. Tageseinkommen pro Familie einigermaßen richtig sein, vielleicht einschließlich kleiner Nebeneinkommen
des einen oder anderen Familienmitgliedes durch Gelegenheitsarbeiten in
den nahen Erdölstädten El Tigrito und El Tigre.

Im ganzen asentamiento hofft man auf die Einrichtung einer großen Bewässerungsanlage durch den Bau eines Tiefbrunnens, wie sie bei zahlreichen Groß- und Mittelbetrieben der hiesigen Gegend mit einigem Aufwand
schon erstellt worden sind. Dann würde wohl im ganzen asentamiento der
Anbau von Erdnüssen in den Vordergrund gerückt werden. Vorerst sind es
nur fünf Familien, die gemeinschaftlich Erdnuß anbauen. Ohne Bewässerungs- oder Beregnungsmöglichkeit ist der Erdnußanbau völlig vom jährlichen Witterungsablauf und von der Verteilung der Niederschläge abhängig. Dies ist sehr riskant, in trockenen Jahren sind die Erträge zu gering und ergeben kein hinreichendes Familieneinkommen.

Der Zusammenschluß der campesinos zu Genossenschaften ist vor allem wichtig - so betonen es die Beteiligten -, weil man gemeinsam einen Lastwagen kaufen oder leihen und die gemeinsame Ernte direkt an Silos oder Verarbeitungsbetriebe landwirtschaftlicher Erzeugnisse liefern kann. Dagegen muß man als einzelner Landwirt an einen Händler verkaufen, der mit seinem Lastwagen oder Jeep die Ernte abholt, und man muß den zudiktierten niedrigen Preis in Kauf nehmen, obwohl man weiß, daß die Händler mit Gewinnspannen um 100 % operieren.

6.6 DIE EMPRESA CAMPESINA PECUARIA "SAN JOSÉ DE MAPUEY"

Ein Beitrag von Ingeborg Grimm und Gabriele Rieger

Der asentamiento San José de Mapuey liegt westlich von San Carlos, der Hauptstadt des Estado Cojedes, am nördlichen Rand der Llanos Altos. Die Siedlung hatte 1981 770 Einwohner. Die Mehrzahl der campesinos ist in einer unión de prestatarios organisiert, betreibt Ackerbau und erhält dafür Kredite vom Staat. Außerdem existiert die empresa campesina pecuaria "San José de Mapuey", die 1973 von acht campesinos aus Mapuey gegründet worden ist, um einen Viehzuchtbetrieb aufzubauen. Nach langjährigen Bemühungen erhielt diese empresa campesina 1979 schließlich vom IAN 600 ha Land, das dieser der hacienda La Catalda, einem Großgrundbesitz mit 30 000 ha und extensiver Viehzucht, abgekauft hatte.

Das Gelände der empresa campesina pecuaria liegt nordwestlich von San José de Mapuey, im Anschluß an die ackerbaulich genutzten Parzellen des asentamientos. Es handelt sich um ein hügeliges Gelände, das für den Feldbau nicht geeignet ist, da die Böden der Hänge steinig, die der Täler dagegen während der Regenzeit (invierno) versumpft sind. Die 600 ha sind zu einem Drittel noch mit Wald und zu zwei Dritteln mit Weiden bestanden. Auf dem Gebiet befinden sich auch einige lagunas und Flüßchen, die aber in der Trockenzeit (verano) trocken liegen. Lediglich eine laguna hat ständig Wasser, so daß auch im verano eine Wasserstelle für das Vieh vorhanden ist.

Nach der Zuweisung des Landes arbeiten die socios (Mitglieder) ohne Kredite und Bezahlung, weshalb zwei socios, die dazu nicht bereit waren, die empresa campesina wieder verließen. In der Zwischenzeit lebten die socios von den Erträgen ihrer parcelas, auf denen sie Mais, Hirse und Reis anbauten. Die parcelas gaben sie zum Zeitpunkt der Genehmigung der Kredite wieder an den IAN zurück. Die socios treffen sich einmal in der Woche, meist freitags, um den Arbeitsplan für die kommende Woche anzufertigen und zu entscheiden, wer z.B. Holz schneidet, Zäune errichtet, sich um das Vieh kümmert usw. Fünf der socios arbeiten ständig auf der finca, während sich einer um die Kredite und um den Kontakt zu den Behörden kümmert. Unterstützung bei ihrer Arbeit bekommt die empresa campesina hauptsächlich von einem perito des INAGRO, der die socios in Fragen der Viehhaltung sowie in technischen und organisatorischen Problemen berät.

Die 600 ha der empresa campesina teilen sich auf in 190 ha Wald, 380 ha Weide - davon haben die socios 50 ha selbst gerodet - und 30 ha Wiese, von denen zur Zeit 10 ha neu gesät und gedüngt werden. Gesät wird im April vor dem Einsetzen der Regenzeit, danach erfolgt die Herbizidanwendung. Gedüngt wird, wenn die Saat Wurzeln gebildet hat. Außer der Aussaat von Samen gibt es noch die Möglichkeit der vegetativen Vermehrung durch Einschlagen von Pflanzenteilen in Furchen, was den Vorteil hat, daß die empresa keine Samen kaufen muß. Die Weidefläche kann durch Rodung weiter ausgedehnt werden; außerdem besteht durch Düngung und Aussaat angepaßter Grassorten die Möglichkeit, die Grasqualität und -quantität zu verbessern. In der Ebene kann bei extensiver Viehwirtschaft pro Hektar ein Rind gehalten werden. Hier ist aber das Gelände hügelig, so daß die 600 ha für ca. 500 Rinder ausreichen. Der Viehbestand auf der finca der empresa campesina beläuft sich zur Zeit auf 55 Rinder und 60 Milchkühe. In beiden Fällen handelt es sich um Aufkreuzungen einheimischer Criollorinder mit importierten Zebus, die widerstandsfähig und den tropischen Verhältnissen angepaßt sind. Die Rinder befinden sich in Privatbesitz der einzelnen socios, da sie vor der Kreditgewährung vom eigenen Geld gekauft wurden. Sie werden mit 5 - 10 arroba (1 arroba = 25 kg) gekauft und nach zwei Jahren verkauft. Sie haben dann ein Gewicht von ca. 18 arroba (450 kg). Im Gegensatz zu den Rindern erhalten die Kühe das ganze Jahr über zusätzliches Futter (Grünfutter, Heu, Melasse, Futter zur Förderung der Milchleistung). Die Kühe werden mit ca. 15 Monaten von Viehzuchtgroßbetrieben gekauft, nach ca. zwei Jahren geben sie Milch, und geschlachtet werden sie normalerweise, nachdem sie fünfmal gekalbt haben. Die Kühe der empresa campesina sind zwischen 2 - 4 Jahre alt und geben 5 - 7 Liter Milch täglich, allerdings werden bis heute noch keine Milchprodukte verkauft.

Die Finanzierung der empresa campesina erfolgt mit Hilfe staatlicher Kredite von der zuständigen Bank ICAP. Insgesamt wurden der empresa campesina 1983 Kredite in Höhe von 1 383 000 Bolívares genehmigt. Dieser Betrag wurde jedoch nicht auf einmal ausbezahlt, sondern ist projektgebunden. Für ein bestimmtes Projekt, z.B. für den Bau eines Stalles, muß ein Teilkredit bei der Bank beantragt werden. Ein Mitarbeiter vom ICAP begutachtet dann das Projekt, leitet den Antrag weiter an den fondo desarollo in Maracay, der den Antrag genehmigt und das Geld zur Ausbezahlung freigibt. Nach Verbrauch des Teilkredites prüft ein Angestellter der Bank die Ausführung des Projektes nach, erst danach kann der nächste Teilkredit beantragt werden. Die empresa campesina hat bereits bis Herbst 1983 516 000 Bolívares an Krediten erhalten, 222 000 Bolívares waren dabei für Zäune, einen Abmelkstall für 24 Kühe sowie für die Graseinsaat und Düngung von Weiden bestimmt. Weitere 160 000 Bolívares dienten dem Kauf von Vieh. Mit den restlichen 134 000 Bolívares wurden Maschinen wie Traktor, Mähmaschine, Pflug usw. gekauft. Die noch ausstehende Kreditsumme ist für den Bau von Brunnen, elektrische Installationen im Stall, eine Milchkühlanlage und für weiteren Viehkauf bestimmt. Nach vier Jahren ist die erste Rückzahlungsrate fällig, für welche die empresa campesina 3 % Zinsen zahlen muß. Kann eine Rate nicht rechtzeitig bezahlt werden, erhöht sich der Zinssatz auf 6 %. Nach diesen vier Jahren sind die Kredite aus den Einnahmen vom Fleisch- und Milchverkauf zurückzuzahlen. In Zukunft soll dann die Milch an eine private Firma in Acarigua verkauft werden; diese zieht die Raten für die Kredite ab und leitet sie an den ICAP weiter. Die Rinder werden dagegen an Corpo Mercadeo verkauft, der ebenfalls dem ICAP die anteiligen Raten erstattet. Von den Krediten werden auch die Löhne der socios, die sogenannten jornales, bezahlt. Das ist ein Tagelohn von 50 Bolívares, der immer bei Erhalt von Teilkrediten ausbezahlt wird. Dieser Verdienst reicht für die Familien der socios aus, so daß sie nicht zusätzlich arbeiten müssen. Bei zeitlichen Engpässen kann für die jornales auch ein contratista eingestellt werden, um z.B. Gras zu mähen; dies wird jedoch von der empresa campesina möglichst vermieden.

Anfangsschwierigkeiten wurden bereits aufgezeigt; die recht späte Bewilligung von Land und Krediten hat das Projekt nur deshalb nicht zum Scheitern gebracht, weil die socios ein starkes Durchhaltevermögen zeigten. Außerdem gab es Probleme mit den angrenzenden Parzellenbesitzern, die auf einem Teil des Geländes der empresa campesina Ackerbau betrieben haben. Dieser Konflikt konnte inzwischen gelöst werden. Eine andere Sorge bilden die häufigen Brände im verano, von denen nur einige natürliche Ursachen haben, da sie z.B. durch Glasscherben verursacht

sein können. Hinter einem Großteil der Brände vermuten die socios
Brandstiftung, begangen von Neidern aus Mapuey. Das größte Problem
besteht jedoch in der Abhängigkeit der empresa von Krediten. Aufgrund einer staatlichen Planung sind die Kredite für die Milchviehhaltung festgelegt. Die Haltung von Milchvieh auf dem Gelände der empresa hat sich aber als Fehlplanung herausgestellt, da die Bedingungen zu schlecht sind. Die Milchkühe benötigen viel Wasser und gute
Weiden. Da es hier jedoch sechs Monate lang trocken ist, wäre Fleischvieh besser geeignet. Es ist resistenter und anspruchsloser und kommt
auch mit schlechten Weiden aus, d.h. mit dem vertrockneten Gras im
verano, und erholt sich danach wieder gut. Die socios selbst sind sich
dieses Widerspruchs bewußt und sehen die Lösung des Problemes darin,
in Zukunft unabhängig von Krediten wirtschaften zu können und den Betrieb langsam auf reine Rinderhaltung umzustellen. Natürlich wissen
die socios, daß die Kreditabhängigkeit und Kreditrückzahlung auf Jahre
hinaus bestehen bleibt und die eigentlichen Nutznießer vielleicht erst
ihre Kinder sein werden. Deshalb wollen sie auch keine neuen Mitglieder in die empresa campesina aufnehmen, sondern nur die eigenen Kinder.
Der Optimismus und die starke Identifikation mit den Zielen der empresa zeigt sich auch in dem Vorhaben der socios, demnächst ihre Wohnhäuser auf dem Gelände der empresa zu erstellen.

Die weitere Entwicklung der empresa campesina läßt sich jedoch nur
schwer beurteilen, da sich das Projekt noch im Anfangsstadium befindet. Zwar ist die für die Zukunft geplante Umstellung auf reine Rinderhaltung sicher sinnvoll, jedoch wären dann die Kredite im Milchviehbereich fehlinvestiert, und es ist fraglich, ob durch die Rinderhaltung diese Kosten aufgefangen werden können. Somit besteht die Gefahr, daß der Betrieb zu einem Opfer staatlicher Fehlplanung wird.

6.7 GEGENWARTSPROBLEME DES REISANBAUS IN DEN ASENTAMIENTOS AM NORDWESTRAND DER LLANOS

Ein Beitrag von Cornelia Kilgus und Renate Strohal

Die asentamientos, von denen hier die Rede sein soll, liegen südlich
der Küstenkordillere im Estado Cojedes in den Llanos Altos auf ca.
120 Höhenmetern. Estadohauptstadt ist San Carlos.

In der gesamten Region von San Carlos war bis vor etwa acht Jahren
Mais das Hauptanbauprodukt. Die gesamten Reisfelder, die man heute

findet, waren früher mit Mais bestellt. Grund für die Umstellung war eine Kampagne der Regierung, welche die Umstellung auf Reis mit dem Hinweis auf bessere Erträge und größere Verdienstmöglichkeiten schmackhaft machte. Die campesinos waren schnell bereit zur Umstellung, da es immer wieder zu schlechten Maisernten gekommen war, bedingt durch die zu Staunässe neigenden Böden. Beim Anbau von Reis stellen diese Böden ein viel geringeres Problem dar.

Mit der Umstellung auf Reis wurde auch dem Verkauf an Privatleute ein Riegel vorgeschoben. Beim Verkauf der Ernte an Corpo mercadeo müssen die campesinos oft sehr lange auf ihr Geld warten. Daher verkaufen sie gern einen Teil ihrer Ernte an private Händler, um rascher an Bargeld zu kommen, und begnügen sich dabei auch mit einem geringeren Erlös. Dieser Verkauf an private Händler stößt jedoch bei dem Produkt Reis auf große Schwierigkeiten, da die Aufbereitung von Reis aufwendiger ist als die von Mais, und man entsprechende Trocknungs- und Schälanlagen dafür benötigt. Gerade dies ist auch nachteilig in bezug auf die Selbstversorgung der campesinos mit Nahrungsmitteln. Vom Mais konnten sie sich einen Teil einbehalten und selber verarbeiten. Diese Möglichkeit haben sie beim Reis nicht und sind somit auf den Verkauf der gesamten Ernte an Corpo mercadeo angewiesen.

Die im Folgenden beschriebenen asentamientos, Caño Hondo und Mapurite, weisen unterschiedliche landwirtschaftliche Organisationsformen auf. Bei Caño Hondo findet man uniones de prestatarios vor, bei Mapurite empresas campesinas.

Der asentamiento Caño Hondo liegt am Fuß der kleinen Hügelkette La Chivera, besteht seit 1965 und zählt heute rund 900 Einwohner. Caño Hondo besteht aus 130 Häusern, 84 davon wurden von Vivienda Rural erstellt. Der asentamiento verfügt über 1 112 ha Land, die Hauptanbauprodukte sind Reis, Zuckerrohr, Sorghum und Mango.

Seit 1966 bestand eine union de prestatarios für Mais, die jedoch 1976 auf den Anbau von Reis umstellen mußte. Die Fläche für den Reisanbau beträgt insgesamt 420 ha. Ein campesino hat 15 - 20 ha, wobei er pro Hektar 3 200 Bs. Kredit vom ICAP erhält, wenn der vollständige Kreditbetrag ausbezahlt wird. Dieser Kredit spaltet sich in die einzelnen anfallenden Belange, wie Bodenbearbeitung, Samenkauf und Aussaat, Düngerkauf und Düngung, Ernte usw., auf, und wird nicht sofort in vollem Betrag und vor allem nicht durchweg in bar ausbezahlt. Vielmehr erfolgt die Kreditvergabe großenteils in Form von Berechtigungsscheinen des ICAP an die campesinos. Mit diesen Scheinen können sie dann die

entsprechende Menge an Dünger oder Samen bei der dafür zuständigen
Stelle abholen, die dann vom ICAP Bezahlung erhält. Durch den Erhalt
des Kredits verpflichtet sich der campesino, die Ernte an Corpo mercadeo zu verkaufen. Bei Mißachtung dieser Bedingung wird der Kredit
für das nächste Jahr gestrichen.

Die beim Reisanbau anfallenden Arbeiten werden überwiegend mit Maschinen durchgeführt, wie z.B. die Bodenbearbeitung, die Düngung und die
Ernte. Die campesinos haben aber in der Regel keine Maschinen; daher
werden diese Arbeiten von contratistas übernommen. Die contratistas,
die mit ihren Maschinen für die campesinos arbeiten, werden dann vom
ICAP aus den Kreditzuteilungen direkt bezahlt.

Wenn man bedenkt, welche Arbeiten mit Maschinen durchgeführt werden,
kann man sich vorstellen, daß dem campesino - abgesehen vom Unkrautjäten und zusätzlichem Düngerstreuen - nicht viel zu tun übrig bleibt.
Daher ist auch sein persönlicher Einfluß auf den Ertrag recht gering,
was an sich kein Problem wäre, wenn die Kreditzuteilungen und der Maschineneinsatz rechtzeitig erfolgen würden. Die Kredite kommen jedoch
oftmals zu spät oder gar nicht, und auch die Arbeit der contratistas
ist durch unzureichende Organisation oft nicht effektiv. Vielen campesinos fehlt auch der Bezug für "ihre" Parzellen, eben weil ihre Eigenarbeit und Verantwortung auf ein Minimum zusammengeschrumpft ist.

Ein anderes großes Problem besteht darin, daß der campesino nicht über
ausreichend Bargeld verfügt, um während der Anbauphase seine Familie
ernähren zu können oder z.B. bei Schädlingsbefall seiner Saat durch
den Kauf von Schädlingsbekämpfungsmitteln rasch für Abhilfe zu sorgen.
Ohne Bargeld muß er zunächst einen Kreditantrag stellen. Bis er den
benötigten Kredit dann erhält, ist es oft schon zu spät. Bis vor wenigen Jahren bekamen die campesinos wenigstens einen Teil des Kredits
monatlich in bar ausbezahlt. Da diese Zahlungen ausbleiben, ist der
campesino darauf angewiesen, sich das Bargeld anderweitig zu beschaffen. Dies geschieht einmal durch irgendwelche Nebenbeschäftigungen,
z.B. in Form des Straßenverkaufs von anderen Anbauprodukten, wie sie
gelegentlich am Rand von Reisparzellen angebaut werden, oder durch
Gelegenheitsjobs in der Stadt, auch durch den Verkauf eines Teils der
Dünger- oder Samensäcke an Privatleute. Der campesino nimmt somit von
vorneherein eine nur geringere Ernte in Kauf. Aber auch wenn die Ernte
eingebracht wurde, hören die Probleme nicht auf. Bedingt durch die
Gleichzeitigkeit der Reis-Aussaat in der gesamten Region, ist auch die
Ernte auf wenige Wochen konzentriert. Dies hat zur Folge, daß die

Lastwagen mit der Ernte vor den Silos Schlange stehen. Zwar ist die Silokapazität im allgemeinen ausreichend, aber die Kapazität der Trocknungsanlagen ist nur gering, wodurch die langen Wartezeiten entstehen. Und die Reisqualität verschlechtert sich bereits auf den Lastwagen. Der Preis, den der campesino für den Reis erhält, richtet sich jedoch nach Gewicht und Qualität. Die Qualitätsminderung vor der Waage und vor der Qualitätsprüfung im Labor geht also voll zu Lasten des campesino.

Der Ernteertrag reicht häufig gerade nur zur Kreditrückzahlung aus. Daher ist die Zahl derer nicht gering, die den Reis vor der vollständigen Reife ernten, um ihm einen höheren Wassergehalt und somit ein höheres Gewicht zu geben. Oft sind auch die Erntemaschinen derart manipuliert, daß sie nicht sauber ernten, um ebenfalls eine größere Erntemenge zu erzielen. Die daraus entstehende Qualitätsminderung wird dann durch entsprechende Beziehungen zu den Labors kompensiert! Eine weitere Verschlechterung der Reisqualität tritt in den Silos durch häufig unzureichende Trocknung ein, so daß der Reis, auch wenn er z.Zt. der Einlagerung die Qualitätsklasse I hat, langsam vergammelt und später nur noch für Futterzwecke zu verwenden ist. Aus all den genannten Faktoren resultiert, daß der campesino kaum einen Gewinn aus seiner Ernte erzielt und damit auf Nebenbeschäftigungen angewiesen ist, um den Lebensunterhalt seiner Familie zu finanzieren. Auch zeigt sich, daß zwar genügend Flächen mit Reis bestellt werden, der Bedarf der Bevölkerung dennoch nur schwer oder nicht hinreichend gedeckt werden kann.

Im Gegensatz zum asentamiento Caño Hondo mit uniones de prestatarios weist der asentamiento Mapurite drei empresas campesinas auf. Eine davon besteht seit 1975 für Reis. Sie zählt 33 Mitglieder und verfügt über eine Fläche von 750 ha. Durch Rückgang der Kredite konnte jedoch nur in den ersten Jahren die gesamte Fläche bewirtschaftet werden. Heute reichen die Kredite nur noch für die Nutzung von 250 ha. Von der restlichen Fläche kann sich jedes Mitglied soviel nehmen, wie es glaubt, in Form eines conuco bewirtschaften zu können. Die Größe der conucos schwankt zwischen 1/2 und 4 ha. Angebaut werden vor allem Mais, Yuca, Bananen, Quinchoncho und Schwarze Bohnen. Die Haupteinnahmequelle stellt heute nicht mehr der Reisanbau dar, sondern der Verkauf von Erträgen des conuco. Dieser Wandel wurde durch die Verringerung des Kredits ausgelöst. Die Schuld darf man jedoch nicht nur bei ICAP suchen, sondern man muß auch bedenken, daß es die empresa-Mitglieder versäumt hatten, Mittel aus den Ernteeinnahmen der vorangegangenen Jahre wieder zu investieren.

Der Verkauf der conuco-Produkte erfolgt an Privatleute, durch Strassenverkauf oder durch Verkauf an Händler, die z.B. aus San Carlos nach Mapurite kommen, um die Waren abzuholen. Vielen campesinos ist es allein aufgrund des conuco-Ertrages möglich ihre Familie zu ernähren. Der conuco wird ohne Kredite betrieben, der campesino verfügt selbst über die Erträge, und daher engagiert er sich weitaus mehr für seinen conuco mit den traditionellen Anbauprodukten als für den gemeinschaftlichen Reisanbau.

Die beiden geschilderten Beispiele von Agrarreformsiedlungen zeigen Probleme auf, welche die Wirtschaftlichkeit der Landwirtschaft unter Agrarreformbedingungen in Frage stellen. Und man muß sich fragen, ob nicht für den kleinen campesino der Anbau traditioneller Produkte unter größerer Eigenverantwortlichkeit effektiver wäre, wie es der Fall der conuco-Bewirtschaftung von Mapurite zeigt.

6.8 DIE COLONIA AGRICOLA LA MORENA

Ein Beitrag von Thomas Ade

Als am Morgen des 25. Februar 1950 die "Portugal" aus dem Hafen von Valencia in Spanien mit Ziel La Guaira/Venezuela auslief, befand sich an Bord auch eine Gruppe von ca. 300 Personen aus der Umgebung von Madrid und Valencia sowie dem Baskenland. Zumeist aus ärmlichen kleinbäuerlichen Verhältnissen stammend und ohne sichere Existenzgrundlage, hatten sich diese 75 Familien dazu verpflichtet, für zwei Jahre nach Venezuela überzusiedeln und dort in der Landwirtschaft tätig zu werden.

Die Schilderungen der Werber, die ihre Dörfer besucht hatten, hatten in ihren Ohren wie die Versprechungen eines Paradieses geklungen. Einzelne Paare hatten daraufhin noch eilendst geheiratet, um alle Voraussetzungen für einen Vertragsabschluß zu erfüllen. Unverheiratete Paare oder Einzelpersonen wurden nicht berücksichtigt. Die Verträge sahen vor, daß der venezolanische Staat die Überfahrt der neuen Siedler sowie die Kosten einer maschinellen Bodenbearbeitung im ersten Jahr übernehmen sollte. Außerdem war zugesagt, die Einwanderer auf Zeit in fertig erschlossenen Kolonien mit festen Wohnhäusern anzusiedeln. Aufgabe der Siedler sollte es danach sein, einerseits zur Steigerung der landwirtschaftlichen Produktion des Landes und der Besiedlung bislang ungenutzter Teilräume beizutragen und andererseits damit gewisse innovative Prozesse in der Landwirtschaft in Gang zu setzen. Im Gepäck der Siedler befanden sich, neben den persönlichen Habseligkeiten, nur wenige einfache landwirtschaftliche Gerätschaften, wie z.B. Hacken und Spaten.

Nach kurzer Zwischenstation in La Guaira traf die Siedlergruppe Anfang April 1950 in Puerto Cabello ein, wo sie nach Abwicklung der Einreiseformalitäten geteilt und verschiedenen Kolonien zugewiesen wurde. Die baskischen Familien sollten fortan in Chirgua leben und arbeiten, der Rest, mit Ausnahme von 19 Familien, wurde Bárbula, Guayabo - San Felipe und Turén zugewiesen. Die verbleibenden 19 Familien waren zur Gründung von "Colonia agricola La Morena" im Estado Cojedes ausersehen.

Dort, wo der Rio Tirgua - oder auch Rio San Carlos - eindgültig aus dem Hügelland der Filas hinaustritt auf die Ebenen der höheren Llanos occidentales, waren in der sich öffnenden Talschaft ca. 250 ha Land für die Kolonie La Morena vorgesehen worden. Damit lag sie in unmittelbarer Nachbarschaft der Estado-Hauptstadt San Carlos, nur ca. 2 km nordwestlich von deren Plaza, in einer Meereshöhe von etwa 150 m.

Den Schilderungen des letzten Vertreters dieser 19 Siedlerfamilien zufolge, unterschied sich die am 12. Juni 1950 angetroffene Situation offenbar völlig von dem, was den Leuten in Spanien versprochen worden war. Es gab weder die versprochenen festen Häuser, noch war eine landwirtschaftliche Nutzfläche zu erkennen. Allenfalls gab es in dem ansonsten bewaldeten Gebiet der Kolonie einzelne kleine Rodungsinseln in Form von conucos. Unter diesen Verhältnissen war an eine landwirtschaftliche Nutzung vorerst nicht zu denken. Ohne finanzielle Mittel, noch dazu vertraglich gebunden, blieb den Leuten schließlich nur die Flucht nach vorne. Von den staatlichen Organen enttäuscht, ging man daran, in Eigenarbeit mit dem zur Verfügung gestellten Werkzeug Flächen zu roden, auf denen dann zunächst traditionelle Produkte zur Selbstversorgung angebaut wurden. Schon bald war man jedoch so weit, daß man erwirtschaftete Überschüsse, vor allem an Mais, im nahen San Carlos verkaufen konnte.

Erst nach etwa einem Jahr wurden schließlich doch noch die versprochenen Siedlerhäuschen errichtet, kleine eingeschossige Steinbauten von ca. 20 - 25 m² Wohnfläche, in lockerer Abfolge aneinandergereiht entlang dem die Kolonie erschließenden Weg, der Carretera de Penetración.

Für die weitere Entwicklung der Kolonie erwies sich die Nähe zu San Carlos als sehr günstig. Vor allem bei den dort in größerer Zahl ansässigen Italienern, die überwiegend im Bauhandwerk tätig waren, bestand ein gewisser Bedarf an Gemüsen, wie Tomaten, Auberginen und Paprika, aber auch an Melonen und anderen Obstarten. Diese Nachfrage machten sich die Siedler zunutze und gründeten darauf die weitere Entwicklung der Kolonie.

Mit der durch neue Rodungen stetig zunehmenden Größe der zur Verfügung stehenden landwirtschaftlichen Nutzfläche ergab sich schon im zweiten Jahr die Möglichkeit, den Anbau zu diversifizieren. Neben den erwähnten Produkten, die fast ausschließlich für den beschränkten lokalen Markt bestimmt waren und in völliger Eigenverantwortung von den Siedlern auf relativ bescheidenen Flächen angebaut wurden, traten zunächst hauptsächlich Mais und auch Erdnüsse. Finanziert wurden diese Produkte über staatliche Agrarkredite, die Maschinenarbeiten übernahmen Vertragspartner.

Trotz der anfangs erlittenen großen Enttäuschungen kehrten nach Ablauf der Vertragsdauer von zwei Jahren nur zwei der 19 Familien nach Spanien zurück. In beiden Fällen waren gesundheitliche Gründe (Tuberkulose) dafür ausschlaggebend. Die übrigen wollten jetzt, da die Kolonie aus überwiegend eigener Kraft aufgebaut war, nicht abreisen und die Früchte ihrer Arbeit anderen überlassen.

Ab dem Jahr 1953 begann sich dann der Anbau von Tabak neben der Produktion von Tomaten und vor allem auch Citrusfrüchten als dritter Schwerpunkt innerhalb der Kolonie zu entwickeln. Da sich für Flächen, auf denen Tabak angebaut wird, der Einsatz von Herbiziden verbietet, blieb nahezu die ganze Kolonie in der Folgezeit von dem ansonsten für diese Zone typischen Anbau von Mais und Reis in der Regenzeit ausgespart. Auch die Finanzierung des sehr empfindlichen, arbeitsintensiven, aber auch einträglichen Tabakanbaus lief zunächst noch über die staatlichen Agrarkredite.

Häufige Unregelmäßigkeiten in Fragen der Kreditgewährung und -auszahlung, aber auch bei den Abrechnungen, führten dazu, daß sich die Siedler schon sehr bald um die Zusammenarbeit mit regulären Banken bemühten, die sich als wesentlich verlässigere Partner erwiesen. Da das Zusammengehörigkeitsgefühl und der Zusammenhalt innerhalb der wenigen Familien sehr groß war, wurden über solche Kredite in zunehmendem Maße auch Maschinen angeschafft und ein regelrechter Maschinenring gebildet. Die gesamte Entwicklung der Kolonie vollzog sich in der Folgezeit weitgehend in Eigenregie und basierend auf Eigeninitiativen der Siedler, die es vor allem durch den Tabakanbau und ihren Fleiß zu relativem Wohlstand brachten.

Nach dem Abschluß der eigentlichen Aufbauarbeiten innerhalb der Kolonie und einer gewissen Konsolidierungsphase begannen sich - den Auskünften zufolge - in den 60er Jahren die Interessen der Siedler in zunehmendem Maße über die eigene Kolonie hinaus zu erstrecken. Auf verschiedenen Parzellen wurden die einfacheren Arbeiten inzwischen von Tagelöhnern erledigt, so daß den betreffenden Siedlern genügend Zeit blieb, sich außerdem noch im Handel zu betätigen. Nachdem die Kredite für landwirtschaftliche Maschinen großteils zurückbezahlt waren, konnten einige Siedler nun einen Lastwagen erwerben, mit dem sich eigene und auch aufgekaufte landwirtschaftliche Produkte lukrativ auf entfernteren Märkten absetzen ließen.

Hand in Hand mit dieser Entwicklung vollzog sich eine Verlegung von Wohnsitzen, auch anderer Siedler, in die nahe Stadt. Nachdem, aufbauend auf der Landwirtschaft und zum Teil dem Handel, ein gewisser Lebensstandard gesichert war, konnte man es sich nun leisten, von der eigenen Parzelle in der einsamen Kolonie weg in die Stadt zu ziehen.

Damit war bereits der Beginn einer Umwälzung innerhalb der Kolonie fest vorgegeben. Schon nach wenigen Jahren zog sich ein Teil der zum Handel übergegangenen Siedler ganz aus der Landwirtschaft zurück und außerdem entschlossen sich zu Beginn der 70er Jahre, also nach etwa 20 Jahren Aufenthalt in Venezuela, mehrere Siedler dazu, ganz nach Spanien zurückzukehren. Entsprechend den Bestimmungen im Agrarreformgesetz fielen die freiwerdenden Parzellen damit zurück an die Agrarreformbehörde, die für die durchgeführten Investitionen eine Ablösung bezahlte und die Parzellen nachrückenden venezolanischen Familien zuwies. Den Auskünften zufolge verhinderten mangelnde Vertrautheit mit den diversen Marktprodukten und mit einer selbständig betriebenen Landwirtschaft sowie ungenügende Betreuung und Beratung seitens der Agrarreformbehörde, aber auch die Abhängigkeit von staatlichen Agrarkrediten und Vertragspartnern für Maschinenarbeiten ein Fußfassen dieser einheimischen Siedler innerhalb der Kolonie. Ernteverluste, rasche Verschuldung und Abwanderung bildeten eine immer wiederkehrende logische Kette und führten zu einem schnellen Wechsel der Siedlerfamilien auf den freigewordenen Parzellen.

Infolge dieser jüngeren Entwicklungen bot die Kolonie im Herbst 1983 ein recht armseliges Bild. Nachdem San Carlos inzwischen mit seiner geschlossenen Bebauung bis auf ca. 500 m an die Kolonie herangewachsen ist, sind die östlichen Teile von La Morena entlang der Hauptstraße nach Palmero heute von Straßenrandbesiedlungen geprägt. Nur an der

einheitlichen Bauweise der ehemals zur Kolonie gehörenden Häuser ist
zu erkennen, wo sich hier Siedlerstellen befanden. Inzwischen sind
diese Siedlerhäuser, längst von irgendwelchen Zuwanderern besetzt,
vollständig in die junge Straßenrandsiedlung eingegliedert und die zugehörigen Parzellen völlig von Gestrüpp überwuchert. Von der Hauptstraße her wird niemand erahnen, daß sich unmittelbar angrenzend eine
landwirtschaftliche Kolonie erstreckt.

Zweigt man von der Hauptstraße nach Nordwesten ab und fährt auf der
carretera de penetración, also der Erschließungsstraße, so bietet sich
ein ähnlich befremdendes Bild. Vom einstigen relativen Wohlstand dieser Kolonie hat sich nichts bis in die heutige Zeit erhalten. Die Parzellen sind zum überwiegenden Teil ebenso von Buschwerk überwuchert
wie an der Hauptstraße, die Siedlerhäuser dreckig, in trostlosem Zustand, z.T. unbewohnt. Von den insgesamt 19 Parzellen unterschiedlicher Größe zwischen 4 und 30 ha werden gegenwärtig nur vier angemessen genutzt. Zwei davon gehören dem letzten Vertreter der spanischen
Siedler und dessen Sohn, die in einem stattlichen Haus in San Carlos
leben und neben landwirtschaftlichen Maschinen auch Lastwagen besitzen. Sie haben jeweils etwa die Hälfte ihrer Parzellen mit Citruskulturen bestellt, auf der restlichen Fläche bauen sie in der Trockenzeit
Tabak und etwas Tomaten an. Die beiden anderen Parzellen gehören einer
weiteren spanischen und einer venezolanischen Familie. Beide Familien
sind erst vor 2 bzw. 3 Jahren aus Valencia zugewandert. Beide haben
sich nach beruflichen Tätigkeiten in irgendwelchen Behörden auf eine
Parzelle zurückgezogen, wo sie nun in eigener Regie und über die staatlichen Kredite hinaus auch mit etwas eigenem Kapital selbständig wirtschaften. Beide Familien leben auf ihren Parzellen und haben Citrus-
bzw. Bananenpflanzungen angelegt, die allerdings erst teilweise produktiv sind. In einem Fall wurde das Haus schon sehr ansprechend hergerichtet und ausgebaut.

Auf fünf weiteren Parzellen ist wenigstens noch etwas Selbstversorgeranbau oder auch extensivste Viehwirtschaft zu erkennen, doch sind die
Parzellen vorwiegend von Gestrüpp überwuchert. Die Besitzer dieser Parzellen leben in den alten Siedlerhäusern auf den jeweiligen Parzellen.
Nur einer besitzt einen Traktor, der aber nicht einsatzbereit ist, da
Ersatzteile fehlen. Alle Siedler wirtschaften völlig ohne Kredite und
erhalten keinerlei Beratung oder Betreuung seitens der Behörden, die
ihre Aktivitäten ganz auf die in organizaciones economicas campesinas
zusammengefaßten parceleros der weiter südlich gelegenen asentamientos
in den sog. "proyectos integrales de la reforma agraria" beschränken.

Da zu keiner Zeit die Bildung von organizaciones economicas campesinas in La Morena angeregt wurde, ist das mangelnde Interesse der Agrarreformbehörde an dieser Kolonie offensichtlich. Angesichts dieser Umstände dürfte es nur eine Frage der Zeit sein, bis auch die letzten Familien die Kolonie wieder verlassen, um in einem anderen asentamiento mit Kreditmöglichkeiten eine Parzelle zu beantragen oder in die Stadt zu ziehen.

Interessant ist die auch in verschiedenen anderen Agrarreformsiedlungen zu beobachtende Entwicklung, daß in jüngerer Zeit zunehmend Städter Interesse an der Landwirtschaft finden und z.T. sogar in ländlichen Siedlungen ansässig werden. Neben den zwei erwähnten Familien aus Valencia haben in La Morena vor etwa ein oder zwei Jahren auch zwei Ärzte jeweils eine Parzelle erworben. Obwohl sie diese Parzellen bislang hauptsächlich dazu nutzen, mehrmals im Jahr parillas, d.h. Grillfeste zu veranstalten, besteht auch bei ihnen die Absicht, über Tagelöhner Citrusfrüchte, Tomaten etc. anzubauen. Anhand dieser Entwicklungen wird deutlich, wie sehr auch nach fast 25 Jahren Agrarreform die mangelnde Betreuung und Schulung der parceleros noch eines der elementaren Probleme dieser Unternehmung darstellt.

Als recht bezeichnend für die "Wirkung" behördlicher Maßnahmen kann die Beobachtung zur Zeit des Besuches im Herbst 1983 gelten, daß die schon vier Monate andauernden Baumaßnahmen an der carretera de penetración den letzen bestehenden Betrieben große Nachteile bescherten. Seit dieser Zeit behinderte Grabenaushub am Straßenrand den Abfluß des Niederschlagswassers. Dadurch war während der gesamten Regenzeit ein Befahren der Straße unmöglich. Selbst für Traktoren war kein Durchkommen, so daß nahezu die gesamte Ernte der Citruskulturen auf den Parzellen verkommen mußte.

7 ABSCHLIESSENDE BEMERKUNGEN ALS ERSATZ FÜR EINE BILANZ UNSERER AUSFÜHRUNGEN

Nachdem sich alle Wege, die man zum Verstehen des Funktionierens von Agrarreformmaßnahmen oder zum Begreifen von Erfolgen und Mißerfolgen der Förderung der landwirtschaftlichen Produktion in Venezuela begehen müßte, irgendwo in einem Dschungel von sich überlagernden Zuständigkeiten verlieren, kann die Zusammenfassung am Ende unserer Ausführungen kein ausgewogenes Bild vom derzeitigen Stand der Agrarreform in Venezuela vermitteln, das sich mit konkret formulierten Zielen vergleichen ließe.

Unsere Untersuchungen wurden dadurch erschwert, daß das zugängliche amtliche Material immer wieder in andersartigen Zusammenstellungen aufbereitet ist und somit Vergleiche nicht für alle wünschenswerten Gebiete möglich sind. Manche Daten werden erst mit jahrelanger Verspätung publiziert; die Einschätzung der gegenwärtigen Situation kann daher auch Mängel und ungeahnte Lücken aufweisen.

Es brachten aber die Feldstudien sehr gute Einblicke in Alltagsprobleme von Agrarreformsiedlungen. Sie bilden daher eine wichtige Ergänzung zu den aus amtlichen Berichten, Statistiken und Pressenachrichten gewinnbaren größeren Überblicken und zu den aus Gesetzen und Verordnungen ableitbaren Rahmenbedingungen. Vor allem zeigen die Einzelbeispiele, wie unterschiedlich die regional und zeitlich verschiedenartigen Prozeßabläufe zu bewerten sind.

Unsere Ausführungen begannen mit kurzen Informationen über die Phasen früher Kolonie-Gründungen. Damals stand eine Ansiedlung bäuerlicher Familien in den klimatisch "gemäßigten" Höhenregionen der Gebirge zur wirtschaftlichen Inwertsetzung weitgehend ungenutzter Räume für die Versorgung der Städte mit Nahrungsmitteln und vor allem für die Erzeugung von "Kolonialprodukten" für den Handel im Vordergrund. Den meisten Plansiedlungen des 19. und der ersten Jahrzehnte des 20. Jahrhunderts war allerdings kein dauerhafter Erfolg beschieden.

In den 30er, 40er und 50er Jahren spielte bei den weiteren Gründungen von colonias das Ziel einer Erhöhung der Inlandproduktion an Grundnahrungsmitteln und an pflanzlichen Rohstoffen für die agrare Verarbeitungsindustrie eine zunehmende Rolle. Der steigende Lebensstandard, neue Ansprüche einer rasch zunehmenden großstädtischen Bevölkerung, eine unzureichende Agrarproduktion und wachsende Lebensmittelimporte förderten die Pläne für die Anlage neuer, großflächiger Siedlungskolonien. Der etappenweise Bau von Straßen ins Binnenland, die Bekämpfung der Malaria in den feuchtheißen Tieflandgebieten sowie Ansätze zur Ausweitung der Industrie ließen große Investitionen für einige Tausend Hektar umfassende Rodungen und für Bewässerungseinrichtungen gerechtfertigt erscheinen. In räumlicher Hinsicht kamen dafür nur große Talschaften sowie die Fußzonen der Gebirge in Frage, wobei die Auswahl des Gebietes natürlich auch vom jeweiligen Stand des Straßenbaus abhängig war.

Bauern aus dem Ausland, aus Spanien, Portugal, Deutschland, Dänemark, England, aus südosteuropäischen Staaten oder von den Kanarischen Inseln, traute man zu, dank Fleiß, Anpassungsfähigkeit und landwirtschaftlichen Kenntnissen größere Parzellen von 20, 40 oder 100 ha so bewirtschaften zu können, daß aus den planmäßigen Siedlungskolonien wesentliche Beiträge teils zur agraren Selbstversorgung des Landes, teils auch als Grundstoffe für eine vielseitige Agroindustrie erwartet werden konnten. Einheimische campesinos - so hoffte man - würden als Nachbarn oder Landarbeiter das erfolgreiche Wirtschaften der angesiedelten Neubürger nachahmen. Durch das Einpflanzen einer Siedlungszelle mit ausgebildeten einheimischen Agronomen - wie im Fall El Cenizo - hoffte man eine ähnliche Wirkung zu erzielen.

Derartige Kolonisationsvorhaben und ihre teilweise Realisierung hätten selbst bei einer tatkräftigeren Unterstützung durch rechtzeigigen Ausbau der nötigen Infrastruktur nur über lange Zeiträume einigen Erfolg gehabt. Aber die Vorstellungen von den Auswirkungen inselhafter Musterkolonien wurden ganz schlicht und einfach verdrängt von Zwängen zum Handeln in anderen Dimensionen, als die ab den 40er Jahren einsetzende und sich in ihren Folgewirkungen rasch verstärkende "Bevölkerungsexplosion" sowie der zunehmende Attraktivitätsgewinn der durch öffentliche Verwaltung, Handel, private Dienstleistungen und etwas Industrieansiedlung wachsenden größeren Städte immer mehr anschwoll. Die rund um die Großstädte wuchernden Barrios waren nur allzu offensichtliches Anzeichen für den stark zugenommenen Bevölkerungsdruck.

Über eine gerechtere Verteilung des landwirtschaftlich nutzbaren Grund und Bodens war zwar schon lange diskutiert worden, die ersten Anläufe für eine Agrarreformgesetzgebung und für Maßnahmen zugunsten der campesinos versackten jedoch im Widerstreit der Interessen. Erst mit dem Gesetz von 1960, bei dessen Zustandekommen wohl der Gedanke mitgespielt hat, daß ohne irgendwelche Opfer eine Revolution heraufbeschworen wird, gelangten die Bestrebungen um eine Verbesserung der Agrarstruktur auf ein breiteres Fundament. Nur war das Unternehmen einer umfassenden Agrarreform in der Realität viel komplizierter, als die Planungsvorstellungen der Anfangszeit mit ihren zeitlich gesteckten Zielen und die großzügig aus steigenden Erdöleinnahmen eingesetzten Gelder glauben machen wollten.

Die anfängliche Enteignung funktionierender haciendas innerhalb der landwirtschaftlich ertragreichen Gebiete der Zentralregion sollte einerseits den Ernst der gesetzlichen Regelungen beweisen, zum anderen war man zunächst der Ansicht, daß produktives hacienda-Land die Garantie für funktionierende Kleinbetriebe zahlreicher campesinos böte. Dies hat sich als Irrtum herausgestellt. Auch war die Entschädigung privaten hacienda-Landes kostspieliger als die Gründung von asentamientos auf Staats- und Gemeindeland. So wurden die Vorlandzonen der Anden und der Küstenkordilleren die Schwerpunkträume für die Ansiedlung von campesinos. Aber darüber hinaus hat man in vielen Teilen des Landes campesinos mit Parzellen bedacht, manchmal in Verbindung mit viel Aufwand für die Landerschließung, manchmal mehr so nebenbei um des politischen Erfolges wegen.

Die altüberkommene conuco-Wirtschaft blieb trotz allen Fortschrittes in vielen Gegenden zwischen dem mechanisierten Feldbau erhalten. Auch die conuqueros konnten die preisgünstigen Kleinsthäuser aus Fertigteilen bekommen, ein paar Überschüsse aus dem sonst vorwiegenden Selbstversorgungsanbau bringen ebenso Bargeld wie die Betätigung als Tagelöhner auf einer finca oder hacienda. Nach ein paar Jahren wird weitergezogen, ganz so wie früher, wobei man die bienechurias, die gerodete Fläche, an einen "Nachfolger" oder an einen Mittelbetrieb in der Nachbarschaft verkauft. Verfallene Häuser aus Betonplatten, auch einmal ein Eintrag in einer Karte "parceliamento" sind die letzten Zeugen aufgelassener "Siedlungen", die früheren Nutzflächen sind ohnehin im Feuchtklimabereich rasch von Gestrüpp, Schlingpflanzen oder aufkommendem Wald überwuchert.

Die conuqueros werden zwar immer weiter in periphere Gebiete verdrängt, aber ein so riesiges Land wie Venezuela läßt sich nicht mit einem dichten Straßennetz überziehen. Folglich bleiben - vorerst - noch reichliche Rückzugsräume. Es bleiben auch genügend Lücken zwischen den asentamientos, und neben diesen hat man den Vorteil eines Straßenanschlusses und Zugang zu den Märkten und zu Versorgungseinrichtungen.

Es gibt auch seßhaft gewordene conuqueros, die es zumindest länger als 5 oder 10 Jahre an einem Platz aushalten, die Kinder zur Schule schikken, aber am traditionellen Anbau ihrer Mischpflanzung mit den nur wenige Quadratmeter großen Anbauflecken von Mais und Bohnen, Yuca und Ocumo, vielleicht von etwas Bananen und anderen Früchten festhalten. Aber der conuquero von heute ist der "Moderne" gegenüber aufgeschlossen. Mancher nutzt die staatlichen Kreditprogramme für Anschaffungen oder zum Hausbau. Zieht er nach ein paar Jahren weiter, so finden sich Möglichkeiten des Wiederverkaufs, notfalls hinterläßt man auch Schulden. In den meisten Agrarreformsiedlungen gibt es eine gewisse Fluktuation unter den Siedlern, ein nicht immer begründbares Weiterwandern irgendwohin. Man bekommt oft gesagt, daß die Nichterfüllung von Versprechungen bezüglich der infrastrukturellen Ausstattung der asentamientos die Hauptursache der Abwanderung ist. Dazu kommen Verzögerungen in der Kreditgewährung und daraus resultierende Mindererträge wegen Verspätungen bei Feldbestellung oder Ernte. Auch lassen sich manchmal trotz aller Absatzgarantien die Ernten nicht im bekannten Nahbereich verkaufen. Hinzu kommen sicher noch viele andere Gründe, die immer wieder zur Aufgabe von Siedlerstellen, u.U. ganzer asentamientos, führen. Am meisten gefährdet sind einerseits neue Kolonisationsgebiete in noch kaum erschlossenen Peripherräumen, weil dort die Betreuung der Siedler in der Tat sehr häufig nicht funktioniert, andererseits aber auch stadtnahe asentamientos, die als Sprungbrett ins städtische Erwerbsleben dienen.

Der in den letzten Jahren verstärkte Trend zu einer von den verschiedenen staatlichen Stellen vorangetriebenen Zunahme der Mechanisierung in der Landwirtschaft gefährdet manche Anfangserfolge der Agrarreform. Die Mechanisierung erfordert größere Betriebseinheiten, die durch die Bildung von Genossenschaftsbetrieben mehr oder minder erzwungen wird, denn über die Möglichkeiten der Kreditgewährung oder Kreditverweigerung können die staatlichen Instanzen sehr massiv einwirken. Ein Großteil der Maschinenarbeit läßt sich nur durch die Vergabe bezahlter Arbeit an Dritte bewältigen. Die Landwirtschaftsberater organisieren, die campesinos haben kaum noch Möglichkeiten zur aktiven Mitwirkung, und am Ende bleibt nur ein unzureichender Restlohn. Ein Nebenerwerb bei einer nahegelegenen hacienda oder in der nächsten Stadt ist vielerorts zur bitteren Notwendigkeit geworden.

Die steigende Produktion für die einheimische Nahrungs- und Futtermittelindustrie, die natürlich auch zur Einsparung von Devisen verhelfen soll, fördert zugleich auch den Trend zu einer örtlich einseitigeren, fast schon monokulturartigen Produktionsweise. Die Anbauschwerpunkte für Reis, Hirse, Kartoffeln, Tomaten sowie Erdnuß sind mit staatlicher Förderung verstärkt worden. Davon profitieren aber vor allem landwirtschaftliche Groß- und Mittelbetriebe, zumal sie flexibler reagieren können, auch an Abnehmer in größeren Entfernungen liefern, während der kleine campesino im verzwickten Organisationsnetz einer schwerfälligen Verwaltung festhängt. Solange gut ausgestattete Großbetriebe und umständlich organisierte Genossenschaftsbetriebe sowie Kleinbetriebe bei der Produktion der gleichen Güter wetteifern, wird der campesino gegenüber der Konkurrenz nicht mithalten können, weder alleine noch unter staatlicher Betreuung.

Je mehr Agrarreformsiedlungen, die aus weitgehend selbständigen Parzellenwirtschaften bestehen, in größere Genossenschaftsbetriebe eingegliedert und auf mechanisierten Feldbau umgetrimmt werden, desto mehr verschwinden Waldreste, Gebüschzeilen und Schattenbäume oder werden zeitweise nicht genutzte Flächen der Landwechselwirtschaft der Schaffung von Großparzellen zum Opfer gebracht. Zwar ist die Untersuchung von Böden heute keine ungekannte Methode mehr, aber ob die begrenzte Aufnahmefähigkeit an Kunstdünger-Nährstoffen aufgrund der geringen Kationenaustauschkapazität vieler tropischer Böden in hinreichendem Maße einkalkuliert worden ist, muß in Anbetracht der erkennbaren regionalen Entwicklungstrends bezweifelt werden. Großflächiges Dauerackerland wird auch dort angelegt, wo zumindest erhebliche Skepsis angebracht ist.

Gefahren drohen der Landwirtschaft in einigen Gebieten durch eine immerhin mögliche Überbeanspruchung der Grundwasservorkommen. Die häufigen Engpässe bei der Versorgung von Caracas mit Trinkwasser haben in der größten städtischen Agglomeration die Bedeutung des Minimumfaktors Wasser jedermann vor Augen geführt. In jenen Agrargebieten, in denen eine starke Instabilität der jährlichen Niederschlagstätigkeit besteht, sind in jüngster Zeit vor allem dank privater Initiativen kleine Bewässerungsareale geschaffen worden, die an Grundwasservorkommen anknüpfen. Ob und wie lange das gut geht, läßt sich im Augenblick nur als Frage aufwerfen.

Je mehr die moderne Technik in der Landwirtschaft Eingang findet, desto mehr geraten die ursprünglichen Ziele der agrarsozialen Seite der Agrarreform in Vergessenheit, wird zunehmend der Sektor der landwirtschaftlichen Kleinbetriebe und die Lebenswelt des campesino außer Acht gelassen. Dabei wäre nach wie vor die Erarbeitung von Entwicklungsstrategien für den kleinbäuerlichen Sektor wichtig, um auf verschiedenen Wegen Hilfe zur Selbsthilfe anzubieten. Nur setzt dies auf der einen Seite mehr Partizipation der Betroffenen voraus, zum anderen ein verstärktes Bemühen, die schon oft verkündete integrierte ländliche Entwicklungspolitik nicht im Kompetenzenwirrwarr zu vieler Behörden versacken zu lassen. Die übergroße Bandbreite staatlicher Einflüsse hat sich schon bei der Entwicklung der Industrie als hemmend erwiesen. Je mehr aber staatliche Institutionen für fast alles zuständig sind, desto häufiger findet sich eine Erwartenshaltung der Bürger, daß sich der Staat um alles zu kümmern habe und private Insitiativen ohnehin zwecklos und überflüssig sind. Hilfreich wäre es für eine Ankurbelung der Eigeninitiativen der campesinos, wenn man zu ergründen suchte, unter welchen Voraussetzungen tatsächlich zahlreiche Agrarreformsiedlungen über Jahre hin gut funktioniert haben. Mit weniger Bürokratie, dafür mehr Kontinuität bei allen reformerischen Maßnahmen könnte man erhebliche Verbesserungen erzielen. Auch wird man der Agrarbesitzreform mehr Beachtung schenken müssen, dann ließen sich wahrscheinlich riskante Spekulationen mit viel zu entlegenen Neulanderschließungen vermeiden.

Venezuela hatte zuletzt in den Jahren 1973 - 1977 eine wirtschaftliche Aufschwungphase erlebt. Inzwischen ist die Finanzlage des Staates sehr viel ungünstiger geworden. Vielleicht trägt dies dazu bei, wieder mehr zu den Kernaufgaben der Agrarreform zurückzufinden und zu einer gewissen Konsolidierung auf dem Gebiet der Landwirtschaft zu gelangen.

RESUMEN

La intención del presente estudio es analizar e interpretar bajo aspectos geográficos el cambio en las metas y los diversos éxitos logrados en la fundación de colonias agrícolas y en la ejecución de medidas de reforma agraria, así como también el fomento prestado al sector agrícola, hasta cerca del año de 1980.

El trabajo comienza con informaciones breves sobre las fases referentes a la fundación temprana de colonias. En ese entonces ocupó un primer plano el asentamiento de familias campesinas procedentes de Europa en las zonas altas de clima templado de la región montañosa. Con esto se quería lograr el aprovechamiento económico de espacios no utilizados para abastecer así las ciudades con alimentos y sobre todo para producir "bienes coloniales" destinados al comercio. La mayor parte de los asentamientos planificados en el siglo 19 y los primeros decenios del siglo 20 no tuvieron un éxito duradero.

En la fundación consiguiente de colonias en los años 30, 40, y 50 desempeñó un papel importante la meta de aumentar la producción interna del país con alimentos básicos y con materia prima vegetal para la industria de transformación agrícola. Las exigencias cada vez mayores de una población en rápido aumento en las grandes ciudades, como la creciente importación de alimentos, aceleraron los planes para fundar colonias de gran extensión. La construcción de vías hacia el interior realizada en etapas, así como la lucha contra la malaria en las regiones bajas húmedas y cálidas y la creciente industrialización, hicieron aparecer como justificables grandes inversiones para rozar así algunos miles de hectáreas y para instalar sistemas de riego. Desde un punto de vista espacial solo entrarían en consideración, grandes valles y el piedemonte. La selección de las regiones dependió naturalmente también, del estado de construcción de las vías.

El establecimiento de las grandes colonias agrícolas habría tenido también un éxito limitado aunque se hubiera contado con un mayor apoyo por parte de las autoridades y con la instalación de la infraestructura. La "explosión demográfica" con sus múltiples consecuencias y que comienza en los años 40, obligó a tomar medidas mas efectivas. Los primeros intentos para esbozar una ley de reforma agraria, fracasaron por contradicción de intereses. En 1960 se dá por fin comienzo a la reforma agraria. Sinembargo se demostró que la abarcadora empresa de una reforma agraria es mucho mas difícil de realizar en la práctica que sobre el papel.

En un comienzo se expropiaron diversas haciendas las zonas mas productivas de la Región económica Central, y fueron repartidas a los campesinos. Con esto se quería demostrar por una parte la seriedad en cuanto a las reglamentaciones legales y por el otro lado existía la opinión de que la tierra productiva de las haciendas era de por sí una garantía para el funcionamiento de pequeñas unidades de explotación agropecuarias. Pero como se vió mas tarde esto fué una equivocación. También se repartieron títulos de propiedad a infinidad de pequeños campesinos y conuqueros en todas las regiones del país, sin cambiar en nada la estructura de estas regiones agrarias. Tan solo se trató de lograr el efecto político deseado.

Las fases consiguientes de la reforma agraria trajeron muchos éxitos buenos. El establecimiento de asentamientos en baldios y ejidos mostró ser mas económico que la indemnización de la tierra privada de las haciendas. Así el piedemonte de los Andes y la Cordillera de la Costa constituyeron los puntos espaciales claves para el asentamiento de campesinos. Se logró asentar en pocos años algunos miles de familias en asentamientos o en centros poblados. Al lado del poblamiento disperso tradicional, es importante la concentración de la población rural en pueblos, porque solo así, se puede lograr la infraestructura necesaria con vías, electricidad, aprovisionamiento de agua, escuelas, atención médica, capacitación campesina, como también lograr condiciones propicias para el mercadeo. Por regla general se repartieron a los campesinos parcelas individuales; al lado de estas, se instalaron empresas campesinas como unidades de explotación agropecuarias cooperativas. Un tipo de cooperativas de tiempo limitado, esta dado por las uniones de prestatarios, organización que facilita el acceso al crédito agrario.

La responsabilidad para ejecutar las diferentes medidas de reforma agraria, está repartida entre varias entidades oficiales. Diversos inconvenientes que se presentan en los asentamientos, tienen su base exclusivamente en el hecho de que la cooperación entre las muchas instituciones no funciona, pues estas cuentan de por sí, con labores administrativas muy recargadas. Ya ha pasado con frecuencia que los campesinos pierden la paciencia y abandonan las parcelas o los asentamientos.

En los últimos años se han creado muchas empresas campesinas. Estas se encuentran fuertemente influenciadas por el Instituto Agrario Nacional IAN. Este determina la escogencia de los productos y contrata empresarios privados para los trabajos con maquinaria. A los campesinos les queda poco trabajo y un salario muy bajo, así que tienen que buscar trabajo adicional en alguna hacienda o en la ciudad mas cercana.

Naturalmente es correcto, que todos los ramos de la agricultura y todos los tipos y tamaños de unidades de explotación agrícola deben fomentarse por medio de medidas para mejorar la estructura agraria. Pero se considera muy poco que las pequeñas unidades de explotación campesinas como también las cooperativas, no pueden competir con explotaciones medianas y grandes que cuentan con un gran capital y están bien dirigidas, si todas ellas cultivan los mismos productos.

En los últimos años las metas agro-sociales de la reforma agraria han pasado cada vez mas a un segundo plano. Sinembargo es urgente y necesario brindarles a los campesinos una ayuda para lograr una autoayuda, por medio de asesoría individual, reducción de la burocracia y antetodo concentrando las responsabilidades en algunas pocas entidades oficiales regionales.

En cuanto a organización y desarrollo de la reforma agraria en Venezuela, se presentan diversos ejemplos de asentamientos de reforma agraria. Estos muestran claramente que sería indispensable el lograr una mayor continuidad en alcansar las metas propuestas por la reforma agraria, como también lo necesario de una organización mas rigurosa. Antetodo sería deseable una mayor disposición para hacer frente a situaciones específicas a nivel regional y local.

LITERATURVERZEICHNIS

Angulo Cartay, R.: Algunas consideraciones sobre uniones de prestatarios y crédito dirigido. In: Organización Campesina y Reforma Agraria, CIARA, Caracas, Vol.1, 1974, S.340-366

Araujo, Orlando: Venezuela. Die Gewalt als Voraussetzung der Freiheit. Frankfurt, 1971

Aspectos de la Reforma Agraria en Venezuela. In: Agricultura 4 años, Caracas, 1978, S.1-51

Banco Central de Venezuela: La economía venezolana en los últimos treinta y cinco años. Caracas, 1978

Barraclough, Solón u. J. Schatan: Política tecnología y desarrollo agrícola. In: Cuadernos de la Realidad Nacional No.5, CEREN, Universidad Católica de Chile, Santiago, 1970

Barraclough, Solón: Agricultural Production Prospects. In: Latin America World Development, Vol.5, 1977, No.5-7, S.459-476

Bayerer, Gertrud: Die Agrarreform in Venezuela. In: Agrarreformen in Entwicklungsländern. Wissenschaftl. Beiträge zur Außen- und Entwicklungspolitik. Bonn, 1964, S.13-35

Borcherdt, Christoph: Die neuere Verkehrserschließung in Venezuela und ihre Auswirkungen in der Kulturlandschaft. In: Die Erde 99, 1968, S.42-76

Borcherdt, Christoph: Städtewachstum und Agrarreform in Venezuela. In: Deutscher Geographentag Bad Godesberg 1967, Tagungsber. u. Wiss. Abh., Wiesbaden, 1969, S.187-198

Borcherdt, Christoph: Kulturgeographische Veränderungen in Venezuela 1964-1970. In: Stuttgarter Geogr. Stud. 85, 1973, S.245-270

Bourns, Charles T.: El proyecto de riego de "El Cenizo" (primera etapa). Vervielfältigtes Manuskript, Caracas, 1953

Brachfeld, Oliver: Bildung ländlicher Siedlungen (Turén). In: Landerschließung und Kolonisation in Lateinamerika, hrsg. v. Johannes Schauff, Berlin, 1959, S.164-169

Brito Figueroa, Federico: Historia económica y social de Venezuela. Universidad Central de Venezuela, Vol.1, Caracas, 1975

Carrol, Thomas F.: El problema de la reforma agraria en América Latina I. In: Revista de Economía Política 65, Madrid, 1973, S.298-347

Cendes: Problemas del desarrollo agrícola venezolano, conclusiones y proposiciones. Caracas, 1977

Codazzi, Agustin: Obras Escogidas. Biblioteca Venezolana de Cultura, Vol.1. Caracas 1960

Cordiplan: VI Plan de la Nación 1981-85

Corporación Venezolana de Fomento, CVF: Comunidades agrarias. In: Memoria y Cuenta del Ejercicio 1947. Caracas, 1947, S.94-240

Corporación Venezolana de Fomento, CVF: Colonia Agrícola "El Cenizo".
In: Cuadernos de Información Económica II, No.5, Caracas, 1950,
S.73-80

Cotten, Pinto G.: La reforma agraria venezolana, algunos aspectos
del proceso. In: Cuadernos de la Sociedad Venezolana de Planificación No.58-59, 1968, S.1-73

Cuadernos de la Sociedad Venezolana de Planificación: Que hacer con
la agricultura venezolana? 135/137, Caracas, 1976, S.171-210

Daum, Mary: Land amalgamation in government colonies in the Aroa
Valley and Barinas piedmont regions of Venezuela. The University
of Wisconsin, Phd., Social Geography, 1977

Di Natale, Remo: Dotación. Centro Agrario. Empresa Agraria. In: Organización Campesina y Reforma Agraria, CIARA, Vol.1., Caracas, 1974,
S.191-240

Duque Corredor, Román J.: Naturaleza jurídica del centro agrario. In:
Organización Campesina y Reforma Agraria, CIARA, Vol.1., Caracas,
1974, S.279-299

Eden, M.J.: Irrigation systems and the development of peasant Agriculture in Venezuela. In: Tijdschrift voor Economische en Sociale
Geographie 15, 1974, S.48-54

Eidt, Robert C.: Agrarian Reform and the Growth of New Rural Settlements in Venezuela. In: Erdkunde 29, 1975, S.118-133

Elsenhans, Hans (Hrsg.): Agrarreform in der Dritten Welt. Frankfurt/M.
1979

Esteves, Julio u.a.: El desarrollo reciente de la agricultura en Venezuela. In: Revista Interamericana de Planificación 11, 41, Mexiko,
1977, S.13-50

Feder, Ernest: Agrarstruktur und Unterentwicklung in Lateinamerika.
Frankfurt, 1973

Fernandez y Fernandez, Ramón: Reforma agraria en Venezuela. Caracas,
1948

Fundación para el Desarrollo de la Región Centro Occidental de Venezuela, FUDECO: Manual para la determinación del tamaño mínimo de la
parcela en función de la reforma agraria. Barquisimeto, 1970

Fundación para la Capacitación e Investigación Aplicada de la Reforma
Agraria, CIARA: Organización campesina y reforma agraria. 2 Bde.,
Caracas, 1974

Gormsen, Erdmann: Bevölkerungsentwicklung und Wirtschaftsstruktur in
Venezuela. In: Geographisches Taschenbuch 1975/76, S.171-193

Guevara Benzo, J.: La nueva estructura agraria. In: Organización campesina y Reforma Agraria, CIARA Vol.1, Caracas, 1974, S.107-125

Heaton, Louis E.: The Agricultural Development of Venezuela. London,
1969

Instituto Agrario Nacional, IAN: Memoria y Cuenta. Caracas, 1961-1978

Instituto Agrario Nacional, IAN: La reforma agraria en las entidades federales 1959-63. Caracas, 1964 a

Instituto Agrario Nacional, IAN: Reforma agraria en Venezuela, una revolución dentro de la ley. Caracas, 1964 b

Instituto Agrario Nacional, IAN: Situación actual de la tenencia, documentos de propiedad adjudicados, superficie dotada y estimación del número de individuos clasificados según tipo de tenencia. Caracas, 1972

Instituto Agrario Nacional, IAN: Ley de reforma agraria y su reglamento. Gaceta Oficial de la República de Venezuela, de Fecha 19 de Marzo de 1960, No.611 Extraordinario, y Decretos No.192, 277, 516 y 588 de la Presidencia de la República, Caracas, 1974

Instituto Agrario Nacional, IAN: Nomenclador de asentamientos espontaneos ubicados a nivel de la división político-territorial de la república. Caracas, 1975 a

Instituto Agrario Nacional, IAN: Una nueva política para el agro venezolano. Caracas, 1975 b

Instituto Agrario Nacional, IAN: El campesino organizado. Caracas, 1976 a

Instituto Agrario Nacional, IAN: Inventario nacional de tierras y beneficiarios de la reforma agraria. Informe de resultados, información basica, Vol.III, Caracas, 1976 b

Instituto Agrario Nacional, IAN: La tenencia de la tierra, la reforma agraria, desarrollo de areas de reforma agraria. Caracas, 1976 c

Instituto Agrario Nacional, IAN: Organizaciones económicas campesinas, programación crediticia 1976-77. Caracas

Instituto Interamericano de Ciencias Agrícolas de la OEA: Reunión interamericana de expertos sobre empresas comunitarias campesinas, Abril 30 - Mayo 5 de 1973. Santiago de Chile, 1973

Junker, Horst: Die Gemeinschaftsbetriebe in der kolumbianischen Landwirtschaft. In: Sozialökonomische Schriften zur Agrarentwicklung 22, Saarbrücken, 1976

Koch, Conrad: La Colonia Tovar, Geschichte und Kultur einer alemannischen Siedlung in Venezuela. Basler Beiträge zur Ethnologie 5, 1969

Larralde, Willian: Primeros ensayos de reforma agraria en Venezuela. In: Les problémes agraires des Amériques, Paris, 1967, S.615-631

Leahy, Edward u. Raymond Crist: Agricultural reform in the humid tropics: The example of Las Majaguas. In: Prof. Geographer, Washington, 21, 1969, S.8-10

Lindenberg, Klaus u. Dieter Nohlen: Venezuela. In: Handbuch der Dritten Welt, Bd.3, Hamburg, 1976

Losada Aldana, R.: Venezuela latifundio y subdesarrollo. Estudio socio-jurídico sobre la cuestión agraria Venezolana. Dirección de Cultura, Universidad Central de Venezuela, Caracas, 1969

Mahnke, Hans-Peter: Colonia Tovar (Venezuela). Späte Blüte einer deutschen Agrarkolonie des 19. Jahrhunderts. In: Stuttgarter Geogr. Stud. 85, 1973, S.199-244

Manshard, Walther: Einführung in die Agrargeographie der Tropen. Mannheim, 1968

Mertins, Günter: Konventionelle Agrarreformen - moderner Agrarsektor im andinen Südamerika. Die Beispiele Ecuador und Kolumbien. In: Elsenhans (Hrsg.): Agrarreform in der Dritten Welt. Frankfurt, 1979, S.401-431

Miller, E. Willard: Population growth and agricultural development in the western Llanos of Venezuela. In: Revista Geografica 69, Rio de Janeiro, 1968, S.7-27

Ministerio de Agricultura y Cría, MAC: Comisión de Reforma Agraria, Vol.II, Subcomisión de Economía. Caracas, 1959 a

Ministerio de Agricultura y Cría, MAC: Comisión de Reforma Agraria, Vol.IV, Informe de la Subcomisión Social. Caracas, 1959 b

Ministerio de Agricultura y Cría, MAC: Memoria y Cuenta (= MAC, Memoria). Caracas, diverse Jahrgänge

Ministerio de Agricultura y Cría, MAC: Anuario Estadístico Agropecuario (= MAC, Anuario). Caracas, diverse Jahrgänge

Ministerio de Agricultura y Cría, MAC: Agrarian reform and rural development in Venezuela. World Conference on Agrarian Reform and Rural Development, Rom, 1979 b

Ministerio de Fomento, Dirección General de Estadística y Censos Nacionales: IV Censo Agropecuario (1976), Total Nacional Vol.1. Caracas

Ministerio de Fomento, Dirección General de Estadística y Censos Nacionales: X Censo de Población y Vivienda (1971), Resumen General. Caracas

Ministerio de Obras Públicas, MOP: Sistema de riego El Cenizo. Verv. Manuskript, Caracas, 1963

Ministerio de Obras Públicas, MOP: Dirección General de Recursos Hidraúlicos: Proyecto Zona Sur del Lago de Maracaibo. Caracas, 1976

Mohr, H.: Entwickluntsstrategien in Lateinamerika. Kübel-Stiftung Bensheim, 1975, S.264 ff.

Otremba, Erich: Venezuela. El Centro y el Interior. In: Geogr. Rundschau 25, 1973, S.1-11

Pachner, Heinrich: Randliches Wachstum und zunehmende innere Differenzierung venezolanischer Städte. Ein regionaler Beitrag zum Phänomen der Urbanisierung in Lateinamerika. In: Marburger Geogr. Schriften 77, 1978, S.169-202

Picón, D.R. u. L. Ugalde: Evolución histórica del sector agropecuario y su crisis actual. Oficina de Estudios Socioeconómicos, Caracas, 1973

Plaza de La, Salvador: El problema de la tierra. Universidad Central de Venezuela, Facultad de Ciencias Económicas y Sociales, División de Publicaciones, 2 Bde., Caracas, 1973

Rasmussen, Wayne D.: Agricultural colonisation and immigration in Venezuela 1810-1860. In: Agricultural History 21, Washington, 1947, S.155-162

República de Venezuela, Gaceta Official: Ley del Instituto de Crédito Agrícola y Pecuario, No.30.705. Caracas, 1975

República de Venezuela, Oficina Central de Estadistica e Informatica: Anuario Estadistico. Caracas, verschiedene Jahrgänge

República de Venezuela, Oficina Central de Coordinación y Planificacion, CORDIPLAN: Plan de la Nación 1976-1980, 1981-1985

Sandner, Gerhard u. Hanns-Albert Steger (Hrsg.): Lateinamerika. Fischer-Länderkunde Bd.7, Frankfurt, 1973

Sievers, Wilhelm: Zweite Reise in Venezuela in den Jahren 1892/93. Mitt.d.Geogr.Ges. in Hamburg XII, 1896

Siewers, Enrique: The Organisation of Immigration and Land Settlement in Venezuela. In: International Labour Review 39, 1939, S.764-772

Soto, Oscar David: La Empresa y la Reforma Agraria en la Agricultura Venezolana. Instituto Ibero-Americano de Derecho Agrario y Reforma Agraria. Fundación para la Cultura Campesina Universidad de los Andes, Mérida, 1973

Suarez-Melo, Mario: Las empresas comunitarias campesinas en la America Latina. Instituto Interamericano de Ciencias Agrícolas, Centro Interamericano de Desarrollo Rural y Reforma Agraria, 1972

Suarez-Melo, Mario: Formas de dotación, uniones de prestatarios, empresas campesinas y centros agrarios. In: Organización Campesina y Reforma Agraria, CIARA, Vol.1, 1974, S.300-339

Suarez-Melo, Mario: Las empresas comunitarias campesinas en Venezuela. IICA-CIRA No.152, Bogotá, 1975

Stredel, Juan: Trece años de reforma agraria en Venezuela. In: Nueva Sociedad 6, 1973, S.44-50

Venturini, Orlando Luis: Aspectos Geográficos de la Colonización del Piedemonte Noroccidental de los Andes Venezolanos (Zona del Vigía). In: Revista Geográfica 9, Mérida, 1968, S.73-95

Vessuri, Hebe M.: Del conuco al asentamiento de reforma agraria en Venezuela. In: Estudios Sociales Centroamericanos, No.17, 1977, S.127-146

Vila, Marco-Aurelio: Geoeconomía de Venezuela. Corporación Venezolana de Fomento, Vol.II, Caracas o.J. (ca. 1976)

Walter, Rolf: Venezuela und Deutschland (1815-1870). Beiträge zur Wirtschafts- und Sozialgeschichte 22, Wiesbaden, 1983

Warriner, Doreen: Land reform in principle and practice. Chapter X, Oxford, 1969, S.346-372

Quellen der Abbildungen:

Instituto Agrario Nacional, IAN: Organizaciones económicas campesinas, programación crediticia 1976-77. Caracas

Ministerio de Agricultura y Cría, MAC: Memoria y Cuenta 1981

Außerdem:

Unveröffentlichte Berichte des Instituto Agrario Nacional

DIE STÄDTE DER VENEZOLANISCHEN LLANOS

VON

CHRISTOPH BORCHERDT, KLAUS KULINAT UND HEINRICH SCHNEIDER

MIT 8 ABBILDUNGEN UND 2 BILDERN

INHALTSVERZEICHNIS

	Seite
1 Probleme und Ziele der Untersuchung (Borcherdt)	145
2 Die Llanos - Abgrenzung und naturräumliche Gliederung (Borcherdt)	147
3 Die Entwicklung von Wirtschaft und Verkehr (Schneider)	154
4 Bevölkerungsentwicklung und Bevölkerungsdichte in den Llanos (Kulinat)	174
5 Frühere Bedeutung der Städte im Wandel der Zeiten (Schneider)	182
6 Charakteristika von Bevölkerungsstruktur und Einzelelementen der Infrastruktur als Indikatoren für eine Typisierung der heutigen Städte (Kulinat)	191
6.1 Bevölkerungszahl und Bevölkerungsentwicklung	191
6.2 Bevölkerungsstruktur	195
6.3 Einzelhandel und private Dienstleistungen	197
6.4 Öffentliche Infrastruktur	198
7 Funktionale Differenzierung und Viertelsbildung (Schneider)	200
7.1 Junge Ranchoviertel	200
7.2 Inavi-Siedlungen	201
7.3 Moderne Quintas	202
7.4 Edificios	203
7.5 Zona industrial	204
7.6 Autoviertel	205
7.7 Geschäftszentrum	206
8 Städtetypen in den Llanos (Borcherdt)	207
8.1 Ländlicher Nahversorgungsort	210
8.2 Ländliches Kleinzentrum	214
8.3 Kleinstadt mit bescheidenem Angebotsniveau	220
8.4 Kleinstadt mit gehobenem Angebotsniveau	223
8.5 Mittelstadt traditioneller Prägung	224
8.6 Mittelstadt als Kristallisationskern vielseitiger Wirtschaftsentwicklung	228
8.7 Großstädtisches Regionalzentrum	230
9 Abschließende Bemerkungen (Borcherdt)	231
10 Resumen (Borcherdt/Schaer-Guhl)	233
Literaturverzeichnis	235

DIE STÄDTE IN DEN VENEZOLANISCHEN LLANOS

1. PROBLEME UND ZIELE DER UNTERSUCHUNG

Dem Arbeitsvorhaben über die Städte in den Llanos lagen mehrere Ausgangsüberlegungen und daran anknüpfende Zielsetzungen zugrunde. Erstens hat die erfolgreiche Bekämpfung der Malaria in der Zeit 1940/50 eine verstärkte Besiedlung der feuchttropischen Tiefländer, vor allem auch der bewaldeten westlichen Llanos und der Galeriewaldgebiete ermöglicht. Aus der seither anhaltenden Zuwanderung mußten sich neue Impulse für die Entwicklung der Städte ergeben.

Zweitens sind im Zuge der 1960 begonnenen Agrarreform zahlreiche neue Siedlungen gegründet und mehrere Tausend Familien angesiedelt bzw. mit Eigenland bedacht worden. Innerhalb der Llanos liegt der Schwerpunkt der staatlichen Kolonisationsmaßnahmen in den westlichen bewaldeten Gebieten. Vor allem sind im Anschluß an neue Stauseen und durch die Einleitung von Flußwasser in Bewässerungskanäle mehrere relativ dicht besiedelte Landwirtschaftszonen entstanden. Die planmäßige Erschliessung von Kolonisationsgebieten muß auch die nächstgelegenen Städte wirtschaftlich begünstigt haben.

Drittens hat die verstärkte wirtschaftliche Inwertsetzung insbesondere der Randgebiete der weitflächigen Llanos den Ausbau einiger wichtiger Verbindungsstraßen nach sich gezogen. Umgekehrt hat der Ausbau der Allwetterstraßen und davon abzweigender Stichstraßen das allmähliche weitere Vorrücken landwirtschaftlicher Besiedlung von den Randgebieten in die inneren Llanos begünstigt.

Viertens werden im Zusammenhang mit der gesamtwirtschaftlichen Entwicklung Venezuelas verschiedene größere Projekte im Bereich der Llanos verwirklicht werden und dort die wirtschaftliche Struktur nicht unwesentlich verändern. Große Pläne - freilich noch sehr vorläufiger Art - ranken sich um die "faja petrolífera", um eine etwa parallel zum Orinoco verlaufende Zone, in der eines Tages Erdöl gewonnen werden soll, wenn die Ölpreise auf dem Weltmarkt einmal beträchtlich höher liegen und auch die Förderung schweren Erdöls sowie die Aufbereitung von Ölsanden rentabel werden lassen.

Rascher realisierbar ist die Fortsetzung der Maßnahmen zur Schaffung von Bewässerungsland. Es geht in den wechselfeuchten Llanos darum, vom reichlichen Wasserdargebot während der Regenzeit nicht unbeträchtliche Mengen auch noch in den schwierigsten Phasen der Trockenzeit verfügbar zu haben. Einiges ist auf diesem Gebiet bereits geschehen; davon wird noch die Rede sein. Ein größeres Engagement auf dem Gebiet der Bewässerungskulturen wäre im Hinblick auf die noch unzureichende Agrarproduktion Venezuelas wichtig. Daraus würden sich zweifellos Veränderungen bezüglich Bevölkerungsverteilung, Bevölkerungsdichte und Siedlungsstruktur ergeben.

Fast alle in den Llanos in Gang gekommenen neueren Entwicklungsprozesse sind jedoch davon abhängig, welche Initiativen der Staat bzw. staatliche Organe an welchen Stellen ergreifen. Straßenbau und ländliches Siedlungswesen in Verbindung mit dem dazugehörenden infrastrukturellen Ausbau schaffen erste Voraussetzungen für einen verstärkten wirtschaftsräumlichen Wandel der Llanos. Spezielle Programme eröffnen Möglichkeiten, durch die Förderung bestimmter Wirtschaftszweige örtliche oder regionale Akzente zu setzen. Dies gilt insbesondere für die Kreditgewährung auf dem landwirtschaftlichen Sektor, aber ebenso für die schwerpunktmäßige Förderung der Ansiedlung von Industrien. Seit der spektakulären Erhöhung der Erdölpreise durch die OPEC im Jahr 1973 verfügt Venezuela über wesentlich höhere Geldmittel, die sich teilweise für die beschleunigte Durchführung wirtschaftlicher Entwicklungsprogramme verwenden lassen. In diesem Zusammenhang ergibt sich die Frage, inwieweit aus den bereits vorhandenen Siedlungs- und Wirtschaftsstrukturen Ansätze zu einer erfolgversprechenden Fortentwicklung kommen können.

Fünftens knüpft an die vorhergehende Frage die Überlegung an, daß in Anbetracht der unterschiedlichen naturräumlichen Gegebenheiten innerhalb der Llanos und den damit zusammenhängenden regional verschiedenartigen wirtschaftsgeschichtlichen Entwicklungen ein räumlich differenziertes Grundmuster historisch überkommener Vorprägungen vorhanden ist. Dabei stehen sich einerseits die Llanos altos und die Llanos bajos, zum anderen die Waldgebiete im Westen und die offenen Grassteppen im Südwesten und im Osten als Kontraste gegenüber. In den weiten Ebenen herrschen die Latifundien vor, wogegen sich auf den während der höchsten Wasserstände nur schmalen Streifen der Uferdämme im Überschwemmungsbereich der Llanos bajos in unterschiedlicher Dichte viele Kleinbetriebe aneinanderreihen.

Städtische Zentren entwickelten sich einst an den Kreuzungspunkten der Wege oder entlang von Apure und Orinoco, solange die meisten Außenbeziehungen von den inneren Llanos und auch von der Südostseite der Anden aus über diese Ströme erfolgten. Später ließen Erdölfunde vor allem in den östlichen Llanos sowie die Agrarkolonisation neue Städte entstehen und veränderten das ältere Verteilungsmuster städtischer Siedlungen regional oder ergäntzten es.

Auf der Grundlage dieser einleitend nur angedeuteten Ausgangssituation
ergaben sich für die Untersuchung der Städte in den Llanos folgende ge-
genwartsbezogene Fragen:
1. Welche Funktionen haben die in den Llanos und die am Rande dieses
   Binnenraumes gelegenen Städte?
2. Welche Städte sind im Zusammenhang mit den neueren wirtschaftlichen
   Entwicklungen in eine Phase verstärkter Umstrukturierung gelangt?
3. Bietet ein Teil der in den Llanos gelegenen Städte hinreichend Anknüpfungsmöglichkeiten für eine stärkere Verlagerung des industrie-
   gewerblichen Sektors in Peripherieräume?
4. Lassen sich hinreichend aussagekräftige Kriterien ermitteln, um die
   Städte nicht nur einer vergleichenden Wertung zu unterziehen, sondern auch eine möglichst unkomplizierte Typenbildung zu ermöglichen?

2. DIE LLANOS - ABGRENZUNG UND NATURRÄUMLICHE GLIEDERUNG

Die Llanos bilden die weitflächige Tieflandzone im zentralen Teil Venezuelas mit einer Fläche von rund 300 000 km² bei einer West-Ost-Aus-
dehnung von etwa 1 200 km und einer Nord-Süd-Erstreckung von etwa
150 - 400 km. Sie finden ihre Fortsetzung von ebensolcher Flächenausdehnung im Südwesten - jenseits der Grenzflüsse Rio Meta und Rio Arauca - auf kolumbianischem Boden. Das Gefälle ist in den überwiegenden
Teilen gegen das Guayanamassiv und den an seinem Rand entlangfließen-
den Orinoco gerichtet. Das Orinocobecken liegt größtenteils in Höhen
unter 200 m. Die großen Flüsse weisen demzufolge innerhalb des Beckens
ein nur minimales Gefälle auf. Der Orinoco z.B. hat auf den letzten
800 km seines Mittel- und Unterlaufes nur Höhenunterschiede von 1 - 5
cm pro Kilometer zu überwinden. Die Höhe der Wasserstände differiert
zwischen Regenzeit und Trockenzeit jedoch um durchschnittlich 8 - 10 m,
was nicht nur einen weitreichenden Rückstau in den Nebenflüssen, sondern auch weitflächige Überschwemmungen in den angrenzenden Niederen
Llanos zur Folge hat. Die Monate mit den höchsten Wasserständen sind
Juli bis Oktober, die Zeiten mit den niedrigsten Wasserständen Januar
bis April.

In den Kontrasten der Wasserstände des Orinoco spiegelt sich schon ein
Teil der klimatischen Charakteristika der Llanos wider. Vom Wechsel
zwischen Regenzeit und Trockenzeit werden die Ausprägungen der natürlichen Vegetation und die landwirtschaftlichen Nutzungsmöglichkeiten
bestimmt. Vom Mai bis in den November hinein reicht die Regenzeit, die

Monate Dezember bis April bilden die Trockenzeit. Die klimatischen Verhältnisse sind jedoch innerhalb des riesigen Raumes der Llanos unterschiedlich. Der relativ trockene Nordosten hat nur etwa 5 - 6 humide Monate im Jahr aufzuweisen mit mittleren Jahresniederschlagssummen von etwa 800 - 1 200 mm. Gegen die Anden und gegen die Hyläa Amazoniens hin erhöhen sich die Zahl der humiden Monate auf 8 - 9 und die jährlichen Niederschlagssummen auf etwa 2 000 - 2 500 mm.

Wenn im Winter die Innertropische Konvergenzzone (ITC) südlich des Amazonas verläuft, beherrscht der NO-Passat das ganze Land. Im Sommer verschiebt sich die ITC bis über das nördliche Venezuela, was zu Zenitalregen führt und dann bei einer stärker östlichen Komponente der Winde dem SO-Passat Zugang in das Bergland von Guayana und in die Llanos verschafft. Die vom Atlantik kommenden Passatwinde sind auch in der Trockenzeit derart mit Feuchtigkeit angereichert, daß in den Mittagsstunden die relative Luftfeuchte meist 40 - 50 % beträgt.

Die mittleren Jahrestemperaturen liegen - bei nur sehr geringen Unterschieden zwischen den einzelnen Monaten - in den Llanos vorwiegend bei 26 - 28°C. Die absoluten Maxima überschreiten auch einmal 40°C; als absolute Minima können 13°C oder sogar 12°C erreicht werden. Im inneren Kernraum der Llanos werden jedoch 18°C nicht unterschritten (Marrero, 1964, S.166). Hier ist auch die Trockenzeit stärker ausgeprägt als in den küstennahen Regionen.

Den Untergrund der Llanos bilden mesozoische, tertiäre und jüngere Beckenauffüllungen, die sich aus Mergeln, Tonen, Sandsteinen und Konglomeraten zusammensetzen, vorwiegend flach gelagert und nur am Nordrand dem Gebirge angefaltet sind. Regionale Unterschiede von Gesteinsaufbau und Oberflächenformen bewirken eine recht markante Gliederung der Llanos.

Die äußere Abgrenzung der Llanos ist teilweise sehr klar ausgeprägt. Zum Teil sind die Übergänge zu den Nachbarlandschaften jedoch so fließend, daß mehrere Abgrenzungsmöglichkeiten gleichberechtigt nebeneinander stehen. Im Westen stellt der Anstieg der Anden eine markante Landschaftsgrenze dar. Es gibt nur eine schmale "Übergangszone" in Form von vergleichsweise stark geneigten mächtigen altpleistozänen Schwemmfächern vor jedem aus den Anden kommenden Tal, die in sich wieder durch Terrassen gegliedert sowie in Höhe und flächenhafter Ausdehnung je nach der Mächtigkeit der einzelnen Flüsse unterschiedlich ausgebildet sind. Die Schwemmfächer bilden den sog. "Piedemonte andino", der über nur wenige Kilometer Distanz die Verbindung von den andinen Vorbergen zu den tiefer liegenden und weniger geneigten jungen Schwemmfächern der "Llanos altos" herstellt.

Im Nordwesten tritt die Begrenzung durch die südliche Küstenkordillere, die "Serrania del Interior", weniger deutlich in Erscheinung, weil sich deren äußeren Höhenzüge nur wenig über die Ebene erheben und zudem einzelne "Galeras" auch noch als isolierte Bergrücken aus der eigentlichen Ebene emporragen. Der Rand der Vorhügel mit einigen kurzen Schwemmfächern wird hier auch als "Piedemonte caribe" bezeichnet (Vila/Pericchi, 1968, Bd.4). Das gegen die Llanos zu allmähliche Niedrigerwerden der meist in west-östlicher Richtung streichenden Höhenzüge der Serrania del Interior wirft insofern Probleme der Abgrenzung auf, als die mit Chaparro-Bäumen bestandene Savanne bzw. weiter im Osten - in den nördlichen Teilen der zentralen Llanos - die trockenkahlen Wälder gleichermaßen Ebene und Vorhügelzone bedecken. In ähnlicher Weise ist auch die Dominanz der großbetrieblichen Viehwirtschaft in der Vorhügelzone ebenso wie in den Llanos gegeben. Daher zählen manche Autoren die in den Tälern der Vorhügelzone gelegenen "Pfortenstädte" noch zu den Llanos-Städten. Die von San Carlos nach Chaguaramas meist in westöstlicher Richtung verlaufende Straße markiert recht gut den Südrand der Küstenkordillere.

Im Norden durchbricht der Rio Unare westlich der Hafenstadt Piritu das hier nur aus einer Kette bestehende Küstengebirge und öffnet damit an einer schmalen Stelle die zentralen Llanos zum Karibischen Meer. Es ist aber gerade in diesem Abschnitt die Verzahnung von Llanos und weitständig angeordneten Höhenrücken der Küstenkordillere am unübersichtlichsten. Im Nordosten ist die Serrania del Interior wieder in voller Breite ausgebildet und erhebt sich südlich der Stadt Cumaná bis zu Höhen von über 2 500 m. Sie stellt damit gegenüber der nördlichen Küste eine deutliche Trennungszone dar. Im Osten bildet die sumpfige Deltaniederung von Orinoco und den aus den östlichen Llanos kommenden Flüssen eine ebenfalls deutliche Begrenzung.

Als Südrand der Llanos wird im allgemeinen der Orinoco angesehen, aber es ändert sich jenseits des Flusses über große Flächen hin nichts im Landschaftsstil. In den "Sabanas de Caicara" und in den "Sabanas de Bolívar" setzen sich die Llanos fort. Der Anstieg zu den weitständig angeordneten nördlichen Ausläufern des Berglandes von Guayana oder zu den Granitkuppen einiger Inselberge bedeutet mehr eine Verzahnung als eine scharfe Trennung der beiden benachbarten Großlandschaften. Im Südwesten trennt die entlang von Rio Meta und Rio Arauca verlaufende politische Grenze die venezolanischen von den kolumbianischen Llanos.

Die innere räumliche Gliederung der Llanos wird vor allem durch drei Sachverhalte bedingt, nämlich erstens durch die Unterschiede von hoch-

gelegenen Ebenen (mesas) und tiefgelegenen, von Dammflüssen und alten
Uferwällen durchzogenen Überschwemmungsbereichen, zweitens durch die
Unterschiede zwischen stark von Fluß- und Bachläufen unterbrochenen
Ebenen, vor allem in den westlichen Llanos, und weitflächig sehr einheitlichen und gewässerarmen Tafelflächen, drittens durch die Unterschiede zwischen bewaldeten Gebieten und offenen Grasfluren. Unter Berücksichtigung dieser Unterschiede lassen sich die Llanos in fünf Groß-
räume unterteilen.

Die "Llanos von Barinas-Portuguesa" sind eine Zone der "Hohen Llanos",
der "Llanos altos", und umfassen auch die Übergangszone mit den ineinander verzahnten pleistozänen Schwemmfächern der aus den Anden kommenden Flüsse. Diese in mehrere Terrassenstockwerke aufgegliederten und
von den heutigen Flüssen zerschnittenen Schotterflächen setzen an den
Hängen der 300 - 600 m über NN aufragenden Randhügelzüge der Anden an,
bilden als bis zu 10° geneigter "Piedemonte andino" einen meist nur wenige Kilometer breiten Übergangsbereich zu den jüngeren Schwemmfächern.
Wo die am Andenfuß verlaufende Straße zwischen offenem Weideland über
die älteren Schwemmfächer hinwegführt, blickt man hinaus auf die Llanos altos und die daran anschließende weite Ebene aus jungen Aufschüt-
tungen, die nirgendwo merkliche Reliefunterschiede erkennen läßt. Das
Gefälle der jungen Ebene ist sehr gering. Am Rio Santo Domingo beträgt
der Höhenunterschied von Barinas bis nach Puerto Nutrias auf 115 km
Luftlinie nur 75 m (Crist, 1932, S.413). Die Hohen Llanos sind vorwiegend aus Schottern und Sanden aufgebaut. Sie haben wasserdurchlässige
Böden mit artenreichem Alisio-Wald und einzelnen Savannen auf den Ter-
rassenriedeln zwischen den Flüssen.

Entlang den Flüssen und im Übergangsbereich zu den Niederen Llanos finden sich auf weniger gut durchlüfteten tonigen Böden und bei leicht er-
reichbarem Grundwasser an größere Bodenfeuchte angepaßte Ausprägungen
des Alisio-Waldes, vor allem auch dort, wo sich beim Austritt von
Grundwasser ein dichteres Gewässernetz mit dazwischen gelegenen Sumpf-
zonen herausgebildet hat.

Nach Nordosten zu werden im Lee der Küstenkordillere die klimatischen
Verhältnisse allmählich trockener. Dort werden die Alisio-Wälder ar-
tenärmer und schließlich von Chaparrales oder Trockenwald abgelöst.
Nach Südosten gehen die Llanos altos mit der Abdachung der Ebene in die
Llanos bajos über.

Die "Niederen Llanos von Barinas-Apure", die Llanos bajos, setzen teilweise ohne deutliche Grenze an den Llanos altos an. Die Namensgebung

bezieht sich auf die beiden Staaten Barinas und Apure, in denen sich
die Niederen Llanos ausdehnen. Es handelt sich in erster Linie um die
unteren Abschnitte der Flüsse Portuguesa, Apure und Arauca und deren
zahlreiche Nebenbäche, Flußverzweigungen und Altwasserarme. E. Mayer
spricht von der "Sammelfläche der Llanos Bajos, welche ihrerseits
durch gemeinsame seitliche Ausräumung der Unterläufe dieser Flüsse
und ihrer Vorfluter Apure und Orinoco gebildet worden ist" (1979,
S.166). Infolge des sehr geringen Gefälles verbreitern sich während
der Regenzeit alle Flüsse und Rinnsale zu vielgestaltigen Wasserflächen. Die Flüsse sind als Dammflüsse ausgeprägt. Auf den Uferdämmen
befinden sich Galeriewälder von wechselnder Breite, abschnittweise von
den Rodungen kleiner landwirtschaftlicher Betriebe durchsetzt. Galeriewälder säumen auch die kleinen Bachläufe, seitlich flankiert von
ein paar einzeln stehenden Palmen. Weitflächig dehnen sich dazwischen
baumlose Grasfluren. Im Südwesten sind die Niederen Llanos einerseits
von ausgedehnten Dünenfeldern, andererseits von Sümpfen durchsetzt.
Im Westen bilden Parklandschaften den Übergang zu den Waldgebieten,
während im Norden der Übergang zur Chaparro-Savanne auf trockenen
Standorten bezeichnend ist.

Die beiden genannten Ausprägungen der Llanos reichen von der Fußzone
der andinen Einsattelung von Táchira im Südwesten bis etwa zum Rio
Cojedes bzw. bis in die Gegend von Acarigua/San Carlos. Man kann sie
auch als "Westliche Llanos", als "Llanos Occidentales", bezeichnen. An
sie schließen die "Llanos Centrales" an, die sich wieder in die "Llanos von Calabozo" und in die "Llanos des Unare" untergliedern lassen.

Die "Llanos von Calabozo" setzen im Norden mit einem verhältnismäßig
hügeligen Relief ein, das zudem an einzelnen Stellen von langgestreckten "Galeras", bestehend aus schräggestellten Sandsteinschichten, unterbrochen wird. Die schon tief in den Llanos gelegene Galera del Baúl
ist ein Sonderfall, sie besteht aus Gesteinen vulkanischen Ursprungs.
Das durch Erosion bewegter gestaltete Relief der nördlichen Teile geht
nach Süden in sanfter modelliertes Gelände und weite Ebenen über, die
durch autochthone Bachläufe nur wenig zerschnitten werden. Auch in der
Vegetation unterscheiden sich die südlichen von den nördlichen Teilen.
Die hügeligen Llanos des Nordens bilden im Nordosten eine Zone der
trockenkahlen Wälder, im Nordwesten dagegen eine mit krüppeligen Chaparrobäumen unterschiedlich dicht bestockte Savanne, die nach Süden zu
von Grasfluren abgelöst wird. Alle Teilregionen werden durchzogen von
Galeriewäldern wechselnder Breite.

Die "Llanos des Unare" haben mit dem Nordteil der "Llanos von Calabozo" einige Verwandtschaft: Sie sind großenteils hügelig, vor allem dominiert der trockenkahle Wald. Der trockenkahle Wald oder Trockenwald (nach Hueck, 1961, S.57 ff), hier in seiner Ausprägung als "Espinar", als Dornbuschwald mit Prosopis juliflora als Charakterbaum, findet sich entlang der meisten Abschnitte der venezolanischen Küste und dringt im Bereich der Depression der Küstenkordillere im Unare-Becken besonders weit in das Binnenland vor. Es handelt sich hier um den niederschlagsärmsten Teil der Llanos mit stellenweise unter 800 mm Jahresniederschlagsmenge bei gleichzeitiger großer Instabilität der Niederschlagstätigkeit. Stellenweise herrscht "Cardonal", der Kakteenbuschwald, vor. In feuchten Talgründen und wo Grundwasser leichter zu erreichen ist, sind Galeriewälder oder als schmale Streifen artenarme Quebradawälder ausgebildet.

Die "Llanos des Unare" sind das dem herkömmlichen Bild von den Llanos am wenigsten entsprechende Teilgebiet. In den hügeligen Bereichen fühlt man sich an Abschnitte des Küstengebirges erinnert. Die Abgrenzung gegen die westlich anschließende Zone der Küstenkordillere ist schwierig, denn die Übergänge sind fließend. Die "Grenze" verläuft etwa parallel zur Straße Chaguaramas - Kilometro 133, dann in einem nördlichen bis östlichen Bogen über Guanape entlang dem Südrand der hier nur schmalen und niedrigen Küstenkette zum Rio Unare. Östlich des Rio Unare setzt das Küstengebirge mit sanften Rücken wieder ein, die zwar vom Rio Araguan durchbrochen werden, aber es besteht dort keine ebenso breite Lücke wie beim Rio Unare.

Die "Llanos von El Tigre - Maturin" bilden die östlichen Llanos, die "Llanos Orientales". Sie sind gekennzeichnet durch das Überwiegen ausgedehnter Mesa-Flächen. Das Gelände ist entweder völlig eben oder nur sehr sanft gewellt. Es handelt sich um ein großes Mündungsdelta in einer früheren miozänen Meeresbucht, das dank verkitteter Konglomerate und relativ widerständiger Eisensandsteinschichten nur langsam abgetragen werden konnte. Die "Mesa de Guanipa" als Kerngebiet der östlichen Llanos mit El Tigre als wichtigster Stadt liegt etwa 180 - 215 m über NN. Von hier aus dacht sich das Gelände sowohl nach Osten als auch nach Süden ab und fällt schließlich steil gegen das Delta und gegen den Orinoco ab.

Nach Osten hin werden die Mesaflächen von mehreren kleinen, autochthonen Flüssen zerschnitten, die in fast parallelem Lauf dem breit aufgefächerten Orinocodelta zustreben. Die Talflanken weisen je nach den ausstreichenden Schichten abwechselnd flache und steile Hangpartien auf. Die Haupttäler sind bis zu 60 m in die Mesas eingetieft, sehr breit und in Bach- oder Flußnähe mit Galeriewäldern bestanden, mit "Morichales", so genannt nach der Moriche-Palme. Auch nach Süden hin entwässern mehrere parallel angeordnete Flußläufe die zum Orinoco abdachenden Mesaflächen. Weite Grasfluren, mit nur kleinen Wald- und Strauchinseln, sog. "Matas", durchsetzt, nehmen große Flächen ein. Über große Strecken hin überwiegen jedoch "Chaparrales", locker mit niederen Chaparrobäumen bestandene Savanne.(Unter "Sabanas" werden in Venezuela - im Gegensatz zur üblichen geographischen Definition - die baumlosen Grasfluren verstanden, allenfalls durchsetzt mit Morichales und Matas; vergl. Marrero, 1964, S.202).

Auf die südlich des Orinoco sich fortsetzenden Llanos-Flächen soll nicht näher eingegangen werden. Es handelt sich vorwiegend um sanftwelliges Gelände, teilweise durchsetzt von einigen Granitkuppen, bedeckt mit Chaparro-Savanne und immer wieder durchzogen von Galeriewäldern jeglicher Größenordnung.

Der Orinoco bildet eine sehr markante Trennungslinie. Nur bei Ciudad Bolívar gibt es - seit 1967 - eine Brücke über den Fluß. Wichtige Fährverbindungen bestehen zwischen Cabruta und Caicara, zumal hier auf beiden Flußseiten ausgebaute Straßenverbindungen bestehen, und bei Ciudad Guayana, von wo aus man nach Norden in Richtung Maturin und nach Nordosten zum Orinoco-Delta gelangt. Sehr weitreichend und umfangreich sind die über den Orinoco hinweggreifenden wirtschaftlichen Beziehungen jedoch nicht, wenn man von den direkt am Orinoco gelegenen Städten Ciudad Bolívar und Ciudad Guayana absieht. Das Bergland von Guayana ist nur gering besiedelt.

Nicht zu unterschätzen ist dagegen die Bedeutung aller Flußläufe für den örtlichen und regionalen Verkehr. Die Flußschiffahrt mit ozeantüchtigen Schiffen geht in der Hauptsache bis Ciudad Guayana und nur in sehr bescheidenem Umfang bis nach Ciudad Bolívar. Weiter aufwärts werden die Flußläufe von Motorbooten und vor allem von Kähnen mit Außenbordmotor befahren. Während der Regenzeit können die Siedlungen auf den Uferwällen in den Llanos bajos ohnehin nur über die Flußläufe erreicht werden. Um diese Zeit spielen auch größere Boote für den Transport von Vieh eine wesentliche Rolle.

Die Abgrenzung nach politischen Einheiten

Neben der naturräumlichen Abgrenzung und Untergliederung der Llanos findet sich - vor allem im Hinblick auf die Anwendung statistischer Daten - auch eine Abgrenzung nach politischen Einheiten. Danach werden - von Westen nach Osten - die Staaten Apure, Barinas, Portuguesa, Cojedes, Guarico, Anzoategui und Monagas als "Llanos-Staaten" bezeichnet. Die genannten Staaten hatten im Jahre 1971 eine Gesamtbevölkerung von 1,9 Mio. Einwohnern. Zieht man von dieser Summe die Einwohnerzahl jener Distrikte ab, die völlig außerhalb der Llanos gelegen sind, so ergibt sich für das Jahr 1971 die wohl einigermaßen zutreffende Bevölkerungszahl der Llanos von insgesamt 1,7 Mio. Bewohnern.

3. DIE ENTWICKLUNG VON WIRTSCHAFT UND VERKEHR

Die Bevölkerungsentwicklung und die Herausbildung von städtischen Siedlungen haben eine ihrer wichtigsten Grundlagen in der wirtschaftlichen Erschlossenheit und Inwertsetzung eines Raumes. Die Kenntnis von der Bedeutung einer Region für die Gesamtwirtschaft eines Landes erlaubt Rückschlüsse auf Funktion und Bedeutung insbesondere auch der städtischen Siedlungen in der Region. Deshalb sollen zunächst Wirtschaft und Verkehr sowie Besiedlung und Bevölkerung der Llanos in ihrem geschichtlichen Werdegang dargestellt werden.

Wenn dabei im Folgenden die Entwicklung von Wirtschaft und Verkehr in Phasen dargestellt und charakterisiert wird, so ist eine gewisse Generalisierung - zeitliche und regionale Unterschiede außer acht lassend - unumgänglich. Ganz bewußt werden ältere Reisebeschreibungen ausführlich zitiert, um so ein möglichst anschauliches Bild von früheren Verhältnissen zu erhalten, auch wenn es im Einzelfall subjektiv gefärbt sein mag.

3.1 DIE LLANOS ALS DURCHGANGSLAND IN VORKOLONIALER ZEIT

Wirtschaftliche und kulturelle Schwerpunkte lagen in vorkolonialer Zeit in den Gebirgsregionen Südamerikas. "Respecto a las áreas vecinas los llanos constituían una región periférica, un hinterland culturalmente pobre. ... Las relaciones comerciales con los Andes, con el Alto Orinoco y Guyana parecen que pasaban a t r a v e s de los llanos, pero no h a c i a los llanos" (Morey, 1975, S.556). Die wenigen Bewohner

dieser Region haben als Jäger und Sammler allenfalls mit Öl von
Schildkröteneiern und etwas Fisch zu diesem Handel beigetragen und
sich durch die Herstellung von "moneda de concha" (Schildpatt-Währung)
in den Handel eingeschaltet. Randlage, Durchgangslage und geringwertiger Beitrag zur Gesamtproduktion des Raumes waren damals das Kennzeichen der Region.

3.2 DIE LLANOS ALS VIEHWIRTSCHAFTSRAUM

Die Beute-, Forschungs- und Missions-Züge der europäischen Eroberer
konzentrierten sich zunächst auf die Gebirgsregionen Südamerikas mit
den wirtschaftlich und kulturell weitentwickelten Gesellschaften. Erst
als dort weniger und nicht mehr so mühelos "etwas zu holen war", gerieten auch die Wald- und Grasländer ins Blickfeld. Die den Eroberern folgenden Kolonisten suchten andere Qualitäten. Wie noch Sachs mögen sie
beeindruckt gewesen sein von dem "ungeheuren, mit Weidegräsern von vorzüglicher Qualität bedeckten Territorium" (1879, S.266). Für eine Viehwirtschaft, die ähnlich einer Jäger- und Sammler-Manier betrieben wurde
- die Herden blieben sich selbst überlassen, Tiere wurden lediglich
nach Bedarf und für den Verkauf zusammengetrieben -, boten sich günstige Voraussetzungen. Die Entwicklung auf diesem Gebiet war durchaus beachtlich: "A few head of cattle were first introduced about the middle
of the sixteenth century, and so favorable were conditions that more
than 140 000 head of half-wild cattle were grazing on the plains no
more than a century later" (Crist, 1937 b, S.14).

Über Coro und El Tocuyo war die Viehhaltung nach Barinas gekommen und
zunächst in den westlichen Llanos betrieben worden. In der zweiten
Hälfte des 16. Jahrhunderts wurde sie dann auch in die östlichen Llanos
ausgedehnt (Gonzales Vale, 1969, S.6 ff.).

Es soll nun nicht im einzelnen untersucht und dargestellt werden, wie
und mit welchen Quantitäten sich die Viehwirtschaft entwickelte. Aus
allen Schilderungen geht jedoch hervor, daß sie den mit großem Abstand
wichtigsten Wirtschaftsfaktor der gesamten Region und die Triebfeder
für die wirtschaftliche Erschließung der Llanos bildete. Bis ins 19.
Jahrhundert, bis in die Zeit der staatlichen Unabhängigkeit, waren die
Llanos d e r Zentralraum Venezuelas, nicht nur in Bezug auf ihre Lage, sondern auch auf ihre wirtschaftliche Stellung.

Welches Gewicht der Viehwirtschaft der Llanos auch später noch aus spekulierenden wirtschaftlichen Interessen außerhalb Venezuelas zugemessen wurde, belegen die folgenden Sätze aus Passarges Forschungsbericht: "Im Winter 1901/2 untersuchte der Verfasser ein Gebiet südlich des Orinoco, zwischen den beiden Flüssen Cuchivero und Caura, im Auftrag des deutschen El Caura-Syndikats in Köln, welches die in jener Gegend gelegene Besitzung des verstorbenen Präsidenten Crespo, "El Caura", zu kaufen wünschte". "Zur Zeit des Präsidenten Crespo befand sich das Land in guter Verwaltung, und zwar wurde hauptsächlich Viehwirtschaft getrieben." (Passarge, 1903, S.5 u. 34).

Auch auf die Funktion der städtischen Siedlungen lassen die Schilderungen der kolonialen Blütezeit der Viehwirtschaft Rückschlüsse zu. Es stammen die im Folgenden zitierten Reiseberichte zwar vorwiegend aus dem 19. und frühen 20. Jahrhundert, doch sind die darin geschilderten Zustände sicherlich ohne wesentliche Abstriche auf die hier behandelte frühere Blütezeit der Viehwirtschaft übertragbar, weil erst der Stillstand in der Entwicklung zu dem später zu beschreibenden Bedeutungsverlust und Niedergang dieses Wirtschaftszweiges führte.

"The cattle may be seen dotted about the plain, and near to the homesteads a few horses are grazing, tethered so that they may be at hand when wanted. There is none of the continuous work, laborious cultivation of the soil, constant attention to the live stock, &c., which we are accustomed to connect with farming at home. The farm hands spend a good deal of their time loafing about, chatting, smoking, and playing their guitars and maracas. At other times there is plenty of bustle and activity; they rush for their horses and gallop off to collect the cattle, or such of them as may be required, and drive them into the enclosure, where they are lassooed one at a time, and milked, or fastened to the post in the middle to be branded, or have hurts attended to, as the case may be. The amount of comfort to be found in these farms, and the amount of skill and energy displayed in their exploitation varies a good deal from place to place, depending mainly, after all, on the tastes and character of the owner, but partly on circumstances. In many cases absolute slackness and indifference prevail, the cattle are almost entirely left to shift for themselves, and the human beings are content to exist miserably rather than bestir themselves. There are some estates, again, where the owner is a wealthy, educated, and perhaps a travelled man, which are managed on far better lines than the average." (Dalton, 1918, S.207).

War zunächst die Gewinnung der Häute das Hauptproduktionsziel, so gewann die Fleischproduktion mit zunehmender Bevölkerung im Land und in den umliegenden Kolonien sowie mit verbesserten Transportmöglichkeiten an Bedeutung. Hierzu gibt Appun eine amüsante Schilderung:

"Fleisch ist in Venezuela die Losung jeden Tages, gerade so wie in Baiern das Bier; wer im ersteren Staate an den Preisen des Fleisches zu rütteln versucht, dem ist die Verachtung des ganzen Volkes, ich möchte sagen, das Märtyrertum eben so sicher wie dem menschlichen Scheusal, das sich im letzteren Staate untersteht, den Bierpreis um einen Kreuzer zu erhöhen. Carne asado, carne frito, carne sancochado, zu drei malen des Tages, so besagt der tägliche venezuelanische Küchenzettel und mit größter Strenge werden dessen Vorschriften innegehalten, denn gewiß ist es, daß ohne die täglichen Sancoche, wie die platanos asados, ein geborener Venezuelaner schwerlich existieren kann, seine Existenz wenigstens als eine verfehlte betrachten." (Appun, 1871, Bd.1, S.249).

In diesem Zusammenhang sind einige Zahlen interessant, die in einer venezolanischen Untersuchung genannt werden. Für die Zeit um 1800 war zu ermitteln, daß Caracas etwa 15 % der Einwohnerzahl von Paris hatte, der gesamte Fleischverbrauch in Caracas jedoch um die Hälfte höher war als im sechsmal größeren Paris. Den enormen Wandel der

Ernährungsweise und der Nahrungsmittelversorgung spiegeln Vergleichszahlen für 1956/57 wider: Der Pro-Kopf-Verbrauch an Fleisch lag jetzt in Venezuela bei 20 kg, in den USA bei 72 kg, in Argentinien bei 110 kg (Gonzales Vale, 1969, S.15 ff.).

Die Viehwirtschaft in den Llanos stellte einstmals aber nicht nur einen hochrangigen Wirtschaftsfaktor dar, sie war auch die Grundlage für eine attraktive, eigenständige Lebenshaltung: "Fue a los Llanos a donde convergieron los mas numerosos grupos humanos después del descubrimiento, indios, españoles, mestizas, manumisos o esclavos, atraidos por una libertad de costumbres y de vida de que no podian gozar en las zonas costaneras y serranas, preferentemente dedicadas a la agricultura" (Gonzales Vale, 1969, S.1).

Um die beschriebene Ernährungsweise für die wachsende Bevölkerungszahl in den Gebirgs- und Küstenräumen zu sichern und die Exporte von Fleisch und Häuten von den Seehäfen aus zu ermöglichen, mußte das Vieh in die Absatz- und Vermarktungsgebiete getrieben werden. Die Viehtriebstraßen waren somit ein wesentlicher Bestandteil des damaligen Verkehrsnetzes. Crist beschreibt die wichtigsten Viehtriebstraßen der westlichen und mittleren Llanos:

"They are driven in herds of three or four hundred over the mountains to supply principally the Mérida and San Cristóbal markets. The Santo Domingo, San Antonio de Caparo and Guasdualito - Teteo trails are the usual routes. From eastern Zamora some cattle are driven to Barquisimeto and Valencia by way of the Acarigua and Calabozo routes, respectively" (1932, S.421; siehe auch Sachs, 1879, S.93 u. 188; Sievers, 1888, S.61; Crist, 1937 b, S.20 ff.). Im Osten zielten diese "Straßen" vor allem nach Barcelona und nach Maturin mit seinem Hafen Embarcadero, von wo aus die Produkte - vor allem Häute und Trockenfleisch - nach Cuba, Trinidad und in die Guayana gingen (Lavaysse, 1820/1969, S.121; Sievers, 1903, S.49 f. u. 87 f.).

Über die Bedeutung der Viehstraßen in Südamerika insgesamt schrieb Quelle: "Bei der zum Teil ungewöhnlichen Länge von bis zu mehreren 1 000 km ist es nicht möglich, das Vieh in einem Zug bis zu den Verbrauchsgebieten zu bringen. Daher werden Kunstweidegebiete eingeschaltet, die zur Aufmästung des Viehes dienen. An diesen Viehstraßen entwickeln sich endlich, zumeist in oder in der Nähe der Kunstweidegebiete, Viehmärkte und Viehmessen, die wichtige wirtschaftliche Aufgaben zu erfüllen haben. In manchen Gebieten sind endlich die Viehstraßen die Vorläufer moderner Verkehrslinien geworden.....In Venezuela lag ein solches "Kunstweidegebiet" außerhalb der Llanos am Valencia-See" (1934, S.117). Die Etappenstationen und Viehmärkte waren wichtig für die Herausbildung des Systems städtischer Siedlungen.

Neben dem speziellen System der Viehtriebwege - ähnlich einzelnen, untereinander unverbundenen Flußsystemen aus dem Innern der Llanos in die

Absatzgebiete - bot sich für den übrigen Verkehr zunächst das weitverzweigte Flußsystem des Orinoco an. Freilich blieb hier das Verkehrsaufkommen zunächst bescheiden. Es wurde erst im 19. Jahrhundert - bereits in der nächsten Phase der Entwicklung der Llanos - bedeutender. Im Prinzip kann jedoch die Beschreibung der Schiffahrt auf dem Orinoco von Sievers (1903, S.65 f.) auch für die Zeit des 18. Jahrhunderts als zutreffend gelten, wenn man für die ältere Zeit die "Dampfer" durch "Segelschiffe" ersetzt:

"Der Verkehr zwischen dem Haupthafen des Orinocogebietes und dem Auslande wird durch kleine Dampfer aufrecht erhalten, die alle 14 Tage im Anschluß an den Royal Mail Steamer zwischen Ciudad Bolívar und Trinidad verkehren. Sie durchmessen diese Strecke in etwa 30 Stunden abwärts, 36 Stunden aufwärts, sind nach Mississippi-System gebaut, haben leidlich Einrichtung, eignen sich aber für die Meerfahrt wenig; glücklicherweise ist das Meer zwischen dem Orinoco und Trinidad meist ruhig. Kleinere Dampfer desselben Systems, verbinden Ciudad Bolívar mit den westlichen Llanos, jedoch nur während der Regenzeit, vom Mai bis November, selten noch bis Dezember. Als Endpunkt laufen sie Nutrias am mittleren Apure an, doch gehen kleinere Dampfer von San Fernando de Apure die Portuguesa bis gegen Guanare und den Cojedes bis nach El Baúl aufwärts, haben aber auch selbst in der Regenzeit auf diesen Flüssen mit Wasserstandsschwierigkeiten zu kämpfen, so daß keine festen Fahrpläne bestehen. Der obere Orinoco von Caicara an wird nicht regelmäßig befahren sondern nur nach Bedarf und zur Aufrechterhaltung der Verbindung mit den Territorios Alto Orinoco und Amazonas, und dann selbstverständlich nur bis zu den Katarakten von Atures. Der Meta, Arauco, Caura kommen ihres geringen Handels wegen nicht in Betracht; der Caroní ist schon wenige Kilometer von der Mündung durch Fälle gesperrt. Auch der Guárico wird nicht befahren. Wo der Dampferverkehr aufhört, treten kleine Segelschiffe, Ruderbarken und Einbäume, Curiares oder Rindenkanoes zur weiteren Beförderung ein."

Somit waren die Llanos zwar von außen durch zwei an einzelnen Punkten sich kreuzende Verkehrssysteme - Viehtriebwege und Wasserstraßen - erschlossen, doch scheinen davon abzweigende Querverbindungen über Land bis ins 19. Jahrhundert kaum existiert zu haben. Sie sind erst so nach und nach entstanden. Eine der ersten Querverbindungen war sicherlich der Reit- und Karrenweg von Barcelona nach Ciudad Bolívar und weiter nach Süden in das Guayana-Bergland, ein in fast allen alten Reisebeschreibungen erwähnter begangener, berittener bzw. befahrener Weg: "Der Mangel der Schiffbarkeit der Flüsse macht den Verkehr zu Lande mit Maultieren oder aber mit kleinen Curiares nötig, die um die Schnellen herumgetragen werden können. So ist das ganze Innere des Landes unerschlossen, ja größtenteils noch unerforscht. Nur der Golddistrikt hat eine 325 km lange Straße an den Orinoco, auf der Maultier- und Ochsenkarren in zwei- bis achtwöchentlichen Reisen verkehren" (Troll, 1930, S.460). Erwähnung fand diese in das Bergland von Guayana führende Straße schon bei Appun (1871, S.431). Die Llanos dagegen wurden nur von wenigen, kaum frequentierten Wegen durchzogen. Bei seinen Reisen hat Appun auch die zentralen Llanos zu Pferd durchquert. Von der Küstenkordillere kommend, beschrieb er die Route von El Pao nach El Baúl

mit den Worten: "Die breite Straße war verschwunden; von hier in die
Llanos führten nur schmale Wege, oft Fußpfade, mitunter nicht einmal
diese ..." (1871, S.285). Diese Schilderung kann wohl stellvertretend
für das nicht oder nur in Ansätzen existierende Überland-Verkehrssystem vor dem 19. Jahrhundert gelten.

3.3 DIE LLANOS IM 19. JAHRHUNDERT: PERIPHERIE

Im 19. Jahrhundert erfolgten einschneidende Veränderungen in den Llanos infolge des Rückgangs der Viehbestände, der verschiedentlich beschrieben worden ist. "Die großen Grundbesitzer (Hateros) der Llanos
bemühen sich gegenwärtig, ihre Territorien gegeneinander abzugrenzen
und ihre Größe festzustellen, was bei der Ausdehnung derselben kein
geringes Unternehmen ist. Es gibt Hateros in Calabozo, deren Grundbesitz einem souverainen deutschen Fürstenthum gleichkommt, die aber bei
der gegenwärtigen Reduction des Viehbestandes weniger Einkünfte daraus
beziehen, als mancher Bauer der Weichselniederungen aus seinen wenigen
Morgen Landes." ... "Zu dem Hato meines Freundes gehörten etwa 1 000
Rinder, eine Zahl, die bei den reducierten Verhältnissen des Viehbestandes der Llanos immerhin von Belang war; früher gab es Hateros in
Calabozo, welche an 50 000 Rinder besassen" (Sachs, 1879, S.117 u. 141).
Es finden sich Angaben, nach denen die Rinderbestände in den Llanos
1812 noch 4,5 Mio. Stück, 1823 aber nur noch 0,25 Mio. betragen haben
(Crist, 1937 b, S.22). Als Ursache für diesen Rückgang wurden allgemein die Unabhängigkeitskriege der 20er Jahre des 19. Jahrhunderts und
die immer wieder aufflackernden Unruhen im weiteren Geschichtsablauf
bis etwa 1870 angesehen. Das Ausmaß der Reduzierung des Viehbestandes
ließ sich auch daran erkennen, daß in den Llanos verstärkt Baumwuchs
aufkam. Dies glaubte jedenfalls Sachs im Vergleich zu Humboldts Beschreibungen der Llanos feststellen zu können, und er wurde in seiner
Auffassung einige Jahre später von Sievers (1888, S.222 f.) bestätigt.

"Es ist den Llaneros selbst sehr wohl bekannt, daß hier eine Veränderung im Gange
ist. Als Ursache dieser zunehmenden Bewaldung des Llano wurde mir von mehreren intelligenten Leuten übereinstimmend die gewaltige Verminderung in der Zahl der Rinder angegeben, welche seit etwa 30 Jahren stattgehabt hat. Während der endlosen Revolutionskämpfe, welche diese Zeit erfüllten, wurde das Rindvieh gleichsam als öffentliches
Eigentum angesehen, das beide sich bekämpfenden Parteien um die Wette plünderten.
Jede vagabondirende Tropa von vier oder fünf Mann schlachtete nach ihrem Belieben zu
ihrer Mahlzeit ein Rind und überließ das übrigbleibende den Geiern. Ein Ersatz ward
natürlich nie geleistet. Hierzu kam der Umstand, daß eine Zeit lang, infolge der Handelsbewegung auf ausländischen Märkten, die Häute so im Preise stiegen, daß der Wert
eines lebenden Rindes noch nicht den Betrag erreichte, der in den Hafenplätzen für
die Haut bezahlt wurde. Die Folge davon war, daß viele Herdenbesitzer mit Freuden die

Gelegenheit ergriffen, ihr durch die beständigen Revolutionen gefährdetes lebendes Eigentum zu Gelde zu machen, das man eher durch Vergaben sichern konnte. So wurden viele Tausende von Rindern nur um ihrer Häute willen geschlachtet, und die Zahl dieser nützlichen Tiere, welche zu Humboldts Zeiten noch auf 1 1/2 Millionen veranschlagt wurde, erlitt eine ganz außerordentliche Verminderung. Der Preis eines Rindes von mittlerer Größe, früher 3 bis 4 Thaler betragend, ist jetzt auf 20 bis 30 Thaler gestiegen. ...... Die Zunahme der Bewaldung wird wahrscheinlich so lange anhalten, bis die Zahl der Rinder in den Llanos wiederum eine der früheren ähnliche Höhe erreicht haben wird" (Sachs, 1879, S.92).

Aus den Beschreibungen von Sievers seien noch zur Ergänzung die folgenden Bemerkungen hinzugefügt: "Die Unabhängigkeitskriege ... haben den Viehstand außerordentlich reduziert, und die darauf folgenden Bürgerkriege, namentlich die schreckliche guerra de cinco años haben ihm den Todesstoß gegeben. Erst ganz neuerdings, etwa seit 1871, fängt die Kopfzahl des Viehes wieder an sich zu heben, allein noch immer sind die Llanos ganz bei weitem nicht im Stande, auch nur im entferntesten den früheren Reichtum an Vieh zu erreichen. Es waren eben in den verschiedenen unaufhörlich folgenden Kriegen die Llanos meist das Kriegstheater, da hier eher eine Entscheidung herbeigeführt werden konnte als in den Gebirgen, und wenn es Krieg gab, so wurden stets zuerst die Herden decimiert, um willkommenen Mundvorrat zu liefern" (Sievers, 1888, S.222 f.).

Sachs (1879, S.155) und Dalton (1918, S.210) nannten als weitere Ursache für den Rückgang der Viehbestände die Viehseuchen. Daß diese sich in Ermangelung jeglicher Pflege der Tiere und auch der Weideflächen bis ins 20. Jahrhundert sogar zunehmend verheerender auswirken konnten, erscheint plausibel, weil bei sich erhöhendem Rinderbesatz und bei zunehmenden Transport- und Reiseverbindungen die Ausbreitung von Seuchen erleichtert wurde.

Wenn man sich jedoch die Art der Viehwirtschaft noch einmal durch eine andere eindrucksvolle Beschreibung vergegenwärtigt, so ist noch eine weitere, mittelbare Ursache für den Bedeutungsverlust der Viehhaltung in den Llanos zu vermuten. Dalton schrieb noch 1918:

"Most of the cattle in the llanos are in a half-wild state. It is rather melancholy to find that in country towns surrounded by vast areas of pasture-land milk and butter are often difficult to procure; in fact, a lot of imported butter is used. The calves generally get all the milk, and the cows are so unused to being milked for the benefit of mankind that it is necessary to bring the calf and tie it to the mother's leg and allow it to begin the operation before the milkmen can do anything, the cow apparently being deluded into the idea that she is feeding the calf all the time. The farmers and llaneros in most parts seem surprised to hear that milking can be done in any other way" (S.197 f.).

Im weiter oben aufgeführten Zitat ließ der Amerikaner Dalton ja bereits durchblicken, daß er von zu Hause anderes Wirtschaften gewohnt sei. Auch Sievers konnte sich bessere Nutzungsmöglichkeiten auf dem Gebiet der Viehwirtschaft vorstellen:

"Verwertet werden die immerhin sehr ansehnlichen Rinderherden der Llanos heute nur wenig: man sendet allerdings Vieh vielfach in die Städte zum Schlachten, ... und führt auch Vieh ... aus, allein der Gesamtausfuhrwert für Vieh erreichte 1895/96 nur 1 1/4 Millionen Mark. Ebenso ist die Ausfuhr von Häuten noch verhältnismäßig gering,

1895/96 2,4 Mill. Mark, und Einsalzanstalten, Salderos, gibt es überhaupt nicht, so daß die Viehzucht bei rationellerer Inangriffnahme noch reichen Ertrag geben könnte" (1903, S.49 f.).

In einer venezolanischen Untersuchung wird das Fehlen von Wegen als ein weiteres Hindernis für den Absatz von Jungvieh oder von Produkten wie Milch und Käse angegeben (Gonzales Vale, 1969, S.16).

Liest man dann noch bei Passarge (1903 b, S.234), wieso sich eigentlich in dieser ungünstigen Situation im Lande plötzlich das deutsche El Caura-Syndikat für den Ankauf großer Ländereien südlich des Orinoco interessierte und welche Erwartungen sich damit verbanden, so schließt sich die Kette der Vermutungen: "Vielleicht wäre es wichtig gewesen, auf einen interessanten Gesichtspunkt noch ganz besonders aufmerksam zu machen, nämlich auf die zukünftige Rolle der Llanos als Viehzuchtland. Dieses Gebiet muß in sehr absehbarer Zeit erschlossen werden, wenn nämlich die Vereinigten Staaten aufhören, Fleisch zu exportieren - und das wird nach der amtlichen Statistik sehr bald eintreten. Das ist ein Gesichtspunkt von sehr großer Tragweite." In der ehemaligen englischen Kolonie in Nordamerika, den späteren USA, hatten die Siedler eine Viehwirtschaft nach moderneren Methoden entwickelt und konnten damit auch die Versorgung von auswärtigen Märkten übernehmen. Die Viehwirtschaft in den Llanos dagegen - in der Kolonialzeit durch die restriktive spanische Handelspolitik nicht zur Entwicklung angereizt und im 19. Jahrhundert neben den unmittelbaren Kriegseinwirkungen in einer insgesamt unsicheren Situation - stagnierte, während die Hateros dank der Größe ihrer Besitzungen immer noch ihr gewohntes Leben führen konnten (s.u. bei der Beschreibung der Städte). Die Vermutung geht dahin, daß der Bedeutungsrückgang der Viehwirtschaft der Llanos weniger durch unmittelbare Kriegseinwirkungen bedingt war als vielmehr mittelbar durch das politisch-wirtschaftliche Geschehen im Lande selbst und in anderen Ländern.

Die Llanos waren wirtschaftlich von anderen Regionen überholt worden. Wenn sich auch im Laufe des 19. Jahrhunderts der Viehbestand - mit zahlreichen Schwankungen vor allem in Kriegs- und Unruhezeiten - immer wieder erholte (1880: 8,5 Mio. Tiere), so erlangte die Region damit dennoch nicht mehr das wirtschaftliche Gewicht wie früher.

Ebenfalls in der Kolonialzeit beginnend und mit der Blütezeit ins 19. Jahrhundert hineinreichend, hat sich in den westlichen Llanos, insbesondere im Gebiet um Barinas, eine regionale Sonderentwicklung vollzogen.

"Here tobacco, cotton, cacao, indigo, and corn were grown. In 1606 a Real Cédula prohibited tobacco growing in all of Venezuela except the remote province of Barinas, 400 kilometers from the coast. This measure was intended to stop contraband trade in tobacco and gave an impetus to its cultivation that continued long after the Cédula was abrogated, six years later.

Barinas flourished under the colonial regime, from about 1750 to the Wars of Independence, in the early nineteenth century. It was a market for the cattle and horses raised on the great plains. Rice, sugar, corn, bananas, yuca, and vegetables were grown for local use, and tobacco, indigo, and cacao for export. According to the census of 1787, there were half a million cattle and a hundred thousand horses and mules in the territory that is now the state of Barinas. This was the period of maximum development, when it was generally said that in all the expanse of the llanos there were no poor people.

Then came the Wars of Independence, followed during the latter half of the nineteenth century by a series of disastrous revolutions and internecine civil wars, in the course of which both the human and animal populations diminished greatly in numbers. This unsettled state of affairs led many families to migrate from the llanos-Andes border zone to the states in the Cordillera de los Andes, which increased considerably in population" (Crist, 1956, S.192).

Markenzeichen dieser damaligen wirtschaftlichen Blüte im Raum um Barínas, Pedraza (= Ciudad Bolivia), Santa Barbara, Sabaneta und Puerto Nutrias war der Tabak: "The word Varinas, incorporated in the German language and signifying a good brand of tobacco, testifies to the former wide renown of the Barinas product" (Crist, 1932, S.422). Sachs sprach 1879 von 'dem bekannten Varinasknaster'. Grundlage dieser lokalen Sonderentwicklung war, wie Crist oben ausführte, eine wirtschaftspolitische Maßnahme des spanischen Mutterlandes. Als Ursache für den dann folgenden Niedergang dieser ackerbaulichen Nutzung in den westlichen Llanos werden meist - ebenso wie bei der Viehwirtschaft - die Unabhängigkeitskriege angesehen. Nachlassende Pflege der Pflanzungen und des Produktes - und nicht die unmittelbaren Kriegsereignisse - beeinträchtigte die Absatzmöglichkeiten.

Lavaysse deutete bereits 1820 (Nachdruck 1969, S.136) solche anderen Ursachen an: "It is asserted at Caracas and Trinidad, that the tobacco grown in the neighbourhood of the town of Varinas, is subject to be damaged by a worm, that introduces itself into the roll, and reduces it to powder in a short time. I have, however, bought some of this tobacco, which was in good condition after it had been kept two years, and worthy of its ancient reputation. The failing attributed to it for some accidental cause, or the negligence of those who prepared it."

Es zeigt sich hier eine Parallele zur Entwicklung der Viehwirtschaft: Relativ günstige natürliche Voraussetzungen ließen eine "allzu leichte" Blüte einzelner landwirtschaftlicher Produktionszweige (Viehwirtschaft, Tabakanbau) zu. Es wurde dabei jedoch nicht planvoll gewirtschaftet, sondern ohne Rücksichtnahme auf den Naturhaushalt und ohne eine Verbesserung der Bewirtschaftungsmethoden lediglich auf kurzfristigen Ertrag hingearbeitet. Man sah nicht die Entwicklungen in anderen Regionen, und schließlich befand sich die gesamte Region im Abseits, träumte nur noch von vergangener Pracht und suchte den äußeren Schein aufrecht zu erhalten (vgl. in Kap. 5 die Schilderungen des Lebens auf den Hatos und in den Städten). Die direkten Beeinträchtigungen durch die Unabhängigkeits- und Bürgerkriege gaben nur noch den letzten Anstoß für diese "Rück-Entwicklung", waren aber nicht die eigentliche Ursache.

Daß sich unter diesen Vorzeichen kein leistungsfähiges Verkehrsnetz entwickelt hat, erscheint selbstverständlich. Vielmehr verfiel das oben geschilderte System der Viehtriebwege (Crist), als wichtigste Transportwege blieben die Wasserläufe. Ihre Nutzung hat Sievers beschrieben, die einzige Weiterentwicklung dürfte der Übergang vom Segelschiff zum Dampfschiff auf dem unteren Orinoco gewesen sein. Da man über das weitverzweigte Flußsystem in weite Teile der Llanos gelangen konnte, auch wenn es manchmal beschwerlich und zeitraubend war, etwa an Stromschnellen oder infolge wechselnder Wasserstände und sich verlagernder Sandbänke, bestand kein starker Zwang zur Entwicklung eines weiteren Verkehrs- und Transport-Systems in Form von Karrenwegen bzw. Straßen. Das erklärt die damalige Blüte der Städte entlang der Schifffahrtswege, insbesondere von Puerto Nutrias, San Fernando de Apure und der "Krone" unter den Städten, Ciudad Bolívar, das in allen Reisebeschreibungen des 19. Jahrhunderts als Dreh- und Angelpunkt ausführliche Erwähnung fand (vgl. Kap.5).

Lediglich für den Personen- und leichten Warenverkehr bildete sich ein eigenständiges Netz von Reit- bzw. Tragtierwegen heraus. Nur als solche sind die "roads" des beeindruckend dichten und gleichmäßigen Netzes auf der späteren Karte Daltons (1918) zu verstehen. Die Schwierigkeiten bei der Benutzung solcher Wege hat Sievers eindrucksvoll geschildert. Zwar handelt es sich in der nachstehenden Beschreibung um das Gebiet der westlichen, von zahlreichen Flüssen zerschnittenen Llanos, wo viele Gewässer die "Straße" kreuzen, doch ist der Weg entlang des Andenfußes noch relativ viel benutzt worden. Es bezieht sich der zweite Teil des Zitates auf Wegabschnitte am Gebirgsrand und belegt damit die schwierige Anbindung der Llanos an die benachbarte Region.

"Der Wasserreichtum der Llanosflüsse ist zur Regenzeit kolossal; bereits am Ausgang der Cordillere konnte ich die Rios de Santo Domingo und Boconó, also die aus den höchsten Teilen des Gebirges herauskommenden, nur noch im Kanoe überschreiten, am Ufer angekommen pflegt man zu rufen oder einen Revolver abzuschießen, um den Fährmann zu benachrichtigen, daß eine des Übersetzens bedürftige Karawane seiner harrt.

Man wird dann in ein Boot geladen, Gepäck etc. wird hineingeworfen, und die Maultiere und Pferde bindet man hinten an das Boot. Die Überfahrt halte ich für nicht ungefährlich, da die Tiere häufig hartnäckig sind und sich weigern, in das ihnen unangenehme nasse Element zu steigen, sowie namentlich durch die ihnen um die Hälse gelegten Stricke behindert und leicht scheu gemacht werden. So passierte ich die Rios de Santo Domingo und Boconó. Noch viel unangenehmer ist der Übergang über kleinere Flüsse, welche nicht tief genug sind, um per Boot befahren zu werden, aber auch nicht seicht genug, um einigermaßen trocken passiert werden zu können. So ist mir der Rio Guanare in unangenehmer Erinnerung geblieben. Bei der Ankunft in Guanare von Norden her hat man den Strom zu überschreiten, der hier in drei Armen mit dazwischenliegenden Sandbänken strömt. Zunächst machte uns schon die größte Mühe, den Fährmann zu bewegen, uns die Furt zu zeigen, und es bedurfte einiger kräftiger Mahnungen und der Erinnerung an vorhandene Waffen und Munition, um den Mann zur Dienstleistung zu bringen" (Sievers, 1888, S.218).

"Allein noch standen uns zwei Übergänge über denselben Fluß bevor, und bei dem unaufhörlichen Regen - die Regenzeit steht Anfang August in höchster Blüte - war es nicht gerade angenehm, diese Aussichten vor sich zu haben. Nachdem wir uns den ganzen Morgen durch Morast und fieberschwangere Flußuferdickichte hindurchgearbeitet hatten und am Nachmittage nur noch eine halbe Stunde von der rettenden Ortschaft der Sabana de Biscucui entfernt waren, hinderte uns in der That der reißende Fluß am Übergange. Die Strömung schoß pfeilschnell daher, weil es im Gebirge heftige Regengüsse gegeben hatte, und wir waren genötigt, das Ablaufen der "creciente", Hochflut, abzuwarten. Zweimal hatten wir den Fluß, zuerst vom rechten zum linken und dann unmittelbar darauf vom linken zum rechten Ufer, zu kreuzen, und es hätte uns zwar auch freigestanden, einen durch den Wald gehauenen Pfad am rechten Ufer des Flusses zu benutzen; allein da ich aus Erfahrung wußte, daß diese selten begangenen "picas", Pfade, durch den Wald schon in der Trockenzeit, geschweige denn in der Regenzeit, das non plus ultra aller Beschwerlichkeiten bieten, und außerdem versichert wurde, daß diese "pica" ganz besonders sumpfig und in schlechtem Zustande sei, so verzichteten wir gern darauf, wagten am folgenden Morgen, nachdem das Wasser etwas gefallen war, den zweimaligen Übergang über den reißenden Strom, und er glückte denn auch in der That." (1888, S.220 ff).

Bis ins 20. Jahrhundert hinein blieb dieser Zustand erhalten: Weder gab die (land)wirtschaftliche Entwicklung in den Llanos Anstöße zum Ausbau eines leistungsfähigeren Verkehrssystems, noch gingen von den vorhandenen Verkehrsträgern, die da und dort zweifellos leistungsfähiger waren als sie für die westlichen und Niederen Llanos geschildert wurden, Impulse zu neuen wirtschaftlichen Entwicklungen aus:

"Some of the communities of South America now have a relatively lower position than they enjoyed in colonial days. Such is the state of Zamora in Venezuela, whose capital, Barinas, was once second only to Caracas in size and importance. The prime cause of its backwardness is assuredly the poor state of communications, discouraging alike immigration of foreigners and enterprise on the part of the native inhabitants. ... The roads within the state itself and those connecting it with external centers are practically intransitable in the wet season. The automobile road from Pedraza (Ciudad Bolivia) to Acarigua is open only five months of the year, and even then one may be delayed in fording a flooded stream. From May to November, inclusive, travel in any degree of personal comfort is impossible. Necessary traffic in freight is carried on by pack trains which cross the mountains in the Santo Domingo Valley to connect with the great Transandine highway. A little freight comes in bongos, dugout canoes, up the rivers Canaguá, Suripá, and Santo Domingo from the Apure. Mule carts come from Acarigua to Barinas in a week or ten days over water-soaked roads. This shows how necessary is the completion of the road under construction from Acarigua, Portuguesa, to San Cristóbal, Táchira" (Crist, 1932, S.411).

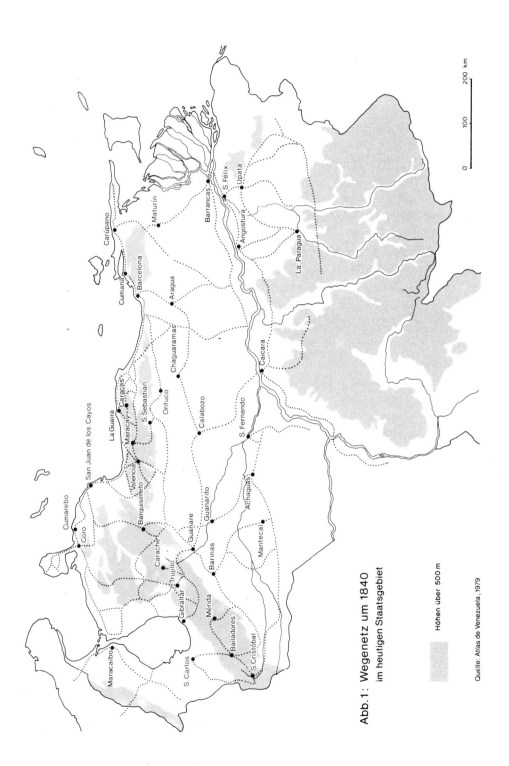

Abb. 1: Wegenetz um 1840 im heutigen Staatsgebiet

Höhen über 500 m

Quelle: Atlas de Venezuela, 1979

3.4 INSELHAFTE ENTWICKLUNGEN IN DEN LLANOS IM 20. JAHRHUNDERT

Völlig neue wirtschaftliche Kräfte kamen in den Llanos zur Auswirkung, als in den 30er Jahren in den östlichen Llanos um El Tigre große Erdölvorkommen erschlossen wurden. Mit den Camps entstanden zwar nichtländliche, aber eben auch noch keine städtischen Siedlungen. Lediglich für wenige zentralgelegene Siedlungen wurden damit Impulse für eine zunehmend städtische, auf breiteren Grundlagen beruhende Entwicklung gegeben. Die Erdölförderung konnte zwar keine weiträumige wirtschaftliche Entwicklung in der ganzen Region einleiten, doch kam es in ihrem Gefolge zur Erschließung wenigstens von Teilen der Llanos durch ein enges Netz fester, ganzjährig befahrbarer Straßen mit Macadam-Belag. Besonders für den Raum um El Tigre sollte sich diese Gunst für die nächste Entwicklungsphase als sehr bedeutsam erweisen.

Weitere, wenn auch nicht so bedeutende Erdölfördergebiete kamen später dazu: in den westlichen Llanos südlich von Barinas das Ölfeld von San Silvestre, am Rand der östlichen Llanos nordwestlich Maturin das Gebiet um Quiriquire (1928) und um Jusepin (1938) sowie am Rand des Orinocodeltas das Ölfeld von Tucupita.

Durch besondere Maßnahmen gefördert, gab es auch in der Landwirtschaft der Llanos regionale Sonderentwicklungen. Im Anschluß an den Stausee des Guárico bei Calabozo mit bewässerten Wiesen und Feldern entstand zwar nicht - wie ursprünglich geplant - ein Viehwirtschaftsgebiet, doch es entwickelte sich seit den 50er Jahren ein Reisanbau-Zentrum. Ferner haben vor allem ab den 60er Jahren die Schaffung verschiedener Bewässerungsgebiete und junger Agrarsiedlungen dem Raum zwischen Barinas und Acarigua neue Anstöße vermittelt (vgl. Borcherdt u. Mahnke, 1973). Diese Ansätze wirkten sich jedoch zunächst nur im engen lokalen Rahmen aus. Der Gesamtraum der Llanos wurde dadurch in seinem Charakter wenig verändert.

"Die Llanos blieben im übrigen Veihwirtschaftsgebiet in Großbetrieben auf der Basis der Zaunweide in der nördlichen Intensivzone und freier Hirtenweide in den Gebieten im südlichen Teil bis zur Grenze gegen Kolumbien längs des Rio Meta.

Einige Maisschläge sind in die Weidewirtschaftslandschaft eingesprengt. Entscheidend ist nur der Wandel in der Viehzucht. Das Zeburind hat sich als Zuchttier durchgesetzt, die künstliche Besamung wird allenthalben betrieben. Die großräumige Zaunweide erlaubt dem Haciendero eine optimale Ausnutzung der feinen Relief- und Bodenunterschiede im Jahreslauf der Überschwemmung, das Umgehen der Schädlingsgefahren in den offenen Grasfluren und in den Weidegehölzen mit den lockeren Beständen an Mauritiuspalmen, die Schweinen ein gutes Futter liefern.

Die Unterschiede in der regionalen Intensität sind groß; die niederen Llanos sind reicher bestockt als die bodenverkrusteten höheren Llanos am Nordrand und im Osten, obwohl diese in der größeren Marktnähe bessere Absatzchancen haben. Das Land ist

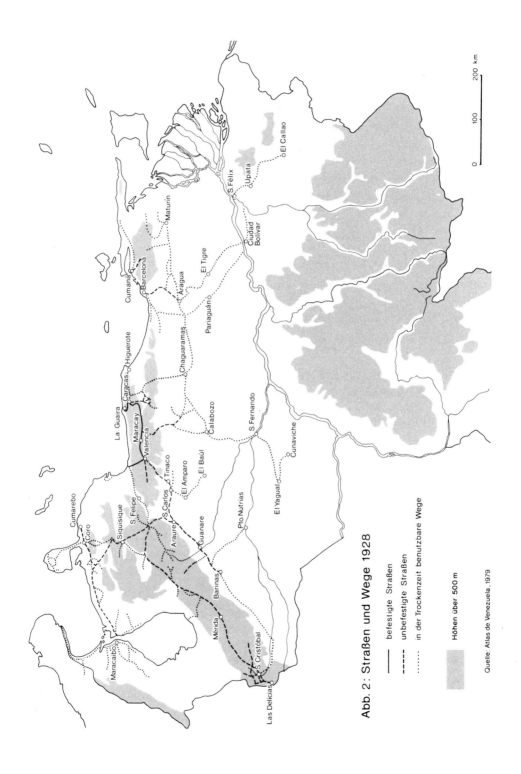

Abb. 2: Straßen und Wege 1928

— befestigte Straßen
-- unbefestigte Straßen
⋯ in der Trockenzeit benutzbare Wege

Höhen über 500 m

Quelle: Atlas de Venezuela, 1979

kaum verbesserungsfähig. Nur selten gibt es eine Intensivierung der Weide durch Umbruch und Grassaat. Die Produktionssteigerung ist nur durch die Züchtung resistenter anspruchsloser Tiere, eben durch Mischung mit Zebus, zu erreichen. Einer Strukturwandlung der agrarwirtschaftlichen Nutzung der Llanos setzen sich natürliche Schranken entgegen" (Otremba, 1973, S.8).

Die von Otremba beschriebenen kleinen Schritte bei der Entwicklung der Viehwirtschaft änderten zunächst nichts an der wirtschaftlichen Bedeutung des Raumes. Deswegen ging auch die Erschließung durch ein neues, leistungsfähigeres System von Teerstraßen nur zögernd voran. Zwar wurde bereits kurz vor 1920 eine durchgehende Fahrstraße entlang des südöstlichen Andenrandes, die "Carretera Occidental", bis nach San Cristóbal fertig, doch zeigt das oben wiedergegebene Zitat von Crist ihre Mängel noch in den 30er Jahren. Der Aufschwung des Raumes um Barinas und Acarigua seit den 50er Jahren machte jedoch eine ganzjährig benutzbare Verkehrsanbindung an die Zentralregion erforderlich. Der nordöstliche Abschnitt dieser Verbindungsstraße wurde mit einem Macadambelag versehen, der Ausbau des südwestlichen Teiles zwischen Barinas und San Cristóbal aber erst 1965 vollendet.

Am Südostrand der Llanos hatten die ehemals blühende Handelsstadt Ciudad Bolívar sowie die immerwährende "Schatzsuche" im südlich anschliessenden Guayana-Bergland schon früh Pläne für eine Fahrstraße von der Zentralregion nach Osten und durch die östlichen Llanos aufkommen lassen. Der Bedeutungsverlust Ciudad Bolívars ließ diese Pläne jedoch nicht so rasch zur Ausführung gelangen. Erst als das Erdölfeld um El Tigre erschlossen wurde und von den frühen 50er Jahren an die Pläne für ein schwerindustrielles Zentrum östlich von Ciudad Bolívar an der Mündung des Caroní in den Orinoco Gestalt annahmen, konnte der Ausbau einer Asphaltstraße vom Zentralraum quer durch die Llanos zur Guayana hin verwirklicht und 1967 mit der Fertigstellung der Brücke über den Orinoco bei Ciudad Bolívar abgeschlossen werden.

Damit waren zwei der oben erwähnten Gebiete mit lokaler Sonderentwicklung (Barinas/Acarigua und El Tigre) an überregionale Durchgangsstraßen angeschlossen. Zu diesen beiden Hauptdurchgangsstraßen kamen noch Stichstraßen in Gebiete besonderer Entwicklung, so nach Calabozo, bzw. zu "größeren" Siedlungen wie San Fernando de Apure, Ciudad de Nutrias, Guasdualito und El Baúl. Man fühlt sich in dieser Phase erinnert an die eingangs erfolgte Beschreibung der vorkolonialen Situation: Die Handelsbeziehungen gehen durch die Llanos, aber kaum in die Llanos.

Bild 1: Ehemaliges Handelshaus in Puerto Nutrias am Rio Apure.

Bild 2: Hauptstraße in der Erdölstadt San José de Guanipa (El Tigrito).

3.5 DIE NEUERE ENTWICKLUNG DER LLANOS SEIT 1970

Der Plan de la Nación für die Jahre 1981-1985 liefert eine aktuelle und präzise Problembeschreibung für die Llanos. Sie ist von der Planungs-Region "Llanos", worunter im wesentlichen nur die Staaten Apure und Guárico fallen, auf den gesamten Raum der Llanos, wie er hier verstanden wird, übertragbar: "La problemática actual de la Región, cuya población exceda de 600 000 personas, permite identificarla como marginada del desarrollo nacional y altamente dependiente del gasto público. Todo ello se traduce en un bajo nivel de vida de su población, cuyas reducidas oportunidades de una adecuada remuneración y al disfrute de servicios la hacen migrar a la zona central del país" (VI. Plan de la Nación 1981 - 1985. Caracas 1981, Vol. III, S.48).

Im Folgenden sollen einige Regionen und Bereiche aufgezeigt werden, in denen sich neuere Entwicklungen abzeichnen. Dabei ist noch nicht eindeutig erkennbar, in welchem Maße die jüngsten Veränderungen im Bereich von Wirtschaft - insbesondere der Landwirtschaft - und Verkehr tatsächlich Anzeichen für eine neue Phase in der Entwicklung der Llanos darstellen - oder inwieweit sie nur Bestehendes modifizieren. Die grundsätzliche Bedeutung der eingeleiteten Veränderungen ist jedoch nicht zu übersehen:

Im Raum El Tigre finden sich großangelegte Ansätze für eine ackerbauliche Nutzung auf der Grundlage von Bewässerung mit Hilfe von Tiefbrunnen. Die gute Erschließung dieses Gebietes durch das engmaschige Netz der Erdölfeld-Straßen bildet hierbei neben den natürlichen Faktoren eine wichtige Grundlage, die diesem Vorhaben eine eigene Dimension gibt. Faktoren wie hoher Kapitalbedarf für die Brunnenbohrung, die zufällig erscheinende Streuung der Betriebe ohne erkennbare Standortfaktoren, der offensichtliche Versuchs-Charakter der Kulturen - mal Erdnuß, mal Sorghum, mal Sesam, mal Yuca oder auch Tomaten - geben der Entwicklung allerdings auch noch einen recht spekulativen Anstrich. Die Beständigkeit wird sich erst noch erweisen müssen.

Die bereits ackerbaulich genutzten Räume von Calabozo und zwischen Barinas und Acarigua sind in eine Phase gekommen, in der neben die Produktion von landwirtschaftlichen Gütern auch Verarbeitung und Veredelung treten. Beide Räume zeichnen sich als Schwerpunkte in der Entwicklung der Agrarindustrie aus.

Das staatliche Programm "Módulos de Apure" im Gebiet westlich von San Fernando de Apure bei Mantecal verfolgt mehrere Hauptziele. Durch

Querdeiche zwischen zwei Flüssen sollen die Überschwemmungen kontrolliert und Wasser für die Trockenzeit zurückgehalten werden. Dadurch lassen sich im Areal hinter den Dämmen die Auswirkungen der Trockenzeit vermindern sowie die Weideflächen vergrößern und in ihrer Qualität verbessern. Damit dürfte eine höhere Bestandsdichte an Vieh erreicht werden: Bisher entfallen auf 1 Rind 15 ha; angestrebt wird ein Besatz von 1 Rind auf 2,5 ha. Zur Erreichung dieses Ziels wird seit 1969 als großangelegtes staatliches Vorhaben (Enteignung von 1 Mio. Hektar im Jahr 1974) - aber auch in Privatinitiative auf großen Hatos - ein Netz von flachen Deichen aufgeschüttet, das den Abfluß des regenzeitlichen Hochwassers regulieren soll. Bis Ende der 70er Jahre waren auf diese Weise 300 km Deiche, die jeweils eine Fläche von 2 000 bis 4 000 ha umschließen - eine solche Flächeneinheit wird als "módulo" bezeichnet - errichtet. Für eine abschließende Bewertung der wirtschaftlichen und ökologischen Folgen ist der Zeitraum noch zu kurz.

Für die Viehwirtschaft in den "Llanos bajos" scheinen sich außerdem noch neue Möglichkeiten zu eröffnen durch die erfolgversprechenden Versuche im Orinoco-Delta, wo mit den "búfalos" aus Trinidad eine besser an die Feuchtgebiete angepaßte Viehrasse eingewöhnt und gezüchtet wird. Wenn auch die 1977 für die "módulos" propagierte Bezeichnung als "zweites ökologisches Wunder" - gelinde gesagt - zu hoch gegriffen erscheint, so deuten sich doch positive Entwicklungen an -, und zwar in dem Wirtschaftszweig, der einmal die Erschließung der Llanos eingeleitet hatte, dann aber durch seine Stagnation den gesamten Raum in eine Randlage geraten ließ.

Als "erstes ökologisches Wunder" gilt das Pino-Projekt der östlichen Llanos zum Uverito. Zumindest was Umfang und Pflanzleistung betrifft, kann hier von einem Erfolg gesprochen werden. 1969 wurde mit den umfangreichen Baumanpflanzungen begonnen. Das Projekt hat eine ökologische und eine wirtschaftliche Seite. Aus ökologischer Sicht soll für einen besseren Schutz des Bodens gesorgt werden - wobei allerdings die Probleme einer solchen Monokultur vielleicht erst später noch auftreten werden. Mittelbar sollen aber die übrigen Waldgebiete Venezuelas, vor allem der Guayana, vor Raubbau geschützt werden, indem der neuangelegte Wald etwa ab 1985 Rohstoffe für Holz-, Papier- und chemische Industrie liefern soll. Ziel ist die Pflanzung von 180 Millionen Bäumen auf 140 000 ha; 1979 waren 86 Mio. Bäume auf 48 900 ha gepflanzt. Der angepflanzte Baum - "pino caribe" - ist eine aus dem karibischen Raum kommende Kiefernart, die mit den natürlichen Bedingungen der östlichen Llanos (feiner und karger Sandboden, wechselfeuchte Witterung) gut zurechtkommt. Nach den langjährigen Erfahrungen wachsen 70 % der gepflanzten Bäume heran, größte Gefährdungen lagen bisher in extremen Trockenzeiten (1974/75), vor allem aber in Bränden. Das Holz dieser Kiefer liefert einen langfaserigen Rohstoff als Ausgangsmaterial vor allem für Zeitungspapier. Bereits durch das Pflanzungsprojekt an sich wurden mehr als 1 500 Arbeitsplätze geschaffen; mit der geplanten Weiterverarbeitung im Raum Ciudad Guayana sollen dann weitere Arbeitsplätze dazukommen.

Zur Zeit noch kaum abzuschätzende Veränderungen sind unter dem Stichwort "Faja petrolífera del Orinoco" zu erwarten. Hier handelt es sich um Schwerölfunde in einem breiten Gürtel nördlich des Orinoco; an rentablen Gewinnungsprozessen wird gearbeitet, unter den gegenwärtigen Bedingungen scheint die Förderung noch zu teuer zu sein. Immerhin kann sich das Land angesichts sonst schwindender Ölvorräte die Hoffnung auf ein weiteres Fließen der wichtigsten Einnahmequelle erhalten.

Es zeigt sich, daß eine vielseitigere Inwertsetzung einzelner Teilräume und auch des gesamten Llanos-Raumes eingesetzt hat, die auch Beziehungen der Teilräume untereinander ermöglicht bzw. erforderlich macht. Das System der Stichstraßen mit den Bezugspunkten außerhalb des Llanos-Raumes genügt nicht mehr. Dem entspricht, daß die Stichstraßen in jüngerer Zeit verlängert werden, Querverbindungen innerhalb der Llanos ausgebaut werden und zumindest in einzelnen Teilräumen auch die lokale Erschließung weiter gefördert wird. Inwieweit diese regionalen Ansätze tragen und genügen, um den gesamten Raum aus seiner Randlage zu lösen, muß sich erst noch erweisen.

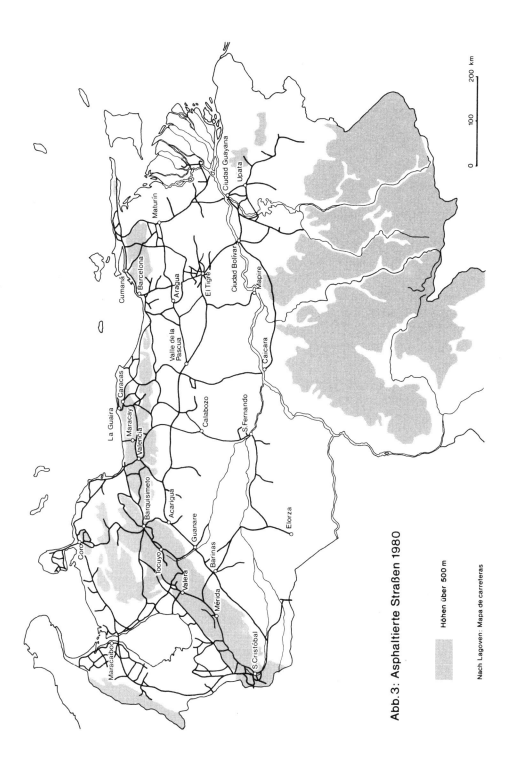

Abb. 3: Asphaltierte Straßen 1980

Höhen über 500 m

Nach Lagoven: Mapa de carreteras

4 BEVÖLKERUNGSENTWICKLUNG UND BEVÖLKERUNGSDICHTE IN DEN LLANOS

Die Llanos gehören zu den dünn besiedelten Räumen Venezuelas. Bevölkerungsdichten von 2 - 10 Einwohner je km² sind die Regel. Nur der Raum südlich des Orinoco hat noch geringere Bevölkerungsdichten aufzuweisen. Allerdings sind erhebliche Unterschiede in der heutigen Verteilung der Bevölkerung festzustellen, auf die im folgenden noch einzugehen sein wird.

In vorkolonialer Zeit waren die Llanos im Gegensatz zum andinen Raum und zu den Küstenkordilleren aus naturgeographischen Gründen so gut wie unbewohnt. Sammler, Jäger und Fischer durchstreiften die Llanos, lediglich an den Ufern des Orinoco und anderer großer Flüsse gab es Eingeborenendörfer.

Mit der Besitzergreifung durch die Spanier kamen Rinder, Pferde, Maultiere u.ä. Nutztiere nach Venezuela und damit bereits 1548 die Rinderhaltung in die Llanos (Dalton, 1918, S.197). Die Viehhaltung wurde zur Haupterwerbsquelle der Llanos über die Jahrhunderte und ist es - auf die Fläche bezogen - bis heute geblieben. Die Stückzahlen der gehaltenen Tiere stiegen sehr schnell an. Zu Humboldts Zeiten wurden z.B. 1 200 000 Rinder, 180 000 Pferde und 90 000 Maultiere geschätzt (Dalton, 1918, S.197; bei Brito Figueroa, 1975, und Vila, 1968, weitere Zahlen für verschiedene Zeitpunkte). Ein Auf und Ab der Viehbestände gab es durch Absatzkrisen, Unruhen, Kriege und nicht zuletzt durch Tierkrankheiten. Durchgesetzt haben sich in jüngster Zeit Zebu-Rinder und Zebu-Kreuzungen, die den Anforderungen am besten gewachsen sind. Dabei ging es und geht es noch heute fast ausschließlich um die Fleisch- und Ledererzeugung. Milchviehhaltung ist infolge der großen Kontraste von Regen- und Trockenzeit, aus arbeitstechnischen Gründen und wegen der großen Distanzen zwischen den verstreut gelegenen Großbetrieben (Hatos) und den Absatzmärkten ausgeschlossen. Um die Jahrhundertwende waren Milch und Butter in den Llanos nicht zu bekommen, es sei denn als Importware (Dalton, 1918, S.198).

Die kurz angedeuteten Charakteristika der Viehhaltung in den Llanos zeigen, daß für diese relativ wenige Arbeitskräfte ausreichen. Die Llanos wurden zwar besiedelt, aber bis in unsere Zeit blieb die Bevölkerungsdichte gering. Zum Teil entstanden aus Hatos kleine Weiler, vor allem an Wegegabelungen oder Wegkreuzungen auch kleine Dörfer und dort, wo das Vieh zusammengetrieben und verkauft wurde, auch größere Dörfer bzw. kleine Städtchen. Zu nennen sind z.B. El Sombrero, Calabozo, San Sebastián de los Reyes und Barinas (Brito Figueroa, 1975, S.138/139).

In der zweiten Hälfte des 18. Jahrhunderts besaßen einige Kleinstädte schon ganz ansehnliche Bedeutung, insbesondere jene am Andenrand, wo ein Großteil der Rinder zum Verkauf kam. Auf Barinas und Pedraza mit seinen Pfarreien konzentrierte sich eine Bevölkerung von 6 570 Einwohnern. Zwischen Guanare und San Rafael de Onoto lebte um 1800 eine Bevölkerung von 22 300 Personen, die sich aus 7 102 Weißen, 5 835 Eingeborenen, 6 976 Mischlingen, 1 079 freien Negern und 1 306 Neger-Sklaven zusammensetzte. In den größeren Orten der mittleren und östlichen Llanos wurden insgesamt 52 000 Einwohner gezählt. Darunter sind u.a. die folgenden Orte erwähnt: Santa Bárbara de Achaguas, San Juan de Payara, Camaguán, Calabozo, San Carlos, El Sombrero, Barbacoas, Santa María de Ipire, Chaguaramas, Altagracia de Orituco (Brito Figueroa, 1975, S.143). Tabelle 1 gibt die Einwohnerzahlen der größten Orte in den Llanos für 1771 - 1784 und 1800 - 1810 an (Brito Figueroa, 1975, S.155).

Tab. 1: Einwohnerzahlen der größten Städte in den Llanos um 1780 und 1810

Städte und Dörfer	Bevölkerung 1771 - 1784	Bevölkerung 1800 - 1810	Zunahme
Guanare	5 300	12 300	7 000
Barinas	3 500	10 000	6 500
Calabozo	3 440	4 800	1 360
Araure	2 841	3 945	1 104
Ospino	2 831	6 375	3 544
San Mateo	2 253	3 000	747
El Sombrero	2 182	3 504	1 322
Tinaco	1 782	2 577	795
Barbacoas	1 714	2 716	1 002
Tucupido	1 597	4 236	2 639
Acarigua	935	2 570	1 635

Infolge der Befreiungskriege und der kriegerischen Unruhen im Laufe des 19. Jahrhunderts ging die Viehhaltung in den Llanos mehr und mehr zurück. Hinzu kam der wachsende Konkurrenzdruck anderer Länder auf den Märkten für Häute und Leder. Der Export Venezuelas verlagerte sich mehr auf Kakao und Zucker, später dann auf Kaffee. Damit gewannen andere Regionen Venezuelas, vor allem die Küstenkordillere und der Andenraum, an wirtschaftlicher Bedeutung.

Betrachtet man nun die Bevölkerungsentwicklung seit der ersten Volkszählung 1873 staatenweise (Tab. 2), so wird deutlich, daß trotz der Stagnation in der Viehhaltung die Bevölkerungszahl in den Llanos - vor allem aufgrund des Geburtenüberschusses - noch kräftig gewachsen ist, besonders von 1873 bis 1881, merklich weniger im folgenden Jahrzehnt bis 1891. Der Prozentanteil der Einwohner in den Llanos an der Gesamtbevölkerung ging jedoch bereits in diesen Jahren von 32 % auf 28,5 % zurück. Bald verstärkte sich die Abwanderung aus den Llanos, die in den ersten Jahrzehnten des 20. Jahrhunderts große Ausmaße erreichte und auch zu einem absoluten Bevölkerungsrückgang führte (siehe Zensus 1926 und 1936 in Tab. 2). Zwischen 1936 und 1950 bzw. 1961 nahm dann die Llanos-Bevölkerung wieder deutlich zu, aber jetzt mit sehr großen Unterschieden zwischen den einzelnen Staaten. Die Erschließung der Erdölfelder in den Staaten Anzoátegui und Monagas bewirkte dort eine positive Bilanz, die aber in der Periode 1961 bis 1971 merklich schwächer wurde, d.h., die zur Erschließung der Felder benötigten Arbeitskräfte sind weitgehend wieder abgewandert (vgl. Borcherdt, 1973b, S.268; Gormsen, 1975). In der Periode 1961 bis 1971 konnten nur die Anden-Randstaaten Barinas und Portuguesa ihren prozentualen Anteil an der Gesamtbevölkerung steigern. Hier wirkte sich die wirtschaftliche Aktivierung dieses Raumes aus, die durch den Ausbau der letzten Abschnitte der Andenrand-Straße bis San Cristóbal begünstigt wurde (vgl. Borcherdt, 1973b, S.256). Außerdem erfolgte eine Zuwanderung landwirtschaftlicher Bevölkerung aus den höheren Teilen der Anden. Dagegen ist der Bevölkerungsanteil besonders in den zentralen Llanos, in den Staaten Cojedes und Guárico, rückläufig bei allerdings positiven absoluten Zahlen. Guárico war 1873 mit seinen 191 000 Einwohnern der volkreichste Staat Venezuelas und hatte einen Anteil von fast 11 % an der Bevölkerung; heute sind es mit doppelt so vielen Einwohnern nur 2,7 %. Trotz Förderung von Agrarkolonisation und Agro-Industrie kann der Geburtenüberschuß nur teilweise gehalten werden. Bei der Bevölkerungsentwicklung 1971 - 1981 verstärkte sich der Trend, der bereits aus dem Vergleich von 1961 und 1971 zu erkennen war (vgl. Tab. 2): Die sieben Llanos-Staaten Anzoátegui, Apure, Barinas, Guárico, Monagas und Portuguesa nahmen an Bevölkerung zu, aber ihr prozentualer Anteil an der Gesamtbevölkerung Venezuelas ging von 1961 bis 1971 von 18,7 % auf 17,8 % und von 1971 bis 1981 auf 17,5 % zurück. Dabei ist noch zu beachten, daß in der Summe des Staates Anzoátegui auch die Küstenzone

Tab. 2: Bevölkerung der sieben Llanos-Staaten im Zeitraum 1873 - 1981
und ihr jeweiliger Anteil an der Gesamtbevölkerung Venezuelas

Staat	1873 Einw.	%	1891 Einw.	%	1926 Einw.	%	1936 Einw.	%
Anzoátegui	101 396	5,7	134 064	5.8	129 791	4,3	136 573	3,9
Apure	18 635	1,0	22 837	1,0	58 499	1,9	71 271	2,0
Barinas	59 440	3,3	62 696	2,7	57 341	1,9	56 193	1,6
Cojedes	85 878	4,8	87 935	3,8	82 152	2,7	48 091	1,4
Guárico	191 000	10,7	183 930	7,9	125 282	4,1	120 420	3,4
Monagas	47 863	2,7	74 503	3,2	68 765	2,3	93 805	2,7
Portuguesa	79 964	4,5	96 045	4,1	58 721	1,9	71 675	2,1
7 Llanos-Staaten	584 176	32,7	662 010	28,5	580 551	19,2	598 028	17,1
Venezuela	1 784 194	100,0	2 323 827	100,0	3 026 878	100,0	3 491 159	100,0

Staat	1950 Einw.	%	1961 Einw.	%	1971 Einw.	%	1981 Einw.	%
Anzoátegui	242 058	4,8	382 002	5,1	506 297	4,7	684 451	4,7
Apure	88 939	1,8	117 577	1,6	164 705	1,5	193 248	1,3
Barinas	79 944	1,6	139 271	1,9	231 046	2,2	326 166	2,2
Cojedes	52 111	1,0	72 652	1,0	94 351	0,9	133 991	0,9
Guárico	164 523	3,3	244 966	3,3	318 905	3,0	393 467	2,7
Monagas	175 560	3,5	246 217	3,3	298 239	2,8	390 071	2,7
Portuguesa	122 153	2,4	203 707	2,7	297 047	2,8	424 984	2,9
7 Llanos-Staaten	925 288	18,4	1 406 392	18,7	1 910 590	17,8	2 546 378	17,5
Venezuela	5 034 838	100,0	7 523 999	100,0	10 721 522	100,0	14 570 085	100,0

Quellen: Brito Figueroa 1974-75; Oficina Central de Estadistica, 1981.

mit der stark wachsenden Agglomeration Barcelona-Puerto la Cruz-Pozuelos enthalten ist, die nicht mehr zum Llanos-Bereich zählt. Daher wäre es gerechtfertigt, von der Gesamteinwohnerzahl der Llanos für 1981 rund 361 000 Einwohner (Küsten-Distritos Bolívar, Peñalver und Sotillo) bzw. 2,5 % von den 17,5 % abzuziehen.

Unter den Llanos-Staaten entwickelten sich die Andenrand-Staaten Portuguesa (43,1 % Bevölkerungszuwachs gegenüber 1971) und Barinas (41,2 % Zuwachs) sowie der an die Zentralregion angrenzende Staat Cojedes (42,0 %) besonders gut, denn die durchschnittliche Zunahme der Bevölkerung Venezuelas zwischen 1971 und 1981 belief sich auf 35,9 %. Beachtlich halten sich auch die östlichen Llanos-Staaten Anzoátegui (35,2 % mit Küstenzone) und Monagas (30,8 %), während die mittleren Staaten Guárico (23,4 % Zuwachs) und Apure (17,3 %) weit abfallen. Die Gründe hierfür werden in der folgenden kleinräumigen Analyse deutlich werden. Nach absoluten Zahlen ist 1981 Anzoátegui mit 684 451 Einwohnern (einschließlich Küstenzone) der menschenreichste Staat vor Portuguesa (424 984 Einwohner), das bisher nur den Rang 4 unter den sieben Llanos-Staaten innehatte.

Kennzeichnend für die Llanos ist, daß sich auch hier die Bevölkerung immer mehr in größeren Orten konzentriert, d.h., der Bevölkerungsanteil in den Streusiedlungen wird immer kleiner (Unveröffentlichte Karte im Institut; Gormsen, 1975, Tab. 1). Die Llanos-Bewohner versuchen also, wenn es sich irgendwie machen läßt, an den Versorgungseinrichtungen eines größeren Ortes zu partizipieren oder hier eine Arbeit zu finden. Vor allem die staatlichen Einrichtungen haben sich in den Hauptstädten der Staaten und Distrikte sehr vermehrt. Selbst in Apure ist der Anteil der Bevölkerung in Orten mit mehr als 5 000 Einwohnern von 1950 bis 1971 von 15 % auf 28 % gestiegen. Für Barinas lauten die entsprechenden Werte 11 % und 62 %, für Guárico 31 % und 55 %.

Es ist klar, daß die staatenweise Betrachtung nur ein grobes Bild der Bevölkerungsentwicklung vermitteln kann. Erst bei genauerer Untersuchung von Distrikten, Municipios oder einzelnen Orten lassen sich die eigentlichen Aktivitätsräume genauer lokalisieren und interpretieren. Hier in diesem Zusammenhang dürfte es genügen, die einzelnen Räume nur kurz zu charakterisieren, wobei Karte 4 den aktuellen Stand der Bevölkerung 1981 auf Municipio-Basis sowie die Bevölkerungsveränderung von 1971 bis 1981 wiedergibt.

Im Westen stellt der "piedemonte andino" schon seit Beginn der Inwertsetzung der Llanos einen Aktivraum dar. Die hier gelegenen Städte ver-

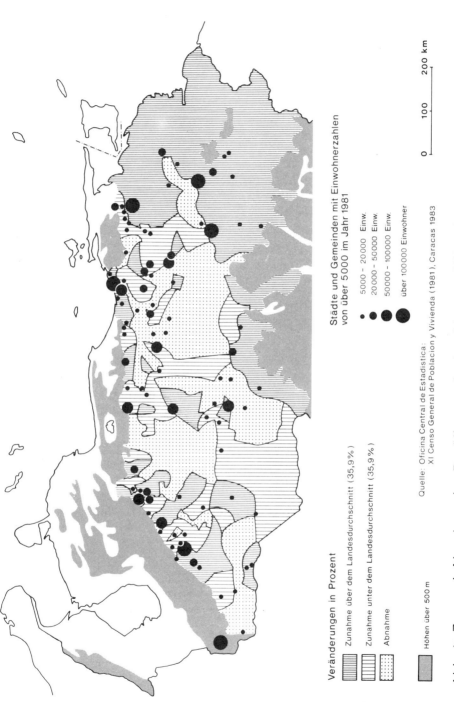

Abb. 4: Zu- und Abnahme der Bevölkerung in den Llanos 1971–1981

mittelten den Handel mit den Anden und ebenso mit dem Raum um Barquisimeto und der Küste. Der nordöstliche Teil, die Gegend von Acarigua-Araure und Guanare, war über Saumpfade mit Barquisimeto bzw. der Küste bei Coro verbunden. Als man 1873 - 1877 die Erzbahn von Aroa nach Tucácas zur Küste baute und die Bahnlinie 1891 von Aroa bis Barquisimeto verlängerte, brachte dies einen besonderen Aufschwung für Acarigua. Die Verbindung von Acarigua nach Barquisimeto wurde als Karrenweg ausgebaut. Der Raum um Barinas war dagegen über Saumpfade mit dem südlichen Maracaibo-See verbunden (Gibraltar, später La Ceiba) und damit auf den Überseehafen Maracaibo ausgerichtet. Im Sommer, wenn die Saumpfade infolge des aufgeweichten Erdreichs zu beschwerlich waren, wurden die hohen Wasserstände von Apure und Orinoco genutzt, um Viehherden sowie Waren per Schiff zu transportieren. Die von Nordosten kommende Andenrand-Straße reichte bis in die 1960er Jahre nur bis Barinas, einen festen Belag bekam die Straße bis Acarigua erst 1957/58 und auf dem weiteren Stück nach Barinas Anfang der 60er Jahre. Die Handelsbeziehungen führten jedoch früh zum Aufschwung dieser Städte. Gegen Ende des 19. Jahrhunderts waren sie noch durch Tabakanbau (Varinas-Tabak) und Indigoanbau - auch um Araure - verstärkt worden (Gormsen, 1963, S.35-37; 44-46; 52). Nach dem wirtschaftlichen Niedergang kurz nach der Jahrhundertwende - Viehhandel und Tabakanbau gingen rapide zurück - ist heute der Andenfuß wieder eine wirtschaftliche Aktivzone. Dies geht auch aus Karte 4 hervor, auf der sich die Bevölkerungskonzentration bei Acarigua-Araure bis über Barinas hinaus deutlich abzeichnet. Die durchgehende Bevölkerungszunahme ist überall dort überdurchschnittlich, wo die Straßenerschließung gut ist und landwirtschaftliche Fördermaßnahmen durchgeführt worden sind. Besonders zu erwähnen ist die Agrar-Kolonisation nach dem Zweiten Weltkrieg bei Villa Bruzual (Colonía Turén), die eine starke Bevölkerungszunahme für diesen Raum gebracht hat.

Die Städte der zentralen Llanos am Übergang nach dem Norden haben sich durch den Viehhandel ebenfalls gut entwickelt, ihre Position jedoch zumeist nicht halten können. Tinaco, El Sombrero, Barbacoas sind heute sehr bescheidene Orte. Lediglich San Carlos, das den Viehhandel mit Valencia und Puerto Cabello vermittelte, konnte Dank seiner Lage an der Durchgangsstraße Valencia-Acarigua und seiner Verwaltungsfunktionen als Hauptstadt von Cojedes seine Bedeutung erhalten. Ein deutliches Wachstum weisen die Hauptstädte von Guárico und Apure, Calabozo und San Fernando de Apure auf. Beide Städte sind von Norden her auf einer Macadamstraße zu erreichen und profitieren hauptsächlich von ihren zunehmenden zentralörtlichen Funktionen. Der Staudammbau am Embalse del Guárico und die Agrar-Kolonisation bei Calabozo sind in diesem Zusammenhang besonders zu erwähnen. Karte 4 zeigt in den mittleren Llanos die Konzentration der Bevölkerung auf Calabozo, San Fernando de Apure und Valle de la Pascua und - aber schon abgeschwächt - entlang der Straßen zu diesen Städten. Die übrigen großflächigen Räume haben dagegen zwischen 1971 und 1981 Bevölkerungsverluste hinnehmen müssen. Etwas günstiger sieht es südlich des Rio Apure aus, wo durch staatliche Maßnahmen zur Stützung der Rinderhaltung im Raum Mantecal-Elorza-Achaguas die Bevölkerung prozentual zwar deutlich zunahm, sich jedoch an der traditionell dünnen Besiedlung dieses Raumes nichts wesentlich geändert hat.

In den östlichen Llanos, vor allem in den Staaten Anzoátegui und Monagas, ist zwischen den Erdölgebieten in den zentralen Binnenräumen und den Standorten der Ölverarbeitung im Küstenbereich zu unterscheiden. Die Erdöl-Erschließung zwischen 1930 und 1960 hat in weiten Teilen der östlichen Llanos, die für die Viehhaltung wegen der extremen Trockenheit in den Wintermonaten nicht so günstig sind, eine enorme Zuwanderung an Bevölkerung gebracht. Die Städte El Tigre, San José de Guanipa (El Tigrito), Cantaura, Anaco und andere sind erst Ende der 1930er Jahre gegründet worden. Seit auf den Ölfeldern nur noch gefördert, d.h. relativ wenig Personal benötigt wird, ist die Abwanderung aus diesen Räumen wieder dominierend. Allerdings haben sich einige Städte mit zentralen Funktionen als Etappenorte an der Straße nach Guayana wieder fangen können. Dazu gehören vor allem El Tigre und Anaco. Im Staat Monagas ist es die Hauptstadt Maturín, die ihre Bevölkerungszahl nach der Anfangsphase der Erdölförderung nicht nur halten, sondern noch vergrößern konnte, vor allem als Verwaltungs- und Schulstadt. Im letzten Jahrzehnt ist auch der Raum südlich von Maturín, vor allem um Temblador, auf Grund von Erdöl-Aktivitäten überdurchschnittlich gewachsen.

Die großen Flächen im östlichen Bereich der Karte, die einen hohen Bevölkerungszuwachs zeigen, liegen bereits außerhalb der Llanos. Es handelt sich einmal um das Orinoco-Delta, wo durch infrastrukturelle Maßnahmen und Großprojekte für die Landwirtschaft die Bevölkerung zunahm, die Bevölkerungsdichte jedoch trotzdem gering blieb. Die Bevölkerung konzentriert sich vor allem auf die Hauptstadt des Territorio Federal Delta Amacuro (Departamento Tucupita mit 1981 fast 50 000 Einwohnern). Zum anderen kommt es im Bereich der historischen Orinoco-Hafenstadt

Ciudad Bolívar und der neuen Bergbau- und Schwerindustrieagglomeration von Ciudad Guayana weiterhin zu starkem Bevölkerungswachstum.

Im Becken von Unare stoßen die Llanos bis zur Küste vor. Hier war es vor allem die Stadt Aragua de Barcelona, die den Viehhandel mit der Küste (Pto. Píritu) vermittelte und zu den bedeutendsten Städten nach der Einwohnerzahl zählte. Heute laufen die wichtigen Verkehrswege sowohl an Aragua de Barcelona als auch an Puerto Píritu vorbei, beide Orte sind unbedeutend. Die Hauptverbindung geht von Ciudad Bolívar über El Tigre, Anaco nach Barcelona bzw. nach Puerto la Cruz, dem Erdölhafen. Hier hat auch die Industrialisierung seit 1970 große Fortschritte gamacht. Allerdings kann das Städtepaar Barcelona-Puerto la Cruz nicht mehr zu den Llanos zugerechnet werden, sondern muß zu den Städten gezählt werden, deren Einflußbereich in die Llanos hineinreicht, vergleichbar Ciudad Guayana, Ciudad Bolívar, San Cristóbal, San Juan de los Morros u.a.

5 DIE FRÜHERE BEDEUTUNG DER STÄDTE IM WANDEL DER ZEITEN

Mit zunehmender Bevölkerung in den Llanos und mit der Differenzierung der wirtschaftsräumlichen Entwicklung bildete sich allmählich das heutige Siedlungssystem heraus. In ihm finden sich zwischen der Streusiedlung der Subsistenzbetriebe und den großen Viehwirtschaftsbetrieben der hatos bis zu einzelnen dynamisch wachsenden Großstädten die verschiedenen Formen der lockeren Gruppensiedlungen, der Marktorte, kleinen Landstädte und Mittelstädte.

Siedlungen mit ersten Anfängen städtischer Funktionen sind bereits mit der kolonialen Inbesitznahme des Raumes entstanden - in der Regel als Neugründungen, in Einzelfällen auch in Anknüpfung an vorkoloniale Siedlungen, wie es Lavaysse (1820, Neudruck 1969, S.75) für Calabozo beschreibt. Nach einer Übergangszeit als Stapelplatz spricht er dem Städtchen ab Mitte des 18. Jahrhunderts Stadtcharakter zu:

"Calaboso was formerly a village of Indians, but the Guipuscoa company having deemed it espedient to establish a staple there, towards the middle of the last century, the village became changed into a wellbuilt town."

Wie geschildert, stützte sich die koloniale Inbesitznahme zunächst fast ausschließlich auf die Viehwirtschaft, erst allmählich kamen regional beschränkte ackerbauliche Nutzungen dazu. Die Reisebeschreibungen des 19. und des frühen 20. Jahrhunderts belegen, daß sich bis dahin bereits ein horizontal und vertikal differenziertes Siedlungssystem herausgebildet hat. Die vertikale Differenzierung des 19. Jahrhunderts kann unter gewisser Vereinfachung auch für die Schilderung der zeitlichen Entwicklung herangezogen werden: Von der eindimensionalen Streusiedlung der einsetzenden kolonialen Inbesitznahme vollzog sich im 19. Jahrhundert der Werdegang zum vieldimensionalen Siedlungssystem mit Ciudad Bolívar als einziger Handelsstadt für den gesamten Raum der Llanos.

LÄNDLICHE STREUSIEDLUNG

Zum Verständnis der Städte, ihrer Funktionen und der in ihnen sich ausdrückenden Lebenshaltung gehört für die früheren Zeiten unabdingbar dazu die Schilderung des Lebens "auf dem Lande"; denn zumindest das Leben der hateros oder hacendados, der Besitzer der großen Rinderhaltungsbetriebe (hato und hacienda werden noch als gleichberechtigte Begriffe für Viehhaltungs-Großbetriebe - ohne erkennbare Unterscheidung - gebraucht; vgl. Borcherdt, 1979), war stark auf die Stadt bezogen. Dem üblichen Vorstellungsbild von dem rittergutähnlichen Äußeren einer hacienda entspricht wohl am ehesten die folgende Schilderung Gerstäckers (o.J., S.77):

"Draußen vor der Stadt, und kaum eine halbe Legua von den letzten Außengebäuden entfernt, lag die prachtvolle Hacienda der Familie Castilia, auf der Alles noch in der alten spanischen Zeit angelegt war.

Schon wenn man von der Straße aus unter die alten mächtigen Bäume einbog, die das Thor beschatteten und eine Strecke weit durch eine dichte Kaffeepflanzung hinführten, sah man in der breiten, aristokratischen Allee das stattliche Herrenhaus vor sich mit seinen luftigen Verandas und massiv steinernen Treppen und Portalen. Hier hinein fiel auch nie ein Sonnenstrahl, denn die Wipfel waren fest ineinander gewachsen und bildeten ein förmliches Dach. Aber kaum hundert Ellen schritt man darin hin, da öffnete sich plötzlich der hochgewölbte, laubige Gang, und ein zauberschönes Bild bot sich dem Auge dar.

Wie in einem Wald lag das schloßähnliche Gebäude, aber in einem Wald von blühenden Bäumen, unter denen der regelmäßig gepflanzte Kaffeestrauch das Unterholz bildete, während sich eine stattliche Allee von Königspalmen den riesigen Laubbäumen anschloß und, ihre Fortsetzung bildend, durch einen Orangenhain dem Portal entgegenführte. Um den breiten Fuß dieser wunderlichen Palmen aber - von einer hohen, seitwärts daran hinführenden und aus Stein gebauten Wasserleitung getränkt - blühten Rosen, Vanille, Granaten und andere prachtvolle tropische Blumen, und wunderbar belebend lag der Duft der Orangen auf der herrlichen Umgebung."

Abgesehen von der literarischen Verklärung einer fernen Wunderwelt aus vergangenen, kolonialen Glanzzeiten ist sicherlich zu bedenken, daß neben den herausragenden Einzelfällen eine Vielzahl von weniger prächtigen Normalfällen stand: Die roh zusammengezimmerten Funktionsbauten der hatos, in denen am ehesten einzelne Einrichtungsgegenstände etwas

Glanz verbreiteten, wie es Appun 1871 geschildert hat. Zu den dort beschriebenen festen Häusern sind außerdem dazuzudenken die Behausungen der "Bediensteten" in einer Bauweise, wie sie heute noch in den "bahareque"-Bauten der conucos erhalten ist: Mit Wänden aus einem Bambus-Reisig-Geflecht mit Lehmbewurf und palmstrohgedeckten Dächern. Appun hat über einen solchen hato am Wege nach El Baúl geschrieben:

"Das Wohnhaus war ein langes, zur Hälfte aus gespaltenen, in die Erde gerammten Baumstämmen, nur nach hinten zu aus Adobewänden bestehendes, luftiges Gebäude, mit den Wedeln der Palma de Cobija bedeckt. Aus den Stämmen dieser Palme bestand die Einfriedigung des angrenzenden, für einen kleinen Theil der Kühe bestimmten Corrals und zwar in ähnlicher Art als die nordamerikanischen Blockhäuser, durch Übereinanderlegen der rohen Baumstämme, aufgeführt, die den festen Halt an ihren Enden durch zwei an beiden Seiten aus der Erde hoch emporragende Stämme eben dieser Palme erhielten. Solche Arten Zäune waren in diesem Teile der Llanos die gewöhnlichsten und dauerhaftesten. ... Nach geschehener Stärkung knüpfte ich meine Hängematte an zwei Pfosten der Wand, um eine kurze Zeit auszuruhen, da Stühle hier zu den Seltenheiten gehörten. Überhaupt war von Möbels, außer einem großen Tische, hier nicht die Rede; eine Menge großer Tinajas standen, wahrscheinlich zur Aufbewahrung der Milch, umher und an den Wänden hingen einige lange, mit Feuerschloß versehene Flinten und kurze Trabucos, wie auch der compagnon des silbernen Riesensporn, ein paar schwere silberne Steigbügel und der mit dicken silbernen Ketten gezierte Zaum des Amo" (Appun, 1871, S.293 f.).

MARKTORTE

Neben diese ländliche Streusiedlung traten die Etappenstationen entlang der Viehtriebstraßen und die Marktorte. Besonders wichtig waren solche an den Kreuzungspunkten der beiden ursprünglichen Verkehrssysteme, der Viehtriebwege und der Flußschiffahrt. Ihre Funktionen bestanden in der Vermarktung der Produkte der Viehwirtschaft, der Versorgung der Landbevölkerung mit ein paar wenigen Zivilisationsprodukten, und darin, kultureller Mittelpunkt zu sein mit der Grundfunktion des Sich-Treffens, im Freien und in den Pulperias. Die weitständige Streusiedlung der riesigen hatos und einzelne kleine Marktorte: Dies wird in der ersten Phase der wirtschaftlichen Erschließung der Llanos bis ins 19. Jahrhundert hinein das Grundmuster der Besiedlung gewesen sein, und es hat sich in den peripheren Teilen bis heute so ähnlich erhalten. Als Prototyp des Stadtlebens in einem solchen Marktort mag hier - wiederum von Appun - die Schilderung von El Baúl stehen.

"Der an der Vereinigung des Rio Tinaco mit dem Rio Cojedes gelegene Ort ist von ziemlicher Größe und besteht hauptsächlich in zwei langen, breiten, schnurgeraden Straßen, an welchen die im ländlichen venezuelanischen Styl erbauten, weißgetünchten Häuser liegen, von denen ein großer Theil Pulperias sind.
Der Handel des Ortes, sowohl nach San Fernando de Apure als auch nach der Küste zu, ist lebhaft und wird mit letzterer in Rindvieh, Käse, getrockneten Fischen und Chiguire betrieben; ...

An zwei Seiten vom Flusse umgeben, der gerade hier eine entscheidende Wendung von Westen nach Süden macht, zieht der, auf einer ziemlichen Anhöhe gelegene Ort, in einer Reihe malerischer Hütten und Baulichkeiten, am Flusse sich entlang. Große lange, mit halbrundem Palmendach versehene Bongos, die vom Apure bis hierher, den Rio de la Portuguesa aufwärts, kommen, liegen am Flußufer und ihre indianische Mannschaft ist geschäftig, die Ladung an getrockneten Fischen und Fleisch am Ufer aufzuhäufen.

Mit Menschen überfüllte Boote, die unausgesetzt von einem Ufer nach dem anderen fahren, Heerden hindurchschwimmender Rinder, Pferde, Mulas und Esel beleben den Fluß, aus welchem, weit entfernt von dem Geräusche der im Wasser umhertummelnden Menge, hin und wieder die hechtartige Schnauze eines Caimans auftaucht, der, langsam durch's Wasser streichend, eine Untersuchungsreise nach dem jenseitigen Ufer ausführt.

In Menge stehen am Ufer Gruppen brauner bärtiger Llaneros beisammen, lebhaft gestikulirend und mit heftig erregter Stimme ihre revolutionaren Ansichten den Umstehenden kundgebend; ihre weiße kurze Jacke über dem blaugestreiften Hemd, die kurzen weißen, blaueingefaßten und am untern Theile aufgeschlitzten, mit Schleifen und Bändern versehenen Kniehosen, die engen bis zu den Knöcheln herabreichenden Unterhosen, geben den Llaneros einen leichten, frivolen Anstrich, der ihrem ganzen Charakter völlig angemessen ist.

So überaus fruchtbar auch die Gegend um die Mission am Flusse entlang aussieht, so herrscht doch bereits schon in der geringen Entfernung von einer halben Meile von dem Orte und dem Flusse, der echte Charakter der Llanos in der Landschaft wieder vor, so daß von bedeutendem Feldbau hier nicht die Rede sein kann" (Appun, 1871, S.320 f.).

ETAPPENSTATIONEN

Steigende Bevölkerungszahlen, allmähliche wirtschaftliche Differenzierung und das Aufkommen weiterer Verkehrsträger (Reitwege, Karrenwege) führten seit dem 18. Jahrhundert zumindest in einzelnen Teilgebieten dazu, daß weitere Siedlungstypen dazukamen: die Etappenstation für den Personen- und Warenverkehr und die über die Marktorte herausragenden regionalen Zentren in besonders dynamisch sich entwickelnden Gebieten oder in bevorzugter zentraler Verkehrslage. Die Etappenstationen reihen sich wie Perlen an einer Schnur entlang den Reit- und Karrenwegen, wie der dem Buch von Dalton (1918) beigegebenen Karte zu entnehmen ist. Sie verdanken ihre Funktion dem Verkehr; entsprechend einseitig ist ihr Erscheinungsbild: Posadas mit Beherbergung und Unterhaltung für die Durchreisenden. Die nachstehende Schilderung von Appun betrifft zwar Naguanagua, außerhalb der Llanos an einer Hauptverkehrsstrecke gelegen, ist aber mit Abstrichen sicherlich übertragbar.

"Das erste niedliche weiße Haus zur Rechten, mit der schönen Veranda und dem Ziegeldache, ist eine Posada, die wegen der mit Staub belegten Kehle sofort besucht wird, ohne vorläufig um die anderen Merkwürdigkeiten des Ortes sich zu kümmern. Im Hofe der Posada wimmelt es von Pferden und Maulthieren, deren Reiter in der kühlen Sala des Gebäudes Erfrischungen einnehmen. ...

Fast jede Viertelstunde ertönt das Blasen der Guarura, das eine ankommende oder abgehende Tropa (Zug von Lasttieren) anzeigt, kaum daß man vor dichtem Staub davon höchstens die daraus emporragende Reitergestalt des Arrieros erblicken kann; noch häufiger aber ist das Geklingel der Glöckchen, welche die Karren ziehenden Mulas schmücken.

Die zahlreichen Caballeros und Señoritas hatten längst den Ort wieder verlassen, nur einige Neuangekommene, die wie ich hier zu übernachten gedachten, schaukelten sich in den Hängematten der Sala und des hinter dem Haus befindlichen kühlen Corridors. Eine Menge Volks beiderlei Geschlechts und des verschiedensten Alters stand, wie es schien, in eifriger Erwartung in den an den Nebengebäuden sich hinziehenden Gallerien." Es folgt eine ausführliche und launige Beschreibung des Auftretens von "titereros", Marionetten-Theater-Spielern, eine damals weit verbreitete Kunst-, Erbauungs-, Unterhaltungs- und Erziehungsform (Appun, 1871, S.248 ff.).

LÄNDLICHE MITTELSTÄDTE

In den herausragenden städtischen Zentren in besonderer Gunstlage und mit sich weiter differenzierender wirtschaftlicher Grundlage kommen weitere städtische Funktionen hinzu, vor allem staatliche und kirchliche Verwaltung. Aber auch bei diesen Städten fühlte sich Sievers (1903) vom äußeren Erscheinungsbild her noch stark an Dörfer bzw. an die Dorfstädte der ungarischen Pußta erinnert. Zunächst eine kurze Charakteristik von Maturin, dann von Calabozo:

"In dem tiefeingeschnittenen Flußtale bauen die Bewohner Zucker, Mais und Bananen, aber nur zu ihrer eigenen Nahrung, während das Hauptausfuhrprodukt von Maturin, Vieh, aus den umliegenden Ebenen in die Stadt zusammengetrieben wird. Die Hauptzierde des Ortes ist eine sehr umfangreiche Plaza und eine zweite große Plaza liegt am Westausgange nach dem Vorort Cerro Colorado (Rotenberg). Im übrigen ist die Stadt, wie fast alle Llanosstädte, mehr ein großes Dorf, da die Häuser weitläufig stehen und die Straßen sehr breit sind; wohl aber beweisen eine ansehnliche Hauptkirche und eine Anzahl Geschäftshäuser den Wohlstand der Stadt, die jedoch unter dem Mangel einer genügenden Verbindung mit dem Hafen Embarcadero (Ladungsplatz) leidet."

"Der eigentliche Hauptpunkt im Innern der mittleren Llanos ist aber jetzt Calabozo mit ungefähr 4 000 Einwohnern. Die Stadt liegt am linken Ufer des Guárico mitten auf weiter Sabane und ist eine richtige Llanosstadt mit weiten Plätzen und breiten Straßen, wie alle Steppenstädte, z.B. die der ungarischen Pußta; ihre Bedeutung wächst dadurch, daß sie Bischofssitz ist, und ihr Handel mit Vieh ist beträchtlich" (Sievers, 1903, S.87f.).

Um das Bild einer Stadt wie Calabozo, ihrer Gestalt und ihrer Ausstattung noch zu ergänzen, sei hier auch noch Sachs (1879, S.122) zitiert:

"Die Strassen der Stadt sind schnurgerade und schneiden sich in rechtem Winkel; die Häuser bestehen, wie in Carácas, aus einem Erdgeschoß mit grossem Hofraum; sie sind in den besseren Theilen der Stadt durchweg aus Ziegelsteinen aufgeführt, welche am Orte selbst gebrannt werden. Die Stadt besitzt mehrere grosse Plazas mit hübschen Kirchen. Die an der Plaza principal gelegene Hauptkirche rührt noch von den Spaniern her, ist aber durch einen nachträglichen hinzugefügten hässlichen viereckigen Thurm verunstaltet."

"Drei Aerzte, von denen namentlich einer verhältnismässig wohlunterrichtet genannt werden konnte, bewohnten die Stadt; ihr Einkommen hatte sich in Folge der Abnahme der Einwohnerzahl sehr vermindert, weshalb der eine neben seinem ärztlichen Beruf eine Knabenschule dirigirte, der Andere sogar ein Schanklocal hielt. Die drei Apotheken der Stadt waren vollkommen nach europäischem Muster eingerichtet und mit allen üblichen Bestandtheilen des Arzneischatzes trefflich ausgerüstet. Medicinische Praxis war, in den ersten Tagen meiner Anwesenheit, meine Hauptbeschäftigung. Da man eine gewaltige Idee von der Leistungsfähigkeit eines europäischen Arztes hatte, wurde ich nicht nur von den Doctoren der Stadt häufig zu Consultationen zugezogen, sondern auch in meinem Hause von zahlreichen Patienten jeden Alters und Geschlechts heimgesucht."

Erscheinungsbild und Ausstattung sind die eine Seite zur Schilderung städtischer Siedlungen. Wichtig, besonders im 19. Jahrhundert in diesem Raum, war jedoch die Funktion der Städte für das gesellschaftliche und kulturelle Leben. Die oben wiedergegebenen Beschreibungen der haciendas und hatos ließ bereits vermuten, daß für die Besitzer der landwirtschaftlichen Großbetriebe die damaligen Mittelstädte eine wichtige Ergänzung zum Leben "auf dem Lande" darstellten.

"Es waren meistens wohlhabende Hateros, wie man an den schönen Rossen, dem luxuriösen Zaumzeug und den riesengrossen, massiv silbernen Sporen sah. In leinener, von der weiten Reise beschmutzter Kleidung kamen sie an, die weisse, oft mit feinen Spitzen garnirte Manta um die Schultern; aber in den Satteltaschen brachte ein Jeder hinreichende Garderobe, um sich in wenigen Minuten zum feingekleideten Caballero umgestalten zu können. Meistens ritten sie barfuss, die schweren Sporen auf die nackte Ferse geschnallt. Es hat dies einen bestimmten Grund; der echte Llanero nämlich steckt nur die grosse Zehe in die Oeffnung des Steigbügels und hält den einen Schenkel des letzteren im Zwischenraum zwischen erster und zweiter Zehe festgeklemmt, um im Falle eines Sturzes vom Pferde sich mit Sicherheit des Steigbügels entledigen zu können" (Sachs, 1879, S.206).

Ganz im Gegensatz zur wirtschaftlichen Stagnation bzw. zum Bedeutungsverlust des gesamten Raumes der Llanos im 19. Jahrhundert scheint gerade damals das städtische Leben voll aufgeblüht zu sein. Die Lebensführung der Grundbesitzerschicht blieb noch unangetastet von der wirtschaftlichen Stagnation, kam vielmehr erst richtig in Schwung mit den durch den Handel begünstigten fremden Einflüssen und der Möglichkeit, sich an europäischen Vorbildern zu orientieren. Trotz des Bedeutungsverlustes von Calabozo (Rückgang der Einwohnerzahl von etwa 13 000 auf etwa 5 600 zwischen 1868 und 1870, Verlegung des Regierungssitzes der Provinz von Calabozo nach Ortiz) fand Sachs ein für ihn überraschend blühendes städtisches Leben vor:

"Dieser Rückgang im Wohlstande der Stadt war jedoch den Einwohnern keineswegs anzumerken; sie besitzen ein gewisses savoir vivre, das ich in keiner anderen unter den kleinen Städten des Innern angetroffen habe. Der Creole ist von Natur lebenslustig und versteht es, sich über Unglücksfälle hinwegzusetzen; so leben auch die Caloboceños nach wie vor auf vergnügtem Fuss und versäumen keine von ihren gewohnten Lustbarkeiten. Auch gehört trotz ihrer Unglücksfälle die Stadt noch immer zu den besser situierten des Landes; ich war erstaunt, daselbst inmitten eines weiten uncultivierten Steppenlandes einen grossen Theil der verfeinerten Lebensgenüsse anzutreffen, welche Handel und Civilisation dem Menschen gewähren. So wurde ich z.B. bei meinem ersten Besuche der Stadt zu meiner Überraschung mit Berliner Tivoli-Bier bewirtet, das hier das beliebteste, fashionabelste Getränk bildet. Auch Weine und allerhand Conserven in Blechbüchsen gelangen dorthin. Die Posadas der Stadt, in denen sich namentlich bei Gelegenheit der mit Leidenschaft getriebenen Hahnenkämpfe ein reges Leben entwickelt, sind mit guten Billards versehen, an denen ich mich oft genug überzeugte, dass die rauhe Hand manches Llaneros das Queue ebenso geschickt zu führen weiss als den Lasso" (Sachs, 1879, S.121).

Die ganze Unsicherheit der wirtschaftlichen Grundlagen jener Zeit wird jedoch deutlich, wenn Sievers von Spekulationen um einen möglichen

Bergbau berichtet, wie in Agua Blanca, das heute allenfalls zur untersten Kategorie der Siedlungen mit städtischen Ansätzen zählt:

"Etwas nordöstlich von Acarigua liegt Agua Blanca, ein kleines Dorf am Rio Sarare. Hier träumte zur Zeit meiner Anwesenheit die ganze Bevölkerung von sofortigem Reichtum, da in den benachbarten Gebirgen Phosphat, Salpeter und Guanolager entdeckt waren und bereits eine französische Gesellschaft sich gebildet hatte, um dieselben auszubeuten. Man sprach sogar schon von dem Bau einer Eisenbahn von Puerto Cabello über den Yaracui und die Ebenen von Buria und Sarare nach Agua Blanca. Ein Vertreter der französischen Gesellschaft sass bereits mit seiner Frau in einem kleinen Hause bei Agua Blanca mitten auf der Sabane. Bei diesem liebenswürdigen Franzosen, seiner Frau und seinem Schwager verbrachte ich einen angenehmen Sonntag. Merkwürdig berührte mich der Kontrast des palmstrohgedeckten Hauses und der feinen Pariser Möbel sowie des echten porzellanen Services: Paris in der Sabane von Agua Blanca" (Sievers, 1888, S.226).

Stillstand in der Fortentwicklung städtischer Funktionen und städtischen Lebens wird der Normalfall in der zweiten Hälfte des 19. Jahrhunderts gewesen sein. In besonders krassen Fällen, bei einst bedeutsamer Blüte auf der Grundlage von Sonderentwicklungen, wie dem Tabakanbau um Barinas, trat allerdings nicht bloß Stillstand, sondern Verfall ein.

"Pedraza kenne ich leider nicht, vermute jedoch, dass es ebenso sehr heruntergekommen sein wird wie das nun gegen Osten zu folgende Barinas, die einstige Hauptstadt der Llanos, deren Namen eine ganze Provinz trug, die Besitzerin ungeheurer, aus dem Viehstande gezogener Reichtümer, die Königin der Tabakstädte Venezuelas. Alles ist dahin, der Reichtum, der Viehstand, der Tabakbau. Die Kriege haben damit aufgeräumt, die Stadt ist verfallen, der Viehstand zerstört, buchstäblich im Kriege aufgegessen, der Tabakbau ist vollständig zu Ende.

Barinas bietet eine merkwürdige Mischung von einst und jetzt dar. Die Häuser sind elend, viele nur mit Stroh gedeckt, die Strassen schlecht gehalten, kaum gepflastert, unsauber, schmutzig, voll von Schweinen und Hühnern. Dazwischen aber stehen die grossartigen Ruinen aus altspanischer Zeit, eine ungeheure Säulenhalle, der Rest des Hauses des Marques del Toro, der in den Unabhängigkeitskriegen mitsamt seiner Familie unterging. Die Stadt Barinas wurde damals verbrannt; doch ist ihr eigentlicher definitiver Ruin erst durch die guerra de cinco años (1866 - 1870) herbeigeführt worden, während welches mit äusserster Grausamkeit und Blutgier geführten Kampfes Barinas mehrfach aus der Hand einer Partei in die der anderen überging. In dem Hause des Italieners Paolini, wo wir freundliche Aufnahme fanden, sah ich noch die Bajonett- und Kolbenspuren an einer damals verrammelt gewesenen Thür.

Infolge des völligen Niederganges der Stadt hat man ihr denn auch die Eigenschaft als Hauptstadt des Staates Zamora genommen und auf Guanare übertragen. Während Barinas früher in spanischer Zeit so bevölkert und reich war, dass es allein eine Schwadron Reiter auf ausschliesslich weissen Pferden beritten machen und bewaffnen konnte, hat jetzt meiner Ansicht nach die Bevölkerung kaum die Zahl von 1 500 Seelen" (Sievers, 1888, S.225).

Das Städtesystem des 19. Jahrhunderts, das sich auf Grund der wirtschaftlichen Entwicklung in den Llanos herausbildete, wäre unvollständig geschildert, ließe man Ciudad Bolívar, als Angostura gegründet, unberücksichtigt. Je nach Definition allenfalls am Rande oder knapp außerhalb der Llanos gelegen, bestand doch stets ein gewichtiger Teil des Wirtschaftslebens dieser Stadt in Versorgungs- und Marktfunktionen für die Llanos (neben ihrer Funktion als Eingangstor ins "Schatzgräbergebiet" im Bergland von Guayana). Ciudad Bolívar verband die Llanos im 19. Jahrhundert mit der "weiten Welt". Kein Reisender des 19. Jahrhunderts, der über Venezuela berichtete, konnte Ciudad Bolívar auslassen. Die erste beschriebene und damals wichtigste Überlandroute quer durch die Llanos (siehe Kap.3) führte nach Ciudad Bolívar. Daß die bisher einzige Brücke über den Orinoco, im Verlauf der modernen Straße von Caracas in die Guayana quer durch die Llanos, wiederum bei Ciudad Bolívar gebaut wurde, belegt aufs Neue die bei der Gründung erkannte und im 19. Jahrhundert voll bewiesene Lagegunst. Ciudad Bolívar war Sammel- und Umschlagplatz aller Güter, die über die Wasserwege des Orinoco-Systems aus den Llanos heraus und in die Llanos hinein transportiert wurden.

Als gegen Ende des 18. und vor allem im 19. Jahrhundert neben die Viehwirtschaft andere, zumindest zeitweise blühende Produktionszweige traten, waren die Wasserwege die gegebenen Transportlinien. Damit erlangten besonders die an ihnen gelegenen Städte Bedeutung, und es konnte sich ein ganzes System städtischer Siedlungen und Umschlagplätze am Orinoco und seinen Nebenflüssen herausbilden. Auf unterer Ebene als regionale Sammelstellen wären z.B. Guasdualito oder Puerto Nutrias zu nennen, in einer mittleren Ebene mit bereits überregionaler Funktion San Fernando de Apure, und an der Spitze der Städtehierarchie Ciudad Bolívar. Spuren dieser einstigen Bedeutung und Blüte lassen sich in allen diesen Städten erkennen, so etwa auch an der Front der Handelshäuser an der Uferpromenade in Ciudad Bolívar.

"Der Exporthandel von Ciudad Bolívar ist bedeutend und meist in den Händen deutscher Kaufleute; er besteht hauptsächlich in Rinderhäuten, die vor der Verladung vergiftet werden, Jaguarfellen, die im Handel unter dem Namen "Pantherfelle" gehen und von denen jährlich mehrere Tausend von hier nach Europa gesendet werden, Rehfellen, Tabak von Upáta und Barinas, Caffee, Tonkabohnen, Angosturabittern, dessen Hauptingredienz die bittere Rinde des in der Gegend von Upáta wachsenden Cuspare ist, Ochsenhörnern, Dividivi und einigen anderen geringfügigeren Gegenständen" (Appun, 1871, S.422).

Neben der Versorgungsfunktion für ein Umland, wie sie auch von Städten wie Calabozo wahrgenommen wurde, kam hier also die wichtigste und prägendste Rolle als Umschlagplatz für den Überseehandel hinzu. Darüberhinaus konnte sich über die ausländischen, hier anscheinend besonders die deutschen Handelshäuser ein weitergehender europäischer Einfluß auf das gesamte politische, kulturelle und gesellschaftliche Leben auswirken. Beim Lesen der Schilderungen des damaligen städtischen Lebens bei Appun fehlt einem eigentlich nur noch als Krönung der irgendwie deplaziert anmutenden Entwicklung etwas Ähnliches wie das berühmte Opernhaus von Manaus mit einem Gastspiel der Mailänder Skala.

"Die 1764 gegründete Stadt Ciudad Bolivar ist an dem Abhange eines kahlen Hügels von Hornblendeschiefer erbaut und zeichnet sich durch die Regelmäßigkeit ihrer Straßen, deren bedeutendste mit dem Strome parallel laufen und von kleineren, den Hügel ansteigenden, in rechtem Winkel durchschnitten werden, aus. Die Straßen selbst sind, wie in allen Städten Venezuelas, schlecht unterhalten und, gleich denen in Valencia, nach ihren Enden zu voller Löcher, ja entbehren oft selbst der Macadamisierung. Eine rühmliche Ausnahme hiervon macht die am Ufer des Orinoco sich hinziehende Calle de coco, der Sitz der deutschen Kaufleute, die durch ihre prächtigen Gebäude wie die schönen breiten Trottoirs, mit der elegantesten Straße einer europäischen Stadt sich messen kann. Die Bauart der Häuser in Ciudad Bolivar ist überhaupt angenehm und dem Klima ganz angemessen, sie sind hoch und sämmtlich mit flachen Dächern, Azoteas, versehen, auf denen die Einwohner den Abend zubringen, um die frische Briese, die um diese Zeit einzutreten pflegt, zu genießen. Diese Azoteas sind meist durch Treppen, wo dies nöthig, mit einander verbunden, so daß man, mitunter eine ganze Straße lang, auf denselben hinwandeln und nachbarliche Besuche abstatten kann. Auf der Höhe des Hügels steht, in der Mitte einer großen Plaza, die von den Spaniern erbaute Hauptkirche der Stadt, die sich durch ihre schöne einfache Bauart auszeichnet. Der belebteste Spaziergang am Abend ist die mit der Calle de coco gleich laufende und von dieser ostwärts gelegene Alameda, die dicht am Flusse sich hinzieht und auf der einen Seite mit schönen Häusern, am Flusse hin jedoch mit Alleen von Almendron und riesigen Ceibas geziert ist. Weniger schön ist die westwärts gelegene Vorstadt, Perro seco, mit mehr Hütten als Häusern, in welcher die niedere braune Bevölkerung der Stadt wohnt. Hier werden die unregelmäßigen Straßen oft durch riesige schwarze Felsblöcke mit halbabgerundeten Gipfeln unterbrochen, dem Sitz unzähliger Zamuros, die man hier zu jeder Tageszeit erblicken kann" (Appun, 1871, S.419 f.).

Diese Schilderung belegt auch, daß der für die Charakterisierung und Typisierung der heutigen Städte besonders stark gewichtete Indikator der sozialen Viertelsbildung bereits damals in Ciudad Bolívar festzustellen war. Zu der beschriebenen Differenzierung in das Zentrum mit Handelshäusern und in die Vorstadt als Wohnort der Armen gehört eigentlich noch das auch von Appun erwähnte und von Sievers beschriebene Gebiet der Landhäuser als dritte Stadtviertelskategorie hinzu:

"In Guayana, südlich des Orinoco, pflegen in der Umgebung der Stadt Ciudad Bolívar die fremden Kaufleute und angeseheneren einheimischen Familien in solchen Morichales wegen deren Frische Landhäuser zu erbauen und theilweise sogar ständig dort zu wohnen, dass man ganz allgemein sagt: er ist auf seinem Morichal, etwa wie man bei uns sagt: er ist auf dem Lande, oder im Garten, oder in seiner Villa. Davon freilich ist in dem menschenarmen Llano nicht die Rede" (Sievers, 1896, S.297).

Das bis zum Ende des 19. Jahrhunderts ausgebildete Städtesystem - Marktorte - Etappenstationen - Ländliche Mittelstädte - überregionales Zentrum Ciudad Bolívar - geriet mit der wirtschaftlichen Stagnation bzw. dem Verfall wie der gesamte Raum in eine Randlage. Wie die Städte selbst entwickelte sich auch das System der Städte nicht mehr weiter. Erst jüngste Ansätze neuer wirtschaftlicher Entwicklungen brachten wieder Dynamik auch in die Städte und das Städtesystem und machen eine neue Differenzierung notwendig.

6 CHARAKTERISTIKA VON BEVÖLKERUNGSSTRUKTUR UND EINZELELEMENTEN DER INFRASTRUKTUR ALS INDIKATOREN FÜR EINE TYPISIERUNG DER HEUTIGEN STÄDTE

Eine Typenreihe der Llanos-Städte nach Entwicklungsstand und Entwicklungsansätzen zu entwickeln, setzt voraus, daß sich Indikatoren finden lassen, die wirtschaftliche und sozialräumliche Prozesse dieser Städte erkennen lassen. Bei der Auswahl solcher Indikatoren stellte sich bereits im Zuge der Vorarbeiten heraus, daß statistische Merkmale allein - zumal nur wenige kleinräumig verfügbar sind - nicht ausreichen würden. Ein hoher Stellenwert der nichtstatistischen Merkmale von Infrastruktur und funktionaler Differenzierung (Kap. 7) war damit vorgegeben.

Unter den amtlichen statistischen Daten erwiesen sich am Ende nur Bevölkerungsdaten als verwendbar, da diese aussagekräftig sowie häufig genug (alle Volkszählungen) und genügend kleinräumig (Municipio-Basis bzw. Municipio-Hauptorte) zur Verfügung stehen. Aus Sonderstatistiken konnten noch Daten über Dienstleistungseinrichtungen und zur Infrastruktur ausgewertet werden, aus denen einige Indikatoren gewonnen werden konnten.

6.1 BEVÖLKERUNGSZAHL UND BEVÖLKERUNGSENTWICKLUNG

Bevölkerungszahl und Bevölkerungswachstum sind auch in Venezuela sehr gute Indikatoren für die Bedeutung und Dynamik einer Stadt. Im allgemeinen muß in Venezuela mit einer sehr hohen spontanen Zuwanderung in die Städte gerechnet werden (vgl. neue Rancho-Viertel, Kap. 7). Diese Zuwanderung, die ohne konkrete Aussicht auf eine Arbeitsmöglichkeit erfolgt, zeigt jedoch an, welche Städte als wirtschaftlich attraktiv betrachtet werden.

Die venezolanische Statistik enthält für die Volkszählungsjahre (ausgewertet 1950 - 1981) die Einwohnerzahlen der Municipios als der kleinsten statistischen Einheiten. Ein Municipio entspricht in Venezuela im ländlichen Raum einer Großgemeinde mit mehreren Ortsteilen bzw. Streusiedlungen, umfaßt in vielen Fällen eine Klein- bis Mittelstadt oder ist Teil einer Großstadt. Außerdem wird die Bevölkerungszahl des Municipio-Hauptorts veröffentlicht. Diese Zahl liegt leider für 1981 noch nicht vor, so daß für die Tab. 3 noch die Zahlen von 1961 und 1971 zur Typisierung der Municipio- bzw. Distrito-Hauptorte verwendet werden mußten. Im ländlichen Raum kann bei dem Vergleich der Bevölkerungszahl des Municipio-Hauptorts mit der des Gesamt-Municipios noch die Konzentration der Bevölkerung auf den Hauptort gezeigt werden (Kap. 4).

Bei einer differenzierten, kleinräumigen Betrachtung der Bevölkerungsentwicklung ist für die gesamten Llanos festzustellen: Die städtischen Siedlungen wachsen überproportional gegenüber ihren dörflichen Umgebungen. Dieser enorme Konzentrationsprozeß der Bevölkerung auf die zentralen, lagegünstigen Siedlungen ist für den Zeitraum von 1961 bis 1971 deutlich festzustellen und verschärft sich noch zwischen 1971 und 1981. Am Andenrand wird dieser Wanderungsprozeß außerdem überlagert durch eine starke Zuwanderung aus den Anden - teilweise auch aus der Zentralregion - in das südöstliche Anden-Vorland.

Wie die Statistiken ausweisen, ging die Zuwanderung zwischen 1961 und 1971 direkt in die Städte und Municipio-Hauptorte, nicht in die übrigen Teilorte des Municipios, d.h., die Vorteile der infrastrukturell und wirtschaftlich besser ausgestatteten Orte werden genutzt. Es kommt jedoch in der Regel nicht zu Vorortbildungen oder gar zu verdichteten Räumen wie in der Zentralregion, wenn man vom Raum Barcelona-Puerto La Cruz-Pozuelos absieht. Für den Zeitabschnitt von 1971 bis 1981 kann dieser zuletzt genannte Vorgang nicht so exakt verfolgt werden, da für 1981 die ergänzenden Bevölkerungszahlen für die Municipio-Hauptorte noch fehlen. Soweit aus den Municipio-Zahlen in Verbindung mit unseren Beobachtungen und Kartierungen von 1977 und 1979 in den Llanos-Orten zu erschließen ist, setzte sich die Konzentration der Bevölkerung auf die Municipio- und Distrito-Hauptstädte sowie auf andere zentral gelegene Siedlungen auch zwischen 1971 und 1981 fort.

Den größten absoluten Zuwachs an Bevölkerung zwischen 1961 und 1971 haben Maturín (43 800 Einw.) und Acarigua-Araure (36 200 Einw.), was einer Zunahme von 81 bzw. 84 % entspricht. Die Municipios waren in diesem Zeitraum um 46 500 Einwohner (San Simón mit Maturín) bzw. 39 100 Einwohner (Acarigua-Araure) gewachsen. Diese Zuwächse haben sich im Zeitabschnitt von 1971 bis 1981 noch verstärkt, nämlich um 66 200 Einwohner ist das Municipio San Simón (Maturín) erneut gewachsen, und um 53 300 Einwohner haben die Municipios Acarigua und Araure zugenommen, so daß 1981 vom gesamten Staat Monagas 51,1 % (= 199 200 Einw.) im Municipio San Simón (Maturín) wohnen! Im Staat Portuguesa ist die Konzentration auf Acarigua-Araure mit 34,4 % aller Einwohner längst nicht so stark, da sich mit dem Municipio Guanare mit 81 600 Einw. (= 19,2 % der Estado-Bevölkerung) ein zweites Zentrum mit großem

Zuwachs entwickelt hat. Dabei haben sich seit der Volkszählung 1971 zwei neue Municipios vom Municipio Guanare abgespalten mit insgesamt 9 100 Einw. (Municipio San Juan de Guanaguanare mit dem Hauptort Mesa Cavaca und Municipio Antolín Tovar mit dem Hauptort San Nicolas).

Maturín, im nordöstlichen Teil der Llanos gelegen, hat es als historisch größter Ort und Estado-Hauptstadt verstanden, alle Aktivitäten auf dem Verwaltungs- und Schulsektor sowie auf dem industriellen Sektor auf sich zu ziehen. Besondere Zuwanderung erfährt Maturín aus den ehemalig sehr aktiven Erdölfeldern nördlich und nordöstlich der Stadt, da diese sehr an Bedeutung verloren haben. Die Räume um Caripito, Quiriquire und San Antonio mußten deutlich Bevölkerungsverluste - insbesondere zwischen 1961 und 1971 - hinnehmen.

Etwas anders ist die Lage in Acarigua-Araure und in Guanare zu beurteilen, wo zwar auch eine Zuwanderung aus der unmittelbaren Umgebung - insbesondere aus den anschließenden höher gelegenen Municipios - zu beobachten ist, doch kommt eine deutliche Zuwanderung von außen in den Staat Portuguesa hinzu. Die verkehrsgünstige Lage zwischen Zentralregion und San Cristóbal sowie die günstigen Möglichkeiten für die Landwirtschaft machen sich positiv bemerkbar und bewirken einen Zustrom aus den übervölkerten Andenstaaten. So ist auch eine Reihe von kleineren Orten stark gewachsen, darunter Santa Rosalia (allerdings zwischen 1971 und 1981 nicht mehr), Guanarito und Ospino. Zu einem wichtigen Zentrum hat sich Villa Bruzual entwickelt (Municipio mit 27 273 Einw.), von dem sich seit Ende 1971 das Municipio San Isidro Labrador mit dem Hauptort Colonia Turen abgespalten hat.

Hohe Zuwachsraten erreicht aus ähnlichen Gründen der südlich anschließende Nachbarstaat Barinas, wo sich 1981 auf das Hauptstadt-Municipio mit 118 847 Einwohnern 36,4 % der Estado-Bevölkerung konzentrieren. Aber auch Santa Bárbara, Ciudad Bolivia und Sabaneta, seit 1975 zur Distrito-Hauptstadt aufgestiegen, haben enorme Zuwachsraten zu verzeichnen. Die wachsenden Orte liegen alle an der Andenrandstraße oder nicht weit davon entfernt, während der weit abgelegene, in die zentralen Llanos bis fast nach San Fernando de Apure hineinragende Distrito Arismendi von 1971 bis 1981 ein Negativsaldo von 5 300 Personen aufweist und es trotz seiner großen Ausdehnung nur noch auf eine Bevölkerung von 9 850 Einwohnern bringt, ein Stand, der unter dem von 1950 (12 700 Einw.) liegt!

Was am Beispiel des Distrito Arismendi besonders deutlich wird, gilt auch für die zentralen Llanos-Staaten Guárico und speziell für Apure:

Das Bevölkerungswachstum ist weit unterdurchschnittlich und konzentriert sich auf die größeren Städte. Im Staat Guárico, der in den beiden letzten Jahrzehnten einen absoluten etwa gleichbleibenden Bevölkerungszuwachs von jeweils 74 000 Personen verzeichnen konnte, entfällt fast die Hälfte des Wachstums auf die Städte San Juan de los Morros und Altagracia de Orituco, die beide randlich zur Zentralregion liegen und nicht mehr zu den Llanos gehören. Der übrige Zuwachs kommt fast ganz der Hauptstadt Calabozo zugute sowie in bescheidenerem Umfang den verkehrsgünstig an der einigen in den Llanos verlaufenden Ost-West-Straße gelegenen Städten Valle de la Pascua und Zaraza. Hatte Calabozo 1950 noch 4 700 Einwohner, so sind es 1981 über 60 000 Einwohner (!) Municipio Calabozo: (67 600 Einw.).

Bei Valle de la Pascua teilt sich die von Westen kommende Straße in einen nördlichen Ast über Zaraza nach Anaco und in einen südlichen Ast nach El Tigre. Mit Anaco und El Tigre sind auch die wichtigsten Llanos-Städte im Staat Anzoátegui angesprochen, der von der Karibik-Küste bis an den Orinoco reicht. Die Städte El Tigre und Anaco sind durch die Erdölfelder der östlichen Llanos groß geworden, konnten sich jedoch inzwischen als zentrale Orte und wichtige Etappenorte zwischen der Zentralregion und Ciudad Guayana kräftig entwickeln. Die Einwohnerzahl von El Tigre ist von rd. 20 000 Einwohnern 1950 auf fast 75 000 Einwohner (1981) gestiegen, und zusammen mit der nur gut 10 km entfernten Stadt San José de Guanipa (El Tigrito) leben in diesem Raum rd. 110 000 Einwohner. Auch das weiter nördlich gelegene Anaco konnte sich über seine Funktion als Erdölstadt hinaus zu einem zentralen Ort mit rd. 45 000 Einwohnern (1981) entwickeln. Im Gegensatz dazu hat die benachbarte Erdölstadt Cantaura durch nachlassende Erdöl-Aktivitäten mit Abwanderung und Stagnation zu kämpfen, konnte allerdings in den letzten Jahren ihre Einwohnerzahl wieder stabilisieren.

Insgesamt gesehen muß noch einmal betont werden, daß der Bevölkerungsreichtum und das überdurchschnittliche Wachstum der Bevölkerungszahl im Staat Anzoategui vor allem auf dem Städte-Dreieck Barcelona-Puerto la Cruz - Pozuelos an der Küste beruht. Abgesehen von El Tigre, sind weite Teile der Llanos von Bevölkerungsstagnation oder gar Abwanderung betroffen. Der Konzentrationsprozeß auf die Klein- und Mittelstädte wird in den zentralen Teilen der Llanos besonders deutlich.

6.2 BEVÖLKERUNGSSTRUKTUR

Zur Bevölkerungsstruktur stehen für 1971 auf Municipio-Basis die Daten zur Altersstruktur, zum Analphabetismus und zum Geburtsort der Bevölkerung zur Verfügung. Diese Daten geben wichtige Aufschlüsse über den Entwicklungsstand der behandelten Municipios und sind eine unentbehrliche Information über die untersuchten Städte, ohne jedoch als Indikator bei der Typisierung Verwendung zu finden.

Betrachtet man die Bevölkerung der Llanos-Municipios nach Altersgruppen, so ergibt sich die für Entwicklungsländer nicht erstaunliche Tatsache, daß rund 50 % aller Einwohner unter 15 Jahre alt sind. Die Llanos liegen damit deutlich über dem Landesdurchschnitt von 45 %, wobei die abgelegenen ländlichen und kleinstädtischen Municipios mit 50 bis 54 % an der Spitze liegen (z.B. Elorza, Guanarito, Ciudad Bolivia, Camaguán u.a.). Dies muß vor allem auf einen großen Kinderreichtum je Familie zurückgeführt werden, da an sich die Altersgruppen im zeugungsfähigen Alter in diesen Gebieten unterdurchschnittlich vertreten sind. Insbesondere wandern bereits die Jugendlichen zwischen 15 und 24 Jahren aus den abgelegenen Gebieten ab in die Zentren. Diese Altersgruppe ist in den kleinen Orten lediglich mit 16 - 18 % vertreten - in Einzelfällen noch darunter -, während dieser Anteil in den aktiveren größeren Städten bei mehr als 20 % liegt (Landesdurchschnitt: 20,4 %). An der Spitze liegen El Tigre mit 21,6 % in der Altersgruppe 15 - 24 Jahre, gefolgt von Barinas (21,3 %), Maturín (21,2 %) sowie San José de Guanipa und San Carlos. Ähnlich sieht es in der Gruppe der 25 - 44jährigen aus. Lediglich Acarigua erreicht hier mit 21,4 % den Landesdurchschnitt, alle anderen Municipios der Llanos liegen darunter mit dem niedrigsten Wert von 16,6 % (El Socorro) von den in Tab. 3 genannten Städten. Zum Vergleich seien die Zahlen von den Llanos-Randstädten Puerto la Cruz mit 21,6 und von Ciudad Guayana mit 22,5 % Bevölkerung in dieser Altersgruppe genannt.

Bei den Altersgruppen 45 - 64 Jahre sowie 65 Jahre und mehr sind die Unterschiede nicht so gravierend, obwohl sich durch das Fehlen der mittleren Jahrgänge teilweise eine Überalterung im ländlichen Raum ergibt. So haben z.B. bei der Altersgruppe ab 65 Jahre Camaguán, El Sombrero, Barrancas/Orinoco und Achaguas einen Anteil von 3,4 - 3,7 % bei einem Landesdurchschnitt von 3,0 %.

Ähnliche Strukturen ergeben sich auch beim Analphabetismus. In den Mittelstädten, vor allem in den Erdölstädten, können die meisten Einwohner lesen und schreiben. So sind es bei den 10 - 14jährigen in El Tigre und San José de Guanipa rund 94 %, die das Lesen und Schreiben beherrschen, bei den über 14jährigen immerhin rund 80 %. Beide Werte liegen deutlich über den Landesdurchschnitten von 81,8 % bzw. 75,9 %. Über diesen Werten liegen außerdem bei den 10 - 14jährigen Punta de Mata, Anaco, Barinas, Cantaura, Maturín, Acarigua, Calabozo, San Carlos, Temblador und San Fernando de Apure, während bei den über 14jährigen außer den oben genannten nur noch Anaco, Barinas, Temblador und Maturín über dem Landesdurchschnitt bleiben. Erstaunlich ist auch hier wieder neben Temblador (bzw. Municipio Libertador) die Stadt Punta de Mata (Municipio Ezequiel Zamora), die auch bei den über 14jährigen den Landesdurchschnitt nur um 0,1 % verfehlt. Die Lage im Erdölgebiet und die Nähe von Punta de Mata zu Maturín wirken sich hier aus.

Dagegen ist die Zahl der 10 - 14jährigen, die lesen und schreiben können, in den abgelegenen Gebieten der Llanos, aber auch zum Teil am Andenrand erschreckend niedrig. Sie beträgt in Ospino, Achaguas, Ciudad Bolivia und Guanarito zwischen 54 und 60 %. Es folgen Santa Bárbara, Zaraza, Sabaneta, Santa Rosalía, Elorza, Píritu, El Socorro, Tucupido, Barrancas/Portuguesa und Camaguán mit unter 70 % Lese- und Schreibkundigen in diesen Schülerjahrgängen! Bei den über 14jährigen sind diese erwartungsgemäß noch niedriger, nämlich zwischen 45 und 55 % in den kleinstädtischen Municipios. Den geringsten Anteil haben El Socorro (44,9 % Lese- und Schreibkundige), Ospino, Achaguas, Guanarito und Santa Bárbara (49,0 %).

Insgesamt muß festgehalten werden, daß von der Altersstruktur und vom Alphabetismus her die größeren Mittelstädte gute Voraussetzungen dafür bieten, sich wirtschaftlich und sozial zu entwickeln. Dazu gehören insbesondere El Tigre mit San José de Guanipa (El Tigrito), Barinas, Acarigua und Maturín, aber auch Anaco, San Carlos, Calabozo und San Fernando de Apure. Unter den kleineren Städten sind vor allem Temblador und Punta de Mata hervorzuheben.

Den stärksten Anteil von Einwohnern, die nicht im Municipio geboren sind haben prozentual die kleinen Städte am Andenrand wie Santa Bárbara, Sabaneta, Ciudad Bolivia, Santa Rosalía und Villa Bruzual. Hierdurch wird die starke Zuwanderung in diesen Raum - auch in die kleinen Zentren - nochmals dokumentiert.

Erst dann folgen prozentual die größeren Städte, doch sind hier nach der absoluten Zahl wesentlich mehr Menschen zugewandert. So bedeuten bei Santa Bárbara 47,5 % außerhalb des Municipios Geborene 10 355 Einwohner, während die 32,4 % bei El Tigre 16 624 Einwohnern entsprechen.

Den höchsten prozentualen Anteil von Einwohnern, die im Ausland geboren sind, haben Guasdualito (6,7 %), das an der Grenze zu Kolumbien eine starke Einwanderung von dort zu verzeichnen hat, und Villa Bruzual (5,5 %), wo sich im Zusammenhang mit den Agrarkolonien auch viele Ausländer in diesem Municipio angesiedelt haben. Erst dann folgen einige größere Städte. Es muß allerdings noch einmal darauf hingewiesen werden, daß die großen Städte am Rand der Llanos wie San Cristóbal, Ciudad Guayana, Barcelona Puerto la Cruz und Ciudad Bolívar bei den genannten Zahlen bzw. Rangfolgen nicht berücksichtigt worden sind.

6.3 EINZELHANDEL UND PRIVATE DIENSTLEISTUNGEN

Die Ausstattung mit Einzelhandelsgeschäften und anderen privaten Versorgungseinrichtungen ist ein besonders wichtiger Indikator für die Bedeutung einer Stadt. Leider lassen sich solche Indikatoren nicht dem statistischen Material entnehmen, so daß Beobachtungen und Kartierungen zu dem Indikator "Geschäftsstraßen" (Kap. 7) verwendet werden mußten. Allerdings konnten aus Sonderstatistiken für den Bereich der privaten Dienstleistungen die Zahlen von drei aussagekräftigen Einrichtungen, nämlich Bankfilialen, Hotels und Kinos, herangezogen werden.

Bei den angegebenen Bankfilialen handelt es sich ausschließlich um Handelsbanken, d.h. um Bankfilialen, über die private Geschäfts- und Gehaltskonten, Privatkredite usw. abgewickelt werden, im Gegensatz zu Kreditbanken, die in Venezuela meist nur zur Abwicklung von staatlichen Krediten errichtet werden. Eine Handelsbankfiliale signalisiert also einen Bedarf an privaten Geldgeschäften bzw. einen dafür genügend großen Kundenkreis. Zu einer solchen Bankfiliale kommt es in der Regel erst bei Orten mit etwa 8 000 Einwohnern (Tab. 3). In kleineren Orten bleibt die Bankfiliale die Ausnahme, so in Caicara de Orinoco, das ein weites Gebiet südlich des Orinoco versorgen muß, und in den wirtschaftlich aktiven Orten Santa Barbara und Sabaneta. Ein deutlicher Sprung auf 4-5 Bankfilialen ist bei etwa 30 000 Einwohnern vorhanden. Daß Villa Bruzual mit 14 000 Einwohnern bereits 4 Bankfilialen besitzt, verdeutlicht, daß die Bankfilialen ein aussagekräftiger Indikator für wirtschaftliche Entwicklungen sind, denn Villa Bruzual ist _der_ zentrale Ort für eine Reihe von gut funktionierenden Agrarkolonien, darunter Colonia Turén, auf den sich alle Versorgungseinrichtungen konzentrieren.

Ein etwas weniger deutlicher Indikatorwert ist mit dem Vorhandensein von Hotels bzw. Hotelzimmern verbunden, da diese nicht nur in wirtschaftlich aktiven Orten vorkommen, sondern auch in Etappenorten abseits von weiter entfernt liegenden Zentren. Tab. 3 zeigt jedoch, daß sich die Hotels in den Llanos auf die größeren Zentren ab 15 000 bis 20 000 Einwohnern konzentrieren und die Etappenfunktion an den wichtigen Durchgangsstraßen von diesen Orten zusätzlich wahrgenommen wird. Ein gutes Beispiel hierfür ist Guanare/Portuguesa, dessen 260 Hotelzimmer seine eigene wirtschaftliche Bedeutung weit übersteigen. Guanares Stellung als Durchgangsort an der wichtigen Andenrandstraße wird hierdurch deutlich. Es sind übrigens die kleinen Herbergen und Pensionen statistisch nicht erfaßt; die meisten kleinen Städte haben jedoch einzelne bescheidene Übernachtungsmöglichkeiten aufzuweisen.

Auf dem kommerziellen Vergnügungs- und Unterhaltungssektor dürften neben Gaststätten im ländlichen Raum Kinos die ersten Einrichtungen sein, die sich in zentralen Orten ansiedeln. Allerdings variiert die Zahl der Kinos wenig, auch bleibt offen, wieviele Sitzplätze sie haben und wie oft Vorstellungen stattfinden. Daher ist dieser Indikator weniger aussagekräftig als die Zahl der Bankfilialen oder der Hotelzimmer.

6.4 ÖFFENTLICHE INFRASTRUKTUR

Die Entwicklung der wichtigen Verkehrsinfrastruktur wurde in Kap. 3 ausführlich dargestellt. Lage und Verkehrsanschluß sind wichtige Einflußgrößen für die Entwicklungschancen der Llanos-Städte, lassen sich jedoch quantitativ schlecht fassen. Karte 5 kann die Lage bzw. die Entfernung zur Zentralregion bzw. zu der jeweils wichtigen randlich gelegenen Großstadt am besten vermitteln. Die Autobahnen reichen bisher über die Zentralregion nicht hinaus, doch hat die Autobahn bis Valencia auch für die gesamten nordwestlichen Llanos (Raum San Carlos, Raum Acarigua) die Fahrzeiten bis Caracas wesentlich verkürzt. Im Zuge der Verwirklichung des Eisenbahnplanes wurde 1983 die Strecke zwischen Yaritagua und Acarigua eröffnet. Alle anderen geplanten Strecken - vor allem die durch die östlichen Llanos nach Ciudad Guayana - werden infolge Geldmangels wohl noch lange auf sich warten lassen.

Telefonanschluß (auch im Direktwählverfahren), Elektrizität, Wasserversorgung, Schulen gibt es in nahezu allen untersuchten Llanos-Städten, so daß die einfache Merkmalsunterscheidung "vorhanden" oder "nicht vorhanden" keine Erkenntnisse vermittelt. Daher wurden aus der Statistik von 1971 (Volkszählung) die auf Municipio-Basis erhältlichen Daten für Wohnungen mit Wasseranschluß (Wasserleitungen), mit Elektrizität, mit einer Waschmaschine und mit Telefonanschluß (nur Privatwohnungen) ausgewertet. Hierbei zeigt sich, daß durchweg die größeren Mittelstädte am besten dastehen, also die bisherigen Ergebnisse weiter gestützt werden. Überdurchschnittlich viele Wohnungen mit Wasseranschluß haben El Tigre (82,6 %), San José de Guanipa (84,4 %), San Carlos, Anaco, Barinas und Acarigua-Araure (70,4 %) mit dem nahen Agua Blanca (76,7 %). Eine positive Ausnahme machen wieder Punta de Mata (82,5 %) und Villa Bruzual (74,9 %). Der Landesdurchschnitt liegt bei 72,4 %. Ähnliche Werte ergeben sich bei Wohnungen mit Elektrizitätsanschluß (Landesdurchschnitt 76,8 %). Die führenden Städte sind auch hier San José de Guanipa und El Tigre (90,0 % bzw. 88,9 %), gefolgt von Anaco, Barinas und Punta de Mata (81,4 %). Die höchsten Anteile von Wohnungen mit Waschmaschine haben Anaco (32,9 %) und El Tigre (30,2 %). Die übrigen Orte fallen weit ab; so folgen Cantaura mit 23,7 %, San José de Guanipa mit 20,0 % sowie San Carlos und Valle de la Pascua mit je 17 %. Der Landesdurchschnitt liegt bei 25,6 %. Noch schlechter sieht es bei den privaten Telefonanschlüssen in den Llanos aus. Den Landesdurchschnitt von 10,5 % Wohnungen mit Telefonanschluß übertrifft lediglich Anaco (10,9 %). Es folgen Valle de la Pascua (8,9 %), San Fernando de Apure (7,4 %) sowie El Tigre und Cantaura mit je 7,3 %, wobei die guten Plazierungen in der Rangfolge von Valle de la Pascua und San Fernando de Apure schwer zu erklären sind. Allerdings gehören sie auch nach den anderen Daten zu den aktiven Zentren der Llanos. Ohne jeden privaten Telefonanschluß sind nach der Statistik von 1971 die Municipios Soledad, Guasdualito, Elorza, Cruz Paredes (Barrancas/Port.), Sabaneta, Ciudad Bolivia, Camaguán, El Socorro, Barrancas/Orinoco, Santa Rosalía und Guanarito.

Alle Daten über die Ausstattung von Wohnungen dürfen insofern nicht überbewertet werden, als ein rascher Zuwachs an spontanen Hüttenvierteln bei wirtschaftlicher Aktivität bzw. das Ausbleiben solcher Spontansiedlungen kaum mit diesen Daten gekennzeichnet, sondern eher falsch interpretiert werden können. Es hat z.B. die Erdölstadt Anaco bei den Ausstattungsmerkmalen eine Spitzenposition: Dies ist eine Folge der mit hohem Standard gebauten Häuser für die Bediensteten der Erdölfirmen; andererseits sind nur wenige Ranchos vorhanden. So werden Städte, die einen großen Bevölkerungszuwachs und damit große Rancho-Viertel haben, bei diesen Daten notwendigerweise unterbewertet. Sie sind daher als Indikatoren nicht verwendbar.

Am brauchbarsten erwies sich die Zahl der Liceos, also von weiterführenden Schulen, die am ehesten unseren Mittelschulen vergleichbar sind

und überwiegend vom Staat, aber auch von kirchlichen und anderen Einrichtungen unterhalten werden. Aufgrund der Petro-Dollars konnte in fast allen untersuchten Llanos-Städten mindestens ein Liceo eingerichtet werden. Zwei Liceos haben die kleinen Llanos-Städte El Socorro und Temblador, die für die frühe Entwicklung von eigenen (kleinen) Erdölfeldern wichtig waren, und Sabaneta an der Andenrandstraße. Auffällig ist, wie bei den Bankfilialen, die Anzahl von bereits 4 Liceos in Villa Bruzual, was die Zentralität dieser Stadt unterstreicht.

7 VIERTELSBILDUNG UND FUNKTIONALE DIFFERENZIERUNG

Die Herausbildung von Vierteln mit verschiedenen Funktionen gilt in der Siedlungsgeographie als ein Merkmal für eine bereits fortgeschrittene Phase der Stadtentwicklung: Die Kleinstadt mausert sich zur Mittelstadt. Die Viertelsbildung läßt sich mit physiognomischen Indikatoren, hinter denen bestimmte Funktionen stehen, beschreiben. Diese Indikatoren, leicht und schnell erfaßbar, geben einen wesentlich aktuelleren Einblick in ablaufende Prozesse als statistische Daten, die mit erheblichem Aufwand erhoben werden müssen und zum Zeitpunkt, da sie zugänglich werden, schon wieder veraltet sind. Statistische Indikatoren haben als Vorteile die Nachprüfbarkeit und erlauben die Analyse von ablaufenden Prozessen mit größerer Trennschärfe. Die physiognomischen Indikatoren dagegen geben neben einem Einblick in ablaufende Vorgänge auch Hinweise auf möglicherweise auftretende Probleme oder auf die Folgen sich schon anbahnender Entwicklungen. Sie sind vor allem in zeitlicher Hinsicht unabhängig von den Stichjahren umfassender statistischer Erhebungen. Als Indikatoren für die gegenwärtig sich abspielenden Entwicklungsvorgänge dienen Merkmale aus den Bereichen "Wohnen", "Versorgung" und "Arbeiten". Sie ermöglichen Rückschlüsse auf die Bevölkerungsstruktur und auf die wirtschaftliche Situation der Siedlungen. Die folgende Schilderung der einzelnen Indikatoren ist nach dem Muster aufgebaut: Definition - Funktion - Stufen der Differenzierung - Aussagekraft für die Typisierung der Städte.

7.1 JUNGE RANCHOVIERTEL

Unter "ranchos" versteht man die einfachen Wohnbauten von Neuzuwanderern, erstellt zunächst aus Brettern, Pappe, Blech u.a., in einer zweiten Etappe auch schon etwas ausgebaut mit Lehm, Hohlblocksteinen, Wellblechdach, Fenstern. In der Ansammlung ganzer Ranchoviertel werden sie in Venezuela als "barrios" (Hüttenviertel) bezeichnet.

Das rasche Bevölkerungswachstum lateinamerikanischer Großstädte mit seinen Folgen für die Siedlungsstruktur in Form ausgedehnter barrios (Hüttenviertel) ist schon ausführlich in der Literatur behandelt, zuletzt von Pachner (1982). Die Metropolen wirken als Magnete, welche die Bevölkerung aus dem "Landesinneren" - aus Dörfern und Städten - anziehen. Dabei sind spekulative Hoffnung und reale Aussicht auf Besserung der Lebensumstände als Ursachen miteinander verquickt. Auch in den Llanos-Städten war zu beobachten, daß die ranchos bzw. barrios selbst für kleinere Städte ein Indiz sind, wie hoch diese Städte eingeschätzt werden im Bezug auf einen möglichen Arbeitsplatz und den breiten Fächer jeglicher Versorgungsmöglichkeiten.

Der Indikator "rancho von Neuzuwanderern" führt zu einer Wertung und Gruppierung der Städte je nach dem quantitativen Auftreten dieser Formen. Wirtschaftlich stagnierende Städte, die keine neuen Arbeitsplätze durch Ausbau von Gewerbe und Industrie anbieten, wirken wenig oder gar nicht als Anziehungspunkte für Neuzuzügler. Folglich findet sich höchstens der eine oder andere neue rancho. Man sieht auch alte, ländlich-traditionelle ranchos mit den mehr "natürlichen" Baumaterialien wie Lehmziegeln, Bahareque-Wänden (Geflecht aus Holzstöcken oder Bambus mit einem "Verputz" aus Lehm-Stroh-Gemisch) und Stroh- bzw. Schilfdächern, allenfalls Blechdächern, je nach den lokalen Möglichkeiten.

In der zweiten Stufe finden sich zwar noch keine Viertel, doch treten die ranchos der Neuzuwanderer in Gruppen, konzentriert an Ein- und Ausfallstraßen, auf. Bei der nächsten Stufe haben wir es mit Städten zu tun, die in der Nähe der Durchgangsstraßen bereits kleine, geschlossene Viertel von ranchos haben. Schließlich sind bei einigen Städten mehrere große Viertel neuer ranchos zwischen älteren barrios und ebenso auch am Stadtrand vorhanden. Ganz junge und noch sehr provisorische ranchos offenbaren anhaltendes weiteres Wachstum.

In dieser Differenzierung läßt sich der Indikator "rancho" auf die ganze Palette unterschiedlicher Städtetypen anwenden, und er ist in seiner Aussagekraft recht hoch einzustufen.

7.2 INAVI-SIEDLUNG

Die Siedlungen des staatlichen sozialen Wohnungsbaus sind zu erkennen an den genormten, vorgefertigten Einfachwohnbauten auf Betonsockel, eingeschossig mit rechteckigem Grundriß und Wellblechdach, und der dichten perlschnurartigen Reihung entlang neu angelegten Straßen. Die Siedlungen haben Anschluß an die städtische Infrastruktur, haben also Stromleitungen, Wasser und Kanalisation.

Der staatliche soziale Wohnungsbau, früher dem Banco Obrero, seit 1975 INAVI (Instituto Nacional de Vivienda) zugeordnet, ist als eine Reaktion auf das wilde Wachstum der Städte mit einem Überhandnehmen von baulichen Primitivformen zu sehen. Außerdem wird der soziale Wohnungsbau in jüngerer Zeit wohl als ein Steuerungsinstrument eingesetzt.

In Städten, in denen das "wilde" Wachstum noch keine bedeutenden Ausmaße angenommen hat, fehlen die INAVI-Siedlungen völlig. Kleinere Städte mit - absolut gesehen - geringerem Wachstum haben allenfalls ein solches Viertel, abgestuft in der Größenordnung von einem Straßenzug bis zu einigen Hauszeilen. Mehrere INAVI-Siedlungen finden sich in der Regel bei den Städten mit größeren Vierteln von Zuwanderer-ranchos. Sie zeigen, daß die staatliche Wohnungsbaupolitik die angelaufene dynamische Entwicklung der jeweiligen Stadt fördert, und dies hebt die Anziehungskraft einer solchen Stadt weiter an.

Bewertet man die im Rahmen der staatlichen Förderungsprogramme errichteten Siedlungen als mehr oder minder unausweichliche Planungsmaßnahmen staatlicher Stellen, so kommt ihnen im Vergleich zu den "wilden" barrios eigentlich keine zusätzliche Aussagekraft zu. Ihr Vorhandensein hängt dann eher von lokalen Besonderheiten ab. Interessanter sind sie als vorausschauendes Steuerungsinstrument, indem sie dann als Ausdruck staatlicher Entwicklungsvorhaben für eben jene Städte, in denen sie vorkommen, gewertet werden können. Gerade die jüngsten, z.T. erst im Entstehen begriffenen Siedlungen (bezogen auf unsere Beobachtungen von 1977) haben somit eine zusätzliche, wenn auch keine entscheidende Aussagekraft über die angelaufene bzw. angestrebte Entwicklung einer städtischen Siedlung. Bekanntlich gehen ja nicht alle Spekulationen am Ende wirklich auch auf.

7.3 MODERNE QUINTAS

Unter "quintas" werden Einfamilienhäuser verstanden, die durch individuelle und relativ aufwendige Gestaltung sich abheben, in der Regel zweigeschossig sind, auf einem von Mauer oder Zaun umgebenen Grundstück stehen und zu denen häufig ein gepflegter Garten gehört. In ihren einfacheren Formen - als Wohnhäuser des Mittelstandes - finden sie sich auch als Reihenhäuser. Als Behausungen der gehobenen Sozialschichten sind sie in aufwendigen Villen- und Bungalow-Formen anzutreffen.

Damit erlauben die quintas eine Aussage über die soziale Differenzierung der Wohnbevölkerung einer Stadt. Definiert man Stadt in erster Linie durch die soziale Differenzierung der Bevölkerung in ein mehr oder weniger breites Spektrum von Berufen und sozialen Schichten, so müßte das Auftreten von quintas als Bedingung angesehen werden, um eine Siedlung wirklich als "Stadt" bezeichnen zu können. Andererseits vermögen Siedlungen zwar einzelne zentrale Funktionen auszuüben, müssen aber deshalb - nach einer strengen Definition - noch nicht als "Stadt" fungieren.

Auch beim Indikator "quinta" erlauben das zahlenmäßige Auftreten sowie die zeitliche Einordnung dieser Formen eine Gruppierung der Städte. Die Palette reicht vom Fehlen solcher Formen über das Auftreten einzelner, meist recht junger quintas - eingestreut in Hauszeilen der traditionellen gewöhnlichen Hausformen -, über die Gruppierung in einzelnen Straßenzügen bis hin zur Ausbildung ganzer Quintaviertel. Daraus läßt sich deutlich ableiten, in welchem Maße die betreffende Siedlung bereits eine mehr oder weniger starke wirtschaftliche Dynamik und damit zusammenhängend eine soziale Differenzierung entwickeln konnte.

Es kommt diesem Indikator eine recht hohe Aussagekraft bezüglich der wirtschaftlichen Entwicklung einer Siedlung zu, und er ist für die gesamte Breite der Typengliederung anwendbar und aussagefähig.

7.4 EDIFICIOS

Neben dem mehr oder weniger aufwendigen Einfamilienhaus, der "quinta", bilden die bei uns so verbreiteten Formen der Zwei- bis Sechs-Familienhäuser relativ seltene Erscheinungen. Statt dessen gibt es verschiedene Hochhausvarianten, die "edificios", von den Wohnblock- und Zeilenbauten des Banco Obrero für die unteren bis mittleren Sozialschichten bis zu den Appartement-Hochhäusern für die mittleren und höheren Einkommensschichten. Gerade diese finden sich oft in den Zentren der Städte und weisen eine Mischnutzung von Büros und Wohnungen auf.

Die edificios können somit als Indikatoren für eine sich verbreiternde Mittelschicht gelten, die es sich noch nicht - dies gilt für die einfacheren Hochhausformen - leisten kann, in quintas zu wohnen, oder die nicht mehr - dies gilt für die komfortableren Formen mit Tiefgarage, hoher Ummauerung, Beaufsichtigung und Betreuung durch einen Hausmeister - in quintas leben wollen, weil sie sich dort zu unsicher vor Diebstahl und Einbruch fühlen. In der Nutzung durch Geschäfte und Büros zeigt sich ein Ausbau des Dienstleistungsbereichs durch speziellere Berufssparten, der sich schon rein äußerlich abzuheben trachtet von den traditionellen Einrichtungen. Sowohl im Wohnbereich als auch im Geschäftsbereich stehen somit die edificios für eine höhere Stufe städtischer Entwicklung mit stärkerer Differenzierung der Branchen und der Nachfrage.

Die Zahl ihres Vorkommens in einer Stadt - ob einige wenige, kleinere oder gleich mehrere, größere - und ihre räumliche Verteilung - ob einzelne am Rande, kleinere Gruppen am Rand oder auch gemischte Nutzungsformen im Kernbereich der Städte - erlauben Rückschlüsse auf die Dynamik der wirtschaftlichen Entwicklung in der jeweiligen Siedlung.

Der Indikator "edificio" ist beschränkt in seiner Aussagekraft auf die weiter entwickelten Städtetypen und ergänzt die Differenzierung für den Bereich "wohnen" (quintas) wie für den Bereich "Versorgung" (Geschäftszentrum).

7.5 ZONA INDUSTRIAL

In den Städten der Llanos finden sich neben dem ländlich-traditionellen Sektor von Handwerk und Gewerbe (Reparatur, Lagerhallen, Kraftfahrzeug- und Landmaschinen-Werkstätten u.ä.) schon weitere Branchen und mehr industriell geprägte Betriebsformen, freilich noch nicht über die Stufe einer ersten Diversifizierung hinausgehend. In der Regel knüpfen die Industriebetriebe noch am landwirtschaftlichen Sektor an (Silos, Baumwollentkernung, Ölpresse, Zuckerzentrale, Molkerei, allenfalls werkstattähnliche Metallbearbeitung). Wichtige Bestandteile der Industriezone sind Getränkelager bzw. Abfüllanlagen der verschiedenen Getränkekonzerne und Brauereien sowie die Gasflaschen- und Baumaterialienlager.

Die Tatsache, daß eine Stadt gewerbliche und industrielle Arbeitsplätze anzubieten hat, trägt wesentlich zu ihrer Einschätzung als mehr oder weniger anziehender Wohnstandort bei. Zwar ist die Abwanderung der Bevölkerung in die Städte nicht allein durch realistische Aussichten auf einen besseren Arbeitsplatz gesteuert - vage Hoffnungen spielen hier eine mindestens ebenso entscheidende Rolle -, aber solche Hoffnungen knüpfen natürlich besonders leicht an schon vorhandenen, entwicklungsträchtigen Sachverhalten an.

Insofern erlaubt die Existenz entweder nur einiger traditionell-gewerblicher Betriebe (Reparatur, Handwerk) oder schon einiger modernerer Unternehmungen oder gar einer "zona industrial", auch wenn das Gewerbegebiet noch lange nicht mit Betrieben "aufgefüllt" ist, eine Aussage über die Entwicklungsmöglichkeiten auf dem Sektor "Arbeitsplätze und Arbeitsstätten". Die Existenz bereits einzelner Betriebe erleichtert die infrastrukturelle Anbindung weiterer Betriebe, ermöglicht das Anknüpfen wirtschaftlicher Beziehungen und wirkt belebend auf den Arbeitsmarkt. Allerdings scheint in der neueren Entwicklung die zona industrial - zumindest durch eine große Plakatwand am Straßenrand ausgewiesen - oft auch als Rennomierstück betrachtet zu werden. Sie dürfte dabei mehr einem Prestigedenken als realen Aussichten auf Ansiedlung von Gewerbebetrieben entspringen.

Die Differenzierung im gewerblichen Sektor nach Art und Zahl der Betriebe hat hohe Aussagekraft für das gesamte Typen-Spektrum der Städte. In Form der "zona industrial" kommt diesem Indikator besonderes Gewicht zu für die Kennzeichnung der - zumindest nach den Planungsabsichten - besonders dynamischen städtischen Zentren.

7.6 AUTOVIERTEL

In älteren Reisebeschreibungen liest man oft den Hinweis, daß sich am Rand von Etappenorten bzw. Städten eine oder mehrere "posadas" finden. In ihnen konnten die Tiere für die Weiterreise versorgt werden, hier wurden Nachrichten über den Zustand der Reisewege ausgetauscht, eventuell Führer und Träger angeheuert und auch Lasttiere gekauft. Es bestand die Möglichkeit, die Hängematte aufzuspannen und zu übernachten, und in besonders besuchten Etablissements war auch für Unterhaltung gesorgt, etwa durch Marionettenspiele ("titereros") u.ä. Diese posadas waren die Vorläufer des heutigen Autoviertels, wo auf die besonderen Erfordernisse eines spezifischen Verkehrsmittels abgestimmte Einrichtungen für vielfältigste Funktionen und unterschiedliche Ansprüche vergesellschaftet sind.

Ausgerichtet auf das Verkehrsmittel "Auto" finden sich: Autovertretungen, Reparaturwerkstätten, Tankstellen, Ersatzteillager, Hotels und Motels, Bars - im Sinne von kleinen "Warenhäusern", in denen man sowohl seinen "negro" schlürfen als auch zur Erinnerung einen kleinen "cuatro" (ein Musikinstrument) kaufen kann mit einer bunten Angebotspalette dazwischen -, Büros und Lager von Transportfirmen; dazu kommen dann noch Vertretungen und Werkstätten für Landmaschinen, Schrotthändler usw. sowie eventuell der "terminal" (Bahnhof) für Busse und Linientaxis.

Da die Städte der Llanos eine ihrer wichtigsten Funktionen im Bereich der Verkehrserschließung haben, sind die speziellen Einrichtungen, seien sie nur vereinzelt und locker an der Durchgangsstraße aufgereiht oder in einem oder auch mehreren großen Vierteln an den Ein- und Ausfallstraßen konzentriert, ein besonders charakteristisches Element dieser Städte. Insofern läßt sich an ihnen direkt die Verkehrsbedeutung und damit ein wichtiger Bestandteil der Funktionen einer Stadt ablesen.

Neben der absoluten Zahl der Einrichtungen und ihrer Flächenausdehnung gibt auch noch die qualitative Zusammensetzung Aufschlüsse hinsichtlich Dynamik und neuer Entwicklungsansätze. Kommen zu den traditionellen Werkstätten und den Schrottverwertungs-Werkstätten auch modern aufgemachte Filialen der großen Autofirmen, des Landmaschinenhandels, größere Motels u.ä., so zeigt dies eine bereits höhere Stufe zentralörtlicher Bedeutung an. Dem Indikator "Autoviertel" in seinen verschiedenen Ausprägungen kommt somit eine zentrale Bedeutung für die Typisierung gerade der Llanos-Städte zu.

7.7 GESCHÄFTSZENTRUM

Beim Indikator "Geschäftszentrum" bestehen die Kriterien aus Zahl, Qualität und räumlicher Verteilung der Geschäfte. Daraus lassen sich verschiedene Stufen in der Ausstattung der Städte ableiten.

Die Attraktivität der städtischen Siedlungen beruht zum guten Teil auch auf ihren Versorgungseinrichtungen, welche die Möglichkeit eröffnen oder zumindest erhoffen lassen, am gehobenen Konsum teilzuhaben. Dazu kommen die besseren Versorgungsmöglichkeiten im medizinischen Bereich und auf dem schulischen Sektor sowie die Hoffnung auf bessere Arbeitsmöglichkeiten zur Sicherung des Lebensunterhalts.

Auf der untersten Stufe der Typenreihe finden sich Siedlungen, die verstreut gelegene - allenfalls an der Hauptstraße in der Nähe der Plaza etwas dichter gruppierte - Geschäfte in traditioneller Aufmachung und mit mehr auf den ländlichen Bedarf abgestimmten Angeboten aufweisen. Die traditionellen Gemischtwarenläden, die "abasto" und "almacen", bestehen aus einem großen Raum, dessen Straßenseite völlig offen den Blick freigibt auf einen mehr oder weniger geordneten Warenberg vom "queso de mano" (=billiger Käse) bis zum Reitsattel. "Man tritt in das Schaufenster ein".

Auf einer höheren Stufe mischen sich unter diese "Warenhäuser" einzelne Läden mit speziellerem Angebot (Textilien, Haushaltwaren), vereinzelt in der Aufmachung auch schon nach europäisch-amerikanischem Vorbild ausgerichtet, d.h. zur Straße hin geschlossen, mit Schaufenster und Verkaufstheke versehen. Ferner erfolgt die Umwandlung des Kolonialstil-Hauses in einen Skelettbetonbau, oft auch das Aufsetzen eines zweiten Stockwerks für Wohnung und Warenlager. Die Geschäfte, besonders die höherrangigen, scharen sich locker in einem zentralen Bereich entlang einer Straße in der Nähe der plaza. Einfachere Läden sind auch noch über den übrigen Siedlungskern verteilt, bevorzugt sind Standorte an Straßenkreuzungen.

Auf der nächsten Stufe ist die Zahl der Fachgeschäfte größer, ebenso auch die Bandbreite der Branchen. Die Hauptstraße weist eine geschlossene Front von Geschäften aus, die Verdichtung der Geschäfte strahlt in die Nebenstraßen aus. Die Hauptgeschäftsstraße befindet sich in einem starken Umformungsprozeß mit Um-, Aus- und Neubauten. In der höchsten Stufe städtischer Geschäftszentren schließlich besteht die Hauptstraße aus einer geschlossenen Front von mehrgeschossigen Bauten mit Fachgeschäften, auch Nebenstraßen und Parallelstraßen weisen noch dichte Konzentrationen auf, zum Rand hin allerdings wieder vermischt mit den traditionellen Geschäftsarten.

Dem Indikator "Geschäftszentrum" muß ein großes Gewicht zukommen, da ja die Versorgungsfunktion eine der wesentlichen Grundfunktionen städtischer Siedlungen überhaupt ist.

8 DIE STÄDTETYPEN DER LLANOS

Besteht ein Typisierungsverfahren im Zusammenfügen sehr verschiedenartiger Faktoren und Indikatoren, so kommt es wohl häufig vor, daß sich manches sehr schön ergänzt und eben das bestätigt, was im "Typ" zum Ausdruck gebracht werden soll, während anderes "nicht paßt", sondern sich als Unwägbares und Unerklärliches allen Bemühungen zur Abrundung entgegenstellt. Aber bei sich fortentwickelnden Siedlungen dürfen scheinbare Diskrepanzen nicht verwundern. Es kann immer wieder der Fall sein, daß der eine oder andere Sektor auf den Gebieten von Wohnen oder Arbeiten in der Entwicklung zurückbleibt, ein anderer aber vorzeitig an Bedeutung gewinnt. Dies ist an sich ganz "normal" und verursacht Schwierigkeiten erst dann, wenn von den gewählten Indikatoren etwa je die Hälfte für eine Zuordnung zum höheren bzw. zum niedrigeren Typ spricht und man sich - etwas widerstrebend - für die subjektiv "richtigere" Lösung entscheiden muß.

Zu dem allgemeinen Problem einer jeden Siedlungstypisierung tritt im besonderen Fall der Llanos-Städte der erhebliche Unterschied in der Bevölkerungsdichte und Wirtschaftskraft der einzelnen Teilräume, so daß Städte mit gleichartigen Funktionen doch erhebliche Unterschiede in ihrem städtebaulichen Gepräge und in der Ausstattung mit Versorgungseinrichtungen aufweisen. An sich trifft man diesen Sachverhalt auch bei unseren zentralen Versorgungsorten an, wenn man nach der Umlandmethode vorgeht und die manchmal recht gut greifbaren Unterschiede in den Ansprüchen zwischen einer mehr "ländlichen" und einer "großstädtischen" Bevölkerung gewahr wird. In Venezuela sind solche Unterschiede verständlicherweise noch sehr viel stärker ausgeprägt. Aber die Weiträumigkeit und geringe Verkehrserschließung der Llanos lassen keine Anwendung der Umlandmethode zu und somit auch keine Aussage über Art und Intensität der Mittelpunktsfunktionen der Städte für ihr näheres und weiteres Umland. Daraus ergeben sich möglicherweise Schwächen in der Bewertung des Faktorenbündels bei der Typisierung; gravierende Fehler dürften daraus dennoch nicht resultieren.

Ein sekundäres Problem ergab sich bei der Frage, was alles zu den "Llanos-Städten" zu rechnen sei. Man kann sich allein auf den Naturraum "Llanos" beziehen, so wie er oben beschrieben worden ist. Man kann aber ebenso auch alle jene Städte auch außerhalb der Llanos hinzurechnen, die mit ihren zentralörtlichen Funktionen noch mehr oder minder stark in Teilgebiete der Llanos hineingreifen. Soweit man sich bei der Bewertung dieses Sachverhaltes nicht allein auf die Funktionen als Distrito- oder Estado-Hauptstadt stützen will, ist dies kein leichtes Unterfangen, weil die eigene Materialgrundlage über zentralörtliche Versorgungsbeziehungen nur aus einigen Beobachtungen und Befragungen besteht. Die Aufnahme von San Cristóbal und Barcelona/Puerto La Cruz in die tabellarische Übersicht erfolgte vorwiegend zu Vergleichszwecken und weil sie als Oberzentren in die Llanos hineinwirken. Mit Ciudad Guayana soll dagegen nur noch eine weitere Großstadt in den Vergleich einbezogen werden.

In den dünn besiedelten Räumen der inneren Llanos wäre die Anwendung der höchst aufwendigen Umlandmethode eine vergebliche Mühe. Wo die Distanzen zwischen den kleinen Versorgungsorten zu groß sind, um irgendwelche Konkurrenzen wirksam werden zu lassen, wo zudem Flußläufe, Überschwemmungszonen oder allein der Mangel an Wegen ohnehin keine Alternativen bei zentralörtlichen Beziehungen zulassen - jedenfalls bezüglich der Versorgung mit alltäglichen Dingen -, spiegelt sich in den Städten und ihren Versorgungseinrichtungen die Funktion für das Umland recht deutlich wider.

Hier erhebt sich also eher die Frage, was bereits als "Stadt" und was wohl besser als dörfliches Kleinzentrum zu bezeichnen ist. Die Antwort darauf soll sich nicht in eine begriffliche Haarspalterei verlieren, sondern an den Möglichkeiten zur Bestimmung wirtschaftlicher Kristallisationskerne orientieren. Nach physiognomischen Merkmalen allein ließen sich ein Dorf und eine Kleinstadt ohnehin nicht unterscheiden: Der Rechteckgrundriß findet sich bei jeder kleinsten ländlichen Siedlung, sofern sie nur aus mehr als einem Dutzend Häuser besteht. Im Aufriß sind die Variationen von Patiohaus und Lehmhütte ebenfalls in allen Größenordnungen ländlicher und städtischer Siedlungen in ähnlicher Weise, nur eben mit unterschiedlichen Anteilen der einzelnen Formausprägungen, zu finden. Markante Gegensätze lassen sich jedenfalls mit diesem Merkmal nicht herausarbeiten.

So wird man zunächst die Größe der Wohnplätze als solche beachten müssen, zumal diese in gewissem Sinne Ausdruck ihrer Funktionen ist, und dann natürlich das Maß an Vielfalt des Wirtschaftslebens, das ja erst die Stadt ausmacht, wobei die Besonderheiten des Landes und der Region gebührende Berücksichtigung finden müssen. Dazu kommen die in den vorangegangenen Kapiteln genannten Kriterien, die als Strukturelemente brauchbare Indikatoren zum Erkennen der "Bedeutung" einer Siedlung abgeben.

Im folgenden sollen die verschiedenen Typen der Städte in den Llanos mit knappen Strichen skizziert werden, wobei die Schilderung an konkreten Beispielen anknüpft, um dennoch nach Möglichkeit das "Typische" über das Individuelle hinauszuheben.

Die Merkmale, auf denen Beschreibung und Typisierung beruhen, finden sich in der umfangreichen Tabelle 3 zusammengestellt. Weil kaum anzunehmen ist, daß jeder Leser die Lage sämtlicher Städte der venezolanischen Llanos kennt, sind diese mit Typen-Symbol und vollem Ortsnamen in Abb. 5 dargestellt.

Zum Inhalt der Tabelle sei noch kurz bemerkt, daß in Ermangelung neuerer Zahlen die inzwischen veralteten Daten der Volkszählungen von 1961 und 1971 benutzt werden mußten; die Veröffentlichung der Zahlen von 1981 für

alle Städte wird erfahrungsgemäß einige Jahre in Anspruch nehmen. Die
Veränderung der Einwohnerzahlen während der 60er Jahre läßt jedoch
sehr bezeichnende Unterschiede erkennen. Manche Kleinstadt hat dank
des Anwachsens des ganzen Verwaltungsapparates einen gewissen Aufschwung erfahren, während andererseits die meisten Erdölstädte stagnieren. In der Tabelle ist auch die Zahl der Hotelzimmer aufgeführt,
ein an sich ganz brauchbarer Indikator. Es wurde oben schon erwähnt,
daß für die Zusammenstellungen im Hotelverzeichnis wohl ein gewisser
Standard vorausgesetzt ist, denn es gibt darüber hinaus in vielen
Kleinstädten ebenfalls Übernachtungsmöglichkeiten, manchmal ganz wie
in alten Zeiten mit Haken zum Anhängen der eigenen Hängematte, aber
darüber liegen keine Erhebungen vor.

8.1 LÄNDLICHE NAHVERSORGUNGSORTE

Die meisten Orte dieser Gruppe haben nach dem Stand der Volkszählung
von 1971 weniger als 6 000 Einwohner aufzuweisen. Manche sind eher
Dörfer. Im Ortsbild dominieren bei weitem Häuser im spanischen Kolonialstil, aber nur in den einfachen und schlichten Bauformen, oft nur
als Halb-Patiohaus. Die Hauszeilen sind meist nicht geschlossen, es
klaffen Lücken, von der Straße aus nicht immer gleich sichtbar, weil
Mauern die genutzten Gartenparzellen umgeben. Nur wenige Gebäude sind
in neuerer Zeit renoviert worden. Immerhin finden sich da und dort
auch einmal zweigeschossige Bauten. Die wenigen Ladengeschäfte liegen
über den Ort verstreut. Es sind "Gemischtwarenhandlungen" mit einem
sehr schmalen und einfachen Sortiment. In der Regel hat einer der Läden eine breitere Angebotspalette.

Veränderungen kann in der Hauptsache nur eine gewisse Zunahme der Bevölkerungsdichte infolge verstärkter Aktivitäten auf landwirtschaftlichem Gebiet bringen, weil ein vermehrtes Kundenpotential im Umkreis
ein größeres Versorgungsangebot im Zentrum ermöglicht. Sabaneta kann
hierfür als Beispiel dienen. Sabaneta liegt zwischen Barinas und Guanare etwa 15 km von der am Andenrand entlang führenden Straße entfernt
in etwas abseitiger Lage, aber immerhin dicht neben der zum Rio Apure
führenden Straße. Bis etwa in die Höhe von Sabaneta reicht die erste
Ausbaustufe eines vom Rio Bocono abzweigenden Bewässerungsgebietes.
Die Bevölkerungszunahme von Sabaneta während der zehn Jahre von 1961
bis 1971 betrug 175 %. Bei einer Einwohnerzahl von 5 500 (1971) ist
die Tragfähigkeit für eine Bankfiliale und für ein Kino gegeben. Die

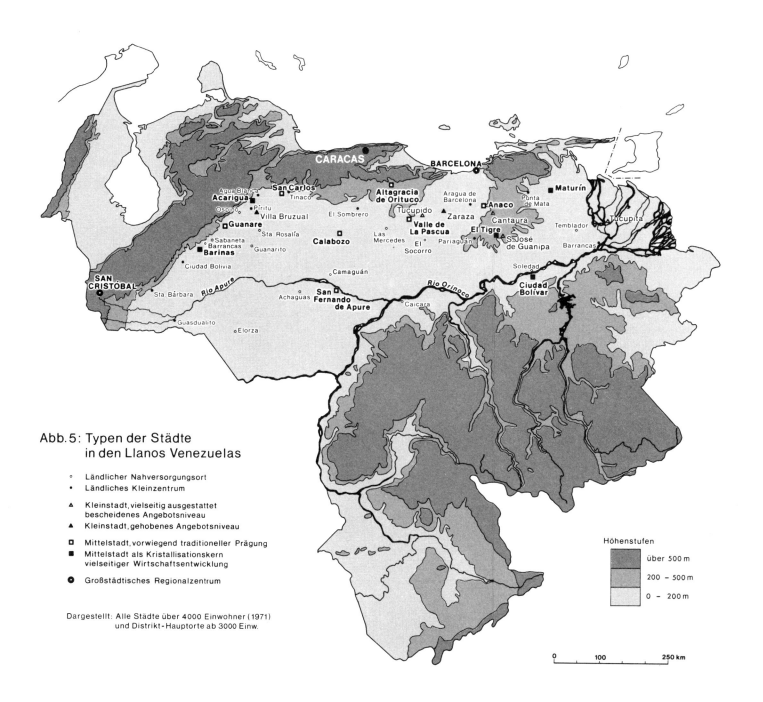

Abb. 5: Typen der Städte in den Llanos Venezuelas

○ Ländlicher Nahversorgungsort
• Ländliches Kleinzentrum
△ Kleinstadt, vielseitig ausgestattet bescheidenes Angebotsniveau
▲ Kleinstadt, gehobenes Angebotsniveau
□ Mittelstadt, vorwiegend traditioneller Prägung
■ Mittelstadt als Kristallisationskern vielseitiger Wirtschaftsentwicklung
⊙ Großstädtisches Regionalzentrum

Höhenstufen
über 500 m
200 – 500 m
0 – 200 m

Dargestellt: Alle Städte über 4000 Einwohner (1971) und Distrikt-Hauptorte ab 3000 Einw.

Tab. 3: Merkmale einer Typisierung der Städte in den Llanos

In der umseitig abgedruckten Tabelle sind alle Städte in den Llanos mit mehr als 4 000 Einwohnern, die Distrito-Hauptorte ab 3 000 Einwohnern nach dem Stand von 1971 aufgeführt. Zu Vergleichszwecken wurden außerdem einzelne Großstädte aus Nachbargebieten mit aufgenommen.

Die Zeichen für die in den rechten Spalten der Tabelle aufgeführten Merkmale bedeuten:

Geschäftsstraßen:
+++++ mindestens eine hochrangige Hauptgeschäftsstraße, Fachgeschäfte z.T. auch in Nebenstraßen, mehrgeschossige Bauten dominierend;
++++ hochrangiges Geschäftszentrum, zahlreiche mehrgeschossige Bauten, moderne Fachgeschäfte, einige traditionelle Läden dazwischen;
+++ Mischung moderner Fachgeschäfte und traditioneller Läden, einige mehrgeschossige Bauten;
++ überwiegend traditionelle Läden für einfachen Bedarf, dazwischen einige Fachgeschäfte;
+ weit überwiegend einfache kleine Läden in Streulage.

Ranchos:
++++ mehrere Barrios, randlich junge Barrios, z.T. großflächig;
+++ mehrere Barrios, großenteils ausgebaut, wenig neue Ranchos;
++ einzelne Barrios und Rancho-Zeilen;
+ ein oder zwei Barrios, vorwiegend ältere Ranchos.

INAVI-Siedlungen und uniforme Ein- und Zweifamilienhaus-Siedlungen mit bescheidenen einfachen Häusern aus anderen Bauprogrammen:
+++ mehrere Siedlungen
++ zwei bis drei Siedlungen
+ eine Siedlung

Quintas, größere Einfamilienhäuser mit überdurchschnittlicher Ausstattung:
++++ mehrere größere Viertel mit Quintas
+++ einzelne größere Viertel
++ ein oder zwei Viertel oder einzelne Straßenzüge mit Quintas
+ einige Quintas, zumeist in Streulage

Edificios, Hochhäuser, vielgeschossige Bauten:
+++ zahlreich, an einigen Stellen Gruppierungen solcher Bauten
++ einige, verteilt an Hauptstraßen
+ einzelne

- 212 -

Stadt / Staat	Bevölk. 1971	Bevölk.-Zunahme 1961-71 in %	Hand.-Banken	Hotel-Zimmer 1976	Kinos 1974	Licéos 1976	Geschäfts-straßen	Ranchos	INAVI-Siedlung	Quin-tas	Edifi-cios
1. San Cristóbal / Tach	151.700	55	10	510	6		++++	++++	+++	.	+
2. Ciudad Guayana / Bol	143.500	387	19	687	9	14	++++	++++	+++	++	+++
3. Barcelona-Puerto la Cruz	141.500	40	17	589	13	.	+++++	++++	++	+++	++
4. Ciudad Bolívar / Bol	103.700	64	6	259	7	10	++++	++++	++	++++	+
5. Maturín / Mon	98.200	81	7	189	4	11	+++++	++++	++	+++	+
6. Acarigua-Araure / Port	79.200	84	11	207	4	6	+++++	+++	+++	++++	++
7. Barinas / Bar	56.300	119	9	203	3	6	+++	+	+++	++	+
8. El Tigre / Anz	49.800	19	5	92	4	5	++++	++	+++	+++	+
9. San Fernando de Apure /Ap	39.000	59	5	156	4	4	+++	+++	+++	++	
10. Calabozo / Guar	38.400	144	4	131	.	5	++++	++	++	++	
11. Valle de la Pascua / Guar	36.800	51	4	53	3	5	+++	+	++	++	
12. Guanare / Port	34.100	85	5	260	3	4	+++	++	++	++	
13. Anaco / Anz	29.000	26	5	56	2	3	+++	+		++	
14. El Tigrito / Anz	22.500	9	1	.	2	2	+++++	+		++	
15. Tucupita / T.D.A.	21.400	116	1	72	.	4	++	+	+		
16. San Carlos / Coj	21.000	76	2	31	2	3	++	+	++		
17. Altagracia de Orituco/Guar	18.700	44	2	59	.	2	++	++		+	
18. Cantaura / Anz	15.800	13	1	-	1	2	++	+		+	
19. Zaraza / Guar	15.500	54	2	19	2	2	++	+	+	+	
20. Villa Bruzual / Port	14.000	36	4	.	1	4	++	+		+	
21. Tucupido / Guar	9.500	36	1	.	2	2	++		+		
22. Aragua de Barcelona / Anz	9.100	11	1	.	1	2	+	+		+	
23. El Sombrero / Guar	8.400	47	1	.	-	1	++	+			

Stadt / Staat	Bevölk. 1971	Bevölk.-Zunahme 1961-71 in %	Hand.-Banken	Hotel-Zimmer 1976	Kinos 1974	Licéos 1976	Geschäfts-straßen	Ranchos	INAVI-Siedlung	Quin-tas	Edifi-cios
24. Pariaguán / Anz	8.200	31	1	.	-	1	++				
25. Piritu / Port	8.100	67	-	.	1	1	+				
26. Guasdualito / Apu	7.800	70	1	.	2	1	++	+			
27. Punta de Mata / Mon	7.800	19	-	.	2	1	++				
28. Tinaco / Coj	7.300	62	-	.	-	1	+				
29. Soledad / Anz	7.100	26	-	.	-	1	+				
30. Caicara de Orinoco / Bol	6.900	109	1	.	1	1	+				
31. Las Mercedes / Guar	6.700	25	-	.	1	1	+				
32. Santa Barbara / Bar	6.200	203	1	.	1	1	+				
33. Barrancas / Mon	5.700	37	-	.	-	2	+				
34. Temblador / Mon	5.400	164	-	.	-	-	+				
35. Santa Rosalia / Port	5.100	326	-	.	-	1	+				
36. Agua Blanca / Port	5.000	48	-	.	1	-	+				
37. Ciudad Bolivia / Bar	4.900	134	-	.	1	2	+				
38. Sabaneta / Bar	4.700	134	1	.	-	1	+				
39. Achaguas / Apu	4.600	140	-	.	.	1	+				
40. Barrancas / Bar	4.500	42	-	.	.	-	+				
41. Camaguán / Guar	4.100	116	-	.	.	2	+				
42. El Socorro / Guar	4.000	26	-	.	-	1	+				
43. Ospino / Port	3.500	123	-	.	1	1	+				
44. Elorza / Apu	3.200	50	-	.	1	1	+				
45. Guanarito / Port	3.200	201	-	.							

Existenz von zwei Licéos ist auch auf ein Einzugsgebiet im Nahbereich
zurückzuführen. Ein paar Ladengeschäfte tragen vornehmlich der Nachfrage eines landwirtschaftlichen Gebietes Rechnung; sie nennen sich
zumeist Almacén, also Kramladen, und haben eine recht ähnliche Ange-
botsstruktur. Auffallend ist aber, daß sie vorwiegend an der nach Südosten führenden Ausfallstraße liegen, was wohl deutlich erkennen läßt,
in welcher Richtung die zentralörtlichen Versorgungsbeziehungen gehen.
Wenig außerhalb des Ortes finden sich eine Mitte der 70er Jahre errich-
tete Baumwollpresse sowie eine kleine Piste für das Flugzeug, das hier
zur Schädlingsbekämpfung eingesetzt wird. Ob allerdings das Umland für
Sabaneta einen Aufschwung als Kleinstadt bringen kann, ist schwer abzuschätzen. Ein Vergleich der eigenen Beobachtungen mit der topographischen Karte 1 : 100 000 zeigt, daß zahlreiche Hütten und auch kleine
Weiler in den letzten Jahren aufgegeben worden sind. Das kann mit
agrarstrukturellen Verbesserungen zusammenhängen, aber auch mit einem
Weiterwandern der conqueros, wenn die Spekulationen auf landwirtschaftlichem Gebiet nicht aufgegangen sind. In jedem Fall aber bestehen hier
am Andenrand größere Entwicklungschancen als in den entlegenen Binnenräumen der Llanos.

8.2 LÄNDLICHES KLEINZENTRUM

Während die ländlichen Nahversorgungsorte fast ausnahmslos in relativ
dünn bevölkerten Landstrichen oder zumindest abseits von Hauptverkehrs-
adern gelegen sind, haben sich die ländlichen Kleinzentren dank günsti-
gerer Lageverhältnisse etwas stärker zu entwickeln vermocht. Ihre Einwohnerzahl lag 1971 zwischen 6 000 und 10 000. Das Bild der Siedlungen
wird in hohem Maße durch einfache Bauten des Kolonialstils geprägt.
Gelegentlich finden sich an oder in der Nähe der plaza auch zweigeschossige Bauten. Die Ladengeschäfte sind vorwiegend über den Ort verstreut gelegen, ihr Angebot ist relativ bescheiden und zum guten Teil
auf eine ländliche Bedarfsstruktur ausgerichtet. Aber es gibt auch
schon einzelne Fachgeschäfte, wenn besondere örtliche Gunstfaktoren
zu verzeichnen sind.

Als erstes Beispiel sei Ciudad Bolivia genannt, etwa 40 km südwestlich
von Barinas nahe am Fuß der Anden, jedoch 12 km von der in den 60er
Jahren fertiggestellten Andenrandstraße entfernt gelegen. Von wenigen
Einzelbauten abgesehen, ist im ganzen Ort die traditionelle eingeschossige Bauweise vorherrschend. Entlang der Hauptstraße, die an der

plaza vorbei nach Süden führt, reihen sich teils locker, teils auch
auf kurze Abschnitte in dichter Folge die Ladengeschäfte vornehmlich
zur Deckung des einfachen Bedarfs, dazwischen ein paar Fachgeschäfte,
z.B. Apotheke oder Möbelgeschäft sowie einzelne Dienstleistungsbetriebe. Dabei gibt es auch etwas ungewöhnliche Kombinationen, wie "Schneider und Friseur". Einige ältere Bauten sind durch eingeschossige neue
Bauten aus Beton abgelöst. Ein Kino und ein großes Schulgebäude befinden sich an der zweiten plaza im Südteil des Ortes. So ist Ciudad Bolivia ein durchaus ganz gut ausgestattetes Unterzentrum (1971: 7 100 E),
das in den 60er Jahren ein sehr kräftiges Wachstum aufzuweisen hatte
(240 % Bevölkerungszunahme), welches offenbar in erster Linie mit ein
paar Verwaltungs- und den Schulortsfunktionen zusammenhängt. Es fehlen Ansätze zur industriellen Entwicklung, wenn man von einem Sägewerk
am nördlichen Ortseingang absieht. Ein campamento des Ministeriums für
öffentliche Arbeiten bietet einige Arbeitsplätze, weist außerdem auf
die wachsenden Aktivitäten zum Ausbau der öffentlichen Infrastruktur
in diesem Raum hin. Dazu paßt auch die 1977 gemachte Beobachtung, daß
neben der Hauptstraße sogar einige Nebenstraßen einen Macadambelag bekommen haben.

Als zweites Beispiel sei aus derselben Gegend Guasdualito (Abb. 6) genannt. Das Städtchen (1971: 7 800 E) liegt an der südwestlichsten Stichstraße, die von der Andenrandverbindung in die Llanos führt bis in die
Nähe der Grenze gegen Kolumbien. Demzufolge ist hier auch die Guardia
Nacional stationiert und bildet offenbar eine wesentliche Ergänzung zu
den Handelsfunktionen. Etwa einen Kilometer vom Ort entfernt fließt
der Rio Sarare, der sich nach nur wenigen weiteren Kilometern mit dem
Rio Uribante vereinigt und mit diesem zusammen den Rio Apure bildet.
In den Zeiten hoher Wasserstände ist Guasdualito ein Hafenplatz. Daß
diese Funktion dem Städtchen in früheren Jahrzehnten zu einiger Bedeutung als Handelsplatz verholfen hatte, beweisen noch einige zweigeschossige hölzerne Handelshäuser von der gleichen Art wie ein wenig
weiter den Apure abwärts in Puerto de Nutrias oder - wenn auch von aufwendigerer Bauart - am alten Hafen von Ciudad Bolívar. In der Trockenzeit liegen einige größere lanchas, wie man sie zu Viehtransporten benutzt, im fast leeren Flußbett. Aber ein paar kleine Kanus mit Außenbordmotoren sind auf dem stark geschrumpften Restfluß unterwegs und
machen deutlich, daß sich hier nach wie vor Wasserwege mit dem Straßenverkehr verbinden.

In Guasdualito dominiert die übliche Kolonialbauweise, aber an zahlreichen Stellen sieht man dazwischen neue eingeschossige Bauten aus Beton

mit Ladengeschäften und Werkstätten. Die Hauptstraße wird von einer
Allee gesäumt. An der plaza findet sich ein "terminal de pasajeros"
für die Llanos-Buslinie, die Guasdualito mit San Cristóbal und Barinas verbindet. An Ladengeschäften ist für die Versorgung mit Gütern
des alltäglichen Bedarfs alles vorhanden, aber ansonsten macht der Ort
keinen städtischen Eindruck. Es gibt Handel mit landwirtschaftlichen
Geräten und Maschinen und eine ganze Reihe von Reparaturwerkstätten.
Bemerkenswert sind sicherlich auch diverse Speziallastautos für Rindertransporte. Einige unfertige primitive ranchos am Ortsrand zeigen,
daß Zuwanderer große Hoffnungen in den wirtschaftlichen Aufschwung des
Städtchens setzen. Zahlreiche andere ranchos gehören zu jenem Typ, den
man "dauerhaftes Provisorium" bezeichnen möchte, weil er eine Kreuzung
von Hütte und Haus darstellt, eigenes Werkeln und eine etappenweise
Entstehung erkennen läßt. Aber wer gibt hier schon etwas auf unnötige
Äußerlichkeiten?

Noch ein weiteres Beispiel für diesen relativ zahlreich vertretenen
Typ der ländlichen Kleinzentren sei hier angeführt, das Städtchen Tinaco (1971 : 7 300 E), unmittelbar an der so wichtigen Verbindungsstraße von Valencia nach Acarigua und nach San Cristóbal gelegen
(Abb. 7). Allerdings hat man hier den durchaus lebhaften Durchgangsverkehr längst aus den engen Straßen des Stadtkerns herausgenommen.
Die Umgehungsstraße, die vom 80 km entfernt gelegenen Valencia über
die flachwelligen Hügelketten der Serrania del Interior von Norden
kommt, erreicht hier bei Tinaco den Rand der Llanos und den an diesem
Rand bzw. an der Südseite der Serrania del Interior entlangführenden,
ost-west-verlaufenden Straßenzug, biegt kurz vor Tinaco in einem sanften Bogen um und tangiert auf der Westseite des Ortes eben noch die
sich dorthin vorschiebende Bebauungsspitze. Zwei kleine Industriebetriebe liegen etwas vereinsamt an dieser Umgehungsstraße und kurz vor
der Abzweigung der in die Stadt führenden Straße zu beiden Seiten der
Hauptstraße zudem noch zwei Hütten, Anzeichen für eine "Alcabala",
wie sie an allen größeren Straßen und bei allen irgendwie nennenswerten Orten zu finden sind: Hier wird der Verkehr kontrolliert, manchmal
nur aus Gründen der Unterhaltung der hier stationierten Posten, häufig
auch im vergeblichen Bemühen, durch Kontrollen der Buspassagiere illegale Einwanderer aus Kolumbien oder Ecuador zu erwischen.

Eigentlich hätte man hier am Andenrand und an der vor der Kordillere
entlangführenden Straße einen bedeutsameren Ort erwartet, eine Pfortenstadt oder einen modernen Verkehrsknotenpunkt. Aber in Tinaco gibt es
nichts Bemerkenswertes, nur auffallend viele Schilder, die dem Fremden

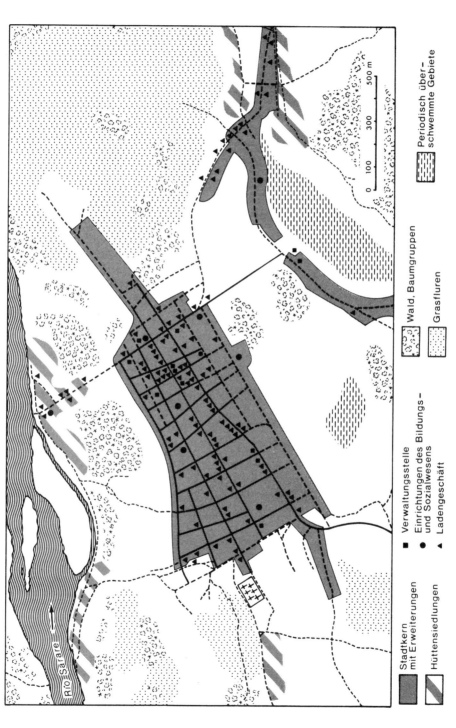

Abb. 6: Guasdualito: Stadtgrundriß und Versorgungseinrichtungen (um 1972)

kundtun, daß sich in diesem oder jenem Gebäude die für den Distrikt zuständige Filiale eines der vielen Ministerien befindet. Vorherrschend ist im Ort die traditionelle Bauweise der Kolonialstilabarten, meist in Form relativ schmaler Hausparzellen. Allerdings ist selbst das Altstadtgebiet nicht ohne Baulücken, obgleich auf der Straße der Eindruck besteht, es würden sich geschlossene Häuserzeilen über Kilometer hinziehen. Aber oft sind es nur fensterlose Mauern, welche den schmalen Bürgersteig begrenzen und einen Garten abschließen. Die Bürgersteige sind hoch, wie es für eine Stadt notwendig ist, die mit den Wassermassen heftiger Regengüsse fertig werden muß- wie sie hier in der Regenzeit schlagartig einsetzen und für etliche Minuten oder auch mal einzelne Stunden das Leben in der Stadt in ähnlicher Weise erstarren lassen wie die in den Mittagsstunden flimmernde Hitze, wenn sie sich zwischen Mauern staut.

Ein paar Baulücken sind wohl dem Verfall von Lehmbauten älteren Datums zu verdanken. Da und dort stehen auch einzelne neue Betonbauten, die sich im Straßenbild kaum von den Häusern der Kolonialstilbauweise abheben, es sei denn, daß das eine oder andere zwei- oder gar dreigeschossig angelegt wäre. Oft ist dann unten ein Ladengeschäft eingerichtet. Läden und Handwerksbetriebe sind zwar zahlreich vorhanden, aber die Angebote sind offensichtlich auf die nur geringen Bedürfnisse einer kleinstädtischen Bevölkerung ausgerichtet. Es gibt auch mal kleine Gruppierungen von Gemischtwarenläden und Bars oder Handwerkern, nicht aber eine geschlossene Geschäftsstraße, auch nicht auf kurzen Abschnitten. Ein Autoviertel ist nur in ersten Ansätzen vorhanden, an der Ausfahrt im Osten in Form von Tankstelle und Reparaturwerkstatt. Der bedeutendste Industriebetrieb liegt im Osten außerhalb der Stadt in der Nähe des Rio Tinaco, nämlich ein großer Schlachthof mit Kühlhaus. Sonst ist in der Tat nichts Nennenswertes von Tinaco zu vermerken. Das Städtchen liegt eben nur 17 km von San Carlos, der Hauptstadt des Staates Cojedes, entfernt und kann vorerst in dessen "Schatten" aus eigenen Kräften nicht an Attraktivität gewinnen. Aber es besteht die Möglichkeit, daß die sich ausdehnende wirtschaftliche Zentralregion eines Tages ihre Ausläufer bis nach Tinaco vorschiebt. An sich endet die Zentralregion auf ihrer Westseite mit der städtischen Agglomeration von Valencia, doch haben sich schon einzelne Industriebetriebe bis zum 25 km nördlich von Tinaco gelegenen Städtchen Tinaquillo vorgewagt. Sicherlich sind dies keine großen und bedeutsamen Unternehmen, aber ein vorgeschobener Ableger der Industrieregion, der dort in Tinaquillo wohl die billigeren Grundstücke in nur vergleichsweise kurzer Distanz

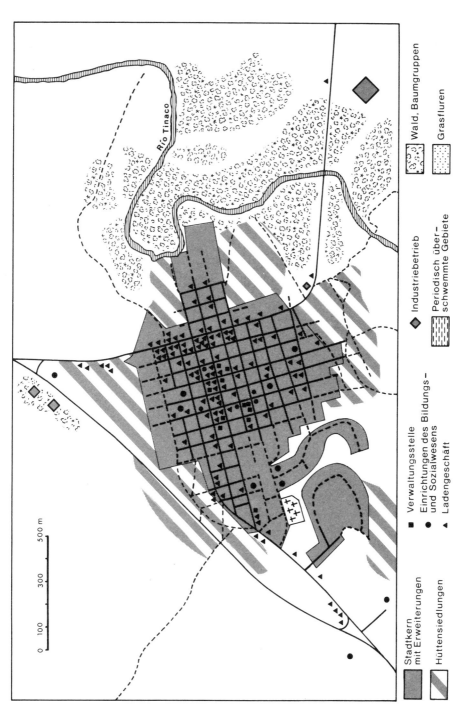

Abb. 7: Tinaco: Stadtgrundriß und Versorgungseinrichtungen (1977)

von Valencia (etwa 45 km) als Vorteil betrachten kann. Allerdings: Qualifizierte Arbeitskräfte gibt es in den Kleinstädten des Interior nirgendwo. Aber aussichtslos ist es nicht, daß sich einmal eine Art Entwicklungsachse zwischen Valencia und Acarigua herausbildet, zumal sich hier durch die Verbindung mit zunehmenden Dienstleistungen für eine denkbare stärkere agrare Besiedelung des Llanos-Randgebietes bessere Chancen ergeben würden als anderswo.

8.3 DIE KLEINSTADT MIT VIELSEITIGER AUSSTATTUNG, ABER MIT BESCHEIDENEM ANGEBOTSNIVEAU

Es ist allein schon die größere Bevölkerungszahl, welche diesen Städtetyp von dem vorgenannten abhebt, ihn "bedeutender" erscheinen läßt. Allerdings sind die durchaus vielseitigen städtischen Versorgungsfunktionen zum weit überwiegenden Teil auf einem relativ niedrigen Niveau angesiedelt. Als typisches Beispiel einer solchen Kleinstadt sei die Stadt Tucupido angeführt.

Tucupido (1971: 11 100 E) liegt in der südlichen Randzone der nach Norden zum Karibischen Meer entwässernden Llanos des Unare, etwa 30 km von Valle de la Pascua und 55 km von Zaraza entfernt, zwei etwas größeren Zentren, zwischen denen Tucupido schwerlich sein Einzugsgebiet vergrößern kann. Die Gegend um Tucupido besteht aus einem flachwelligen Hügelland. In den Mulden finden sich Reste eines relativ artenarmen trockenkahlen Waldes, die Hügel sind vorwiegend von Espinar bestanden, zwischen dem gelegentlich einige Säulenkakteen stehen. Auf weiten Flächen sind allerdings Wald und Espinar völlig gerodet, stehen höchstens noch ein paar mächtige Schirmbäume als Schattenspender. Die Büschelgräser sind in der Trockenzeit völlig verdorrt. Es überwiegt im Nahbereich der Straßen jedoch der Feldbau. Der trockenresistenten Sorghum-Hirse werden hier neuerdings große Flächen eingeräumt, daneben ist vor allem der Anbau von Mais und Baumwolle von Bedeutung. Die Streubesiedlung ist für ein solches Trockengebiet erstaunlich dicht. Aber das ist wohl nur in Straßennähe so; bei jedem Trampelpfad, der zu einer Hütte führt, stehen Wassertonnen. Alle acht Tage kommt hier ein Wassertankwagen vorbei, der diese Tonnen füllt. Nahe bei Tucupido befindet sich ein Trinkwasserstausee, von dem aus eine mächtige Wasserleitung nach Valle de la Pascua führt.

Im Zentrum von Tucupido ist die Plaza eine wohlgepflegte Grünanlage mit einem üppigen Baumbestand. In ihrer Nähe fallen verschiedene Clubgebäude auf. Es gibt in der Stadt einige wohlsortierte Spezialgeschäfte, z.B. für Farben, auch eine Buchhandlung, Apotheke, Banken. Die meisten Geschäfte haben jedoch ein nur bescheidenes Angebot, wofür ein Ladenschild wie "Comercial Tucupido" - also ganz schlicht und einfach "Handlung" - recht bezeichnend ist. Dennoch: Es gibt eine Vielzahl von Läden, die trotz aller Ausrichtung auf einen nur einfachen Bedarf zum großen Teil einen recht gepflegten Eindruck machen. Überhaupt macht das Städtchen in seinem Kern den Eindruck von Sauberkeit und bescheidenem Wohlstand; es wird offensichtlich auch für Renovierungen und Reparaturen etwas getan. Vorherrschend ist die traditionelle Bauweise, es gibt nur einzelne mehrgeschossige Bauten. Bemerkenswert sind die zahlreichen Handwerksbetriebe, von der Metallverarbeitung bis hin zur Herstellung von Hängematten im Heimgewerbe. Am südöstlichen Stadtrand findet sich auch ein kleines Autoviertel mit Tankstellen, Werkstätten, Hotel und Bars. Einige Zeilen recht armseliger Hütten nahe den Ausfallstraßen erweisen junge Zuwanderung, und ein Viertel mit einfachen uniformen Häusern des sozialen Wohnungsbaus läßt erkennen, daß auch in früheren Jahren schon Zuwanderung zu verzeichnen war. Nur gibt es bisher keinerlei Industrie, als neues wirtschaftliches Element nur eine Reihe neuer Getreidesilos (1977) von BANDAGRO mit einer Kapazität von 40 000 t. Ein großes Schild davor gibt Kunde vom "Programa nacional de silos". Ein Ausbau der Verarbeitung von Agrarprodukten hier in Tucupido wäre in Zukunft wohl denkbar, sofern sich eine Intensivierung der Landwirtschaft mit Hilfe von Bewässerung durchsetzen würde.

Ein anderes Beispiel ist Cantaura (19 800 E), jedoch mit Tucupido nicht ganz vergleichbar, weil es im Erdölgebiet nördlich von El Tigre liegt und durch die Erdölwirtschaft auch wesentliche Impulse erhalten hat. Hier ist nicht die Altstadt das prägende Element der Innenstadt, sondern es steht im Mittelpunkt die einzige Zugangsstraße, die von der Hauptstraße, welche Barcelona mit El Tigre verbindet, zum etwas davon abgelegenen Städtchen Cantaura einen länglichen flachen Hügel hinaufführt und als Avenida Bolívar die zentrale Achse des Ortes bildet. An ihr liegt auch die plaza, finden sich nahezu alle wesentlichen Versorgungseinrichtungen. Es beginnt am Ortsrand mit einem kleinen Autoviertel mit Tankstellen, Werkstätten, Bars usw. Im Inneren des Ortes sind alle bedeutsamen Ladengeschäfte und Dienstleistungsbetriebe auf die beiden Seiten der Avenida Bolívar konzentriert, darunter fünf Apotheken, eine kleine Klinik, eine Zahnklinik, mehrere "almacenes" mit vielfältigem Warenangebot, Geschäfte mit Haushaltwaren und Elektroartikeln. Das Angebot der Läden ist zum überwiegenden Teil auf den einfachen Bedarf ausgerichtet, aber es sind auch einzelne "bessere" Fachgeschäfte zu sehen. Im Ostteil des

Ortes hören die Geschäftsfunktionen auf, liegen an der Avenida Bolívar ein paar ganz ansprechende quintas. Die Straße endet schließlich an einem Clubgebäude mit gepflegtem Gartengelände. Nördlich und südlich der Hauptachse hat die Stadt eine Breitenausdehnung von etwa 3 - 4 cuadras, so daß der Ort eine dem flachen Hügel angepaßte Gestalt besitzt. Nach den Rändern zu ist die Bebauung aufgelockert, großenteils auch von minderer Qualität. An einigen Enden der ungepflasterten Stichstraßen stehen Gruppen höchst primitiver ranchos, auch einige leerstehende Hütten. Im Gegensatz zu solchen mehr ruinenhaften und dreckigen Stadtrandabschnitten macht eine kleine Siedlung mit den uniformen Häusern des Siedlungsprogrammes von Vivienda rural einen recht sauberen und gepflegten Eindruck. Am Stadtrand befindet sich auch der mehrgeschossige Bau eines Krankenhauses. Im übrigen gibt es nur einen staatlichen Bauhof, etwas Baustoffhandel und einzelne Reparaturwerkstätten, das ist schon alles. Das Städtchen Cantaura stagniert heute. Es ist Wohnort in einem Erdölgebiet, in dem nur noch Routinearbeit anfällt. Für neue gewerbliche Entwicklungen bieten günstiger gelegene Städte viel bessere Chancen.

Cantaura ist in seiner Art kein Ausnahmefall. In dem etwas weiter südlich gelegenen Erdölgebiet um El Tigre gibt es einen Parallelfall, nämlich das Städtchen San José de Guanipa (1971: 22 300 E) - auch El Tigrito genannt -, das nur etwa 10 km östlich der ganz ansehnlichen Stadt El Tigre liegt, sich damit zwangsläufig in deren "Schatten" befindet, aber doch auch einiges Umland an Erdölcamps und auch an agrarischen Siedlungen besitzt. Wenn man von El Tigre kommt, empfängt einen El Tigrito mit einer sechsspurigen Avenida, welche die wirtschaftliche Hauptader des Ortes darstellt, in ihrer Breite nicht eben verbindend wirkt, aber an ihr entlang reihen sich eine höchst heterogene Bebauung und eine ebenso seltsame Mischung vielfältigster Funktionen, von denen man viele als "höherrangig", also dem langfristigen und gehobenen Bedarf dienend, einstufen muß. Ein wesentlich dichter bebauter Ortskern von nur geringer Flächenausdehnung setzt im Südosten der Avenida mit einer weiteren Hauptgeschäftsstraße an, an deren Ende die städtische Markthalle steht, umgeben von zahlreichen Läden und Dienstleistungsbetrieben einfacher Art. Neben diesen Geschäftsstraßen liegen die Wohngebiete, nicht eben tief gestaffelt und nach außen hin mit minderer Qualität. Ein Gewerbegebiet gibt es am Ortsausgang in Richtung El Tigre zu beiden Seiten der großen Avenida. Hier sitzen hauptsächlich Werkstätten, darunter auch einzelne für landwirtschaftliche Maschinen, Depots von Baufirmen und etwas metallverarbeitende Kleinindustrie. Gegenüber früheren Jahren ist der Charakter einer hektisch entwickelten "Pilzstadt" etwas verwaschen, der Ort hat an Attraktivität gewonnen, aber er stagniert derzeitig. Ein wirtschaftlicher Zugewinn ist in dieser Gegend vorerst nicht zu erwarten.

8.4 DIE KLEINSTADT MIT GEHOBENEM ANGEBOTSNIVEAU

Es ist nicht nur die größere Einwohnerzahl, die dieser Gruppe von Kleinstädten ein "städtischeres" Aussehen verleiht, sondern es sind auch die zentralörtlichen Beziehungen von deutlich größerer Bedeutung. In der Osthälfte der Llanos, in der die vorgenannten Beispielsstädte gelegen sind, ist Zaraza (1971: 15 500 E) ein recht typischer Vertreter dieser Gruppe. Zaraza liegt oberhalb des Taleinschnitts des Rio Unare unweit der über diesen Fluß führenden Brücke. Eine Umgehungsstraße leitet heute den Durchgangsverkehr in einem Bogen südlich um die Stadt herum. Allerdings ist hier der Durchgangsverkehr nicht eben sehr dicht, und die Umgehungsstraße ist mehr als Erschließungsstraße für gewerbliche Ansiedlungen zu verstehen. Hier liegen auch die großen Getreidesilos von BANDAGRO, daneben ein Milchverarbeitungswerk, ferner ein kleines Autoviertel mit Tankstellen, Reparaturwerkstätten, Hotel, Bar, Cafés, auch Werkstätten zur Reparatur von Landwirtschaftsmaschinen.

Im Baubild der Stadt überwiegen die traditionellen Bauten, nur wenige Häuser sind mehrgeschossig. An der zentralen plaza befinden sich mehrere Büros von Autobus- und Por-Puesto-Linien; Zaraza hat sogar eine innerstädtische Buslinie. In nördlicher Richtung schließt sich an die plaza eine recht bemerkenswerte Hauptgeschäftsstraße an mit auffallenden Reklameschildern und einer über lange Abschnitte lückenlosen Folge von Läden, darunter vielen Fachgeschäften, z.B. für Koffer, Möbel, Damen- und Herrenoberbekleidung, Schuhe, Schreibwaren usw. Es gibt natürlich auch diverse Behörden, Schulen, Bankfilialen und sogar einen regelrechten Autosalon. Die randlichen Viertel sind stellenweise von großen Gärten durchsetzt. Hier wechseln recht ansehnliche moderne quintas mit schmalen kleinen Bungalows ab. Außerhalb der Stadt befindet sich ein separates größeres Viertel mit uniformen INAVI-Einfamilienhäusern und als Ergänzug dazu im Süden ein größeres barrio mit älteren und jüngeren Hütten der Zuwanderer. So zeigt Zarasa einige Wachstumstendenzen, die sich freilich mehr an der Gesamtwirtschaft, am meisten an der Landwirtschaft und an der Verwaltung, weniger an der Industrie orientieren. Der Durchgangsverkehr benutzt heute die westlich an der Stadt vorbeiführende Umgehungsstraße, an der sich auch eine ganze Anzahl größerer Gewerbebetriebe angesiedelt hat: Reis-Silos, mehrere Werkstätten und dazu der Verkauf von schweren Traktoren. Auch in dieser Hinsicht ist also die Beziehung zu den tiefer in den Llanos gelegenen Agrarsiedlungen deutlich ausgeprägt.

8.5 DIE MITTELSTADT TRADITIONELLER PRÄGUNG

Unter den Mittelstädten gehört Calabozo der Einwohnerzahl nach eher zu den kleineren (1971: 37 000 E, hat aber inzwischen viel Zuwanderung erfahren), seiner Struktur und Funktion nach jedoch zu den attraktiveren. Es war in den früheren Kapiteln schon die Rede von der einst führenden Rolle, die Calabozo innerhalb der Llanos gespielt hatte, und von seiner Bedeutung zunächst als Mittelpunkt des Viehhandels, dann in jüngerer Zeit als Zentrum einer aufstrebenden Agrarregion, die am Bewässerungsgebiet des Embalse del Guarico anknüpft. Aus diesem Agrargebiet sind in den letzten Jahren viele Zuwanderer gekommen, weil sie das Wohnen in der Stadt dem Leben in dem nur locker besiedelten Kolonisationsgebiet vorziehen.

Vor allem in den Geschäftsstraßen von Calabozo spiegeln sich die jüngsten Veränderungen in recht bezeichnender Weise wider. Die traditionelle Bauweise ist an zahlreichen Stellen unterbrochen durch zwei- oder mehrgeschossige Bauten oder durch die hallenartige Grundstücksüberbauung eines Verbrauchermarkts. Die altüberkommenen Ladengeschäfte, bei denen sich nach dem Hochziehen der Rolläden die ganze Geschäftsfläche in voller Breite und Tiefe darbietet, sind nur noch auf kurzen Straßenabschnitten in der Überzahl. Zunehmend haben sich die modernen Ladentypen mit großen Schaufensterscheiben und geschickter Dekoration der Auslagen durchgesetzt. Fachgeschäfte für den langfristigen und für den gehobenen Bedarf überwiegen in den beiden Hauptgeschäftsstraßen, von denen sich die Calle 5 von der plaza Bolívar nach Osten und die längere Carrera 12 von der gleichen plaza nach Süden erstreckt. Apotheken, Optik- und Uhrengeschäfte, Schmuckwarenläden, Modehäuser, Spezialgeschäfte für Elektrogeräte, Haushaltwaren, Porzellan, Blumen, Vorhangstoffe, Farben und Lacke u. dergl. wechseln ab mit Bankfilialen, Firmenvertretungen, Versicherungsagenturen usw.

Im Süden mündet die Carrera 12 auf die breite Durchgangsstraße aus, die von Nordosten auf die Stadt zuführt, die Altstadt nur randlich berührt und nach dem Süden in Richtung San Fernando de Apure führt. Die Stadt

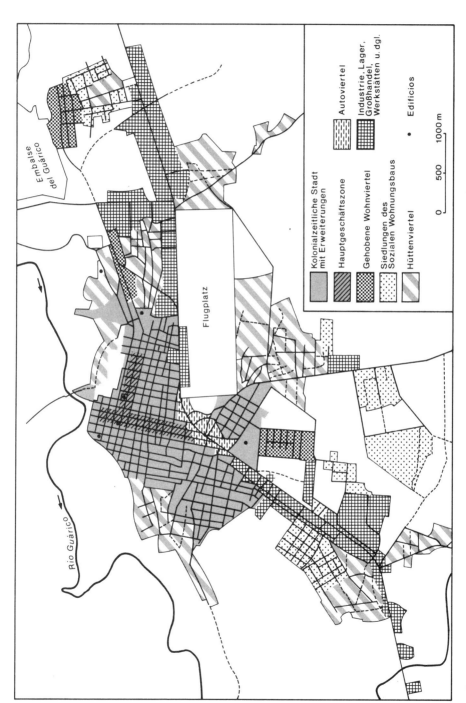

Abb. 8: Calabozo: Viertelsgliederung (1979)

ist allerdings längst schon über die "Umgehungsstraße" hinausgewachsen (Abb. 8), so daß dieser mehr die Funktionen einer Hauptdurchgangsstraße zukommen, an der auch die Mehrzahl der größeren Gewerbebetriebe, der Flugplatz und vor allem das in Calabozo sehr bedeutsame Autoviertel liegen. Dieses Autoviertel, das etwa bei der Einmündung der Carrera 12 seine Mitte hat, besteht hier nicht allein aus der üblichen Mischung einfacher Funktionen, wie Tankstellen, Reparaturwerkstätten, Cafés usw., sondern ist durchsetzt mit Hotels, Autosalons, Ersatzteilgeschäften, Speditionen, den Agenturen der Busse und Por-Puestos, mit einem kleinen Einkaufszentrum, Bäckereien, Getränkefirmen, Geschäften für landwirtschaftlichen Bedarf.

Die Stadt ist nicht gleichmäßig nach außen gewachsen, sondern es sind immer wieder einmal im näheren Umfeld der Stadt neue Siedlungszellen geschaffen worden, zwischen denen Lücken klaffen, im Süden mehrere urbanizaciones mit kleinen quintas für Angehörige der Mittelschichten, im Süden und im Nordosten aber auch mehrere barrios mit einfachen ranchos. Wohngebiete mit größeren, recht individuell gestalteten quintas finden sich im Nordosten nahe dem Steilabfall zum Rio Guarico und in der Nähe des Stausees. Draußen im Nordosten liegt eines der beiden Gewerbegebiete; das andere ist in den südlichen Außenbezirken gelegen. Am stärksten sind unter den Gewerbebetrieben vertreten die Lager, auch Silos, Trocknungsanlagen und Verarbeitungsbetriebe für Reis und Mais sowie eine Fleischwarenfabrik. Dazu kommen die Abfüllbetriebe der Auslieferungslager von Getränkefirmen, verschiedene große Reparaturbetriebe bekannter Landmaschinenhersteller, kleinere Werkstätten sowie Baufirmen mit ihren Materiallagern.

So hat Calabozo eine sehr deutliche und vielfältige Viertelsgliederung aufzuweisen und alle Merkmale, die für eine attraktive, aufstrebende Mittelstadt typisch sind. Sie liegt zwar abseits der wirtschaftlichen Zentralregion, aber unweit einer der wichtigsten Pforten von den Llanos durch die Cordillera del Interior in Richtung Maracay und Caracas und außerdem an der wichtigen Verbindungsstraße nach San Fernando de Apure und damit zu den Niederen Llanos.

Als zweites Beispiel sei hier die Stadt Guanare kurz skizziert. Guanare (1971: 34 000 E) liegt an der Andenrandstraße nahe dem Austritt des recht beachtlichen Rio Guanare aus dem Gebirge und somit am Zugang zu recht bedeutsamen Talschaften. Der Durchgangsverkehr wird in einem Bogen südlich um die Stadt herumgeleitet, wobei auch hier die Umgehungsstraße zum Ansatzpunkt für Handwerke, Materiallager und kleine Industriebetriebe geworden ist.

Guanare befand sich Ende der 70er Jahre in einer Umbruchphase, die zumindest in einzelnen Teilen der Innenstadt die "traditionelle Prägung" verschwinden läßt. Noch dominieren der Fläche nach die Bauten im spanischen Kolonialstil, unter denen sich auch noch einige vornehmere Stadtbauten finden, aber es fallen doch die jungen Veränderungen stärker ins Auge. Ein- und zweigeschossige Bauten schieben sich zwischen die älteren, sind aber in der Baulinie stark zurückversetzt, so daß zunächst Parkplatzbuchten den engen Straßenraum an verschiedenen Stellen aufweiten. Wenn die letzten Altbauten verschwunden sein werden, dürfte die Avenida Fernandez de León sich als breite Geschäftsstraße mit modernen Schaufensterfronten präsentieren. Hier gibt es ohnehin schon vornehmlich Fachgeschäfte mit Branchen wie Oberbekleidung, Foto, Optik, Buchhandel, Schreibwaren, Möbel, dazu Banken und Versicherungsagenturen. Der Consejo Municipal ist bereits in einem mehrgeschossigen edificio untergebracht, und weitere edificios sind im Bau.

Die plaza liegt abseits dieses Wandels. Sie bildet übrigens in kaum einer Stadt den Mittelpunkt des Geschäftslebens oder der Verwaltung, am ehesten noch in den kleinsten Siedlungen. Die plaza ist mehr ein Zentrum der geselligen Begegnung.

Ein gutes Wohnviertel mit zum Teil recht ansehnlichen quintas hat Guanare auf seiner Ostseite aufzuweisen. Im Norden der Stadt ziehen sich ältere barrios an den Hängen der Hügel hinauf. Ein neues Viertel mit ranchos bauen sich Zuwanderer neben der Ausfallstraße im Nordosten auf, wo provisorische Wege schon das künftige Schachbrettmuster eines neuen barrios anzeigen. Auch Einwohner aus Guanare bauen hier einfache Hütten, um sie an Zuwanderer zu verkaufen oder zu vermieten. Baumaterial kann von den zahlreichen Baufirmen aller Art und von einem Sägewerk besorgt werden. Die sonstige Industrie beschränkt sich auf landwirtschaftliche Lagerfunktionen und größere Reparaturwerkstätten; auffallend sind auch die weithin sichtbaren neuen großen Getreidesilos. Guanare hat im Westen der Stadt als Besonderheit ein kleines Ausstellungs- und Messegelände aufzuweisen. Es schließt sich an die lockere Stadtrandbebauung an, die von vielen Gärten durchsetzt ist und eine kontrastreiche Mischung von neuen quintas, leerstehenden und verfallenen kleinen Häusern sowie von Handwerksbetrieben darstellt.

Guanares hauptsächliche Bedeutung liegt wohl in der Funktion als Verwaltungssitz und Schulstadt. Seit einigen Jahren ist hier in außerhalb der Stadt gelegenen Bauten auch eine Filiale der Universidad de los Llanos ansässig. Wohin die weitere Entwicklung führen wird, ist schwer abzuschätzen. Als Mittelzentrum wird die Stadt sicherlich noch an Bedeutung gewinnen, zumal an den Rio Guanare anknüpfend ein größeres Bewässerungsgebiet mit verschiedenen Agrarreformsiedlungen im Ausbau begriffen ist und unweit der Stadt verschiedene Stichstraßen in die hier ursprünglich mit dichten Wäldern bestandenen Llanos hinausführen. So werden die bisherigen Funktionen sicherlich vergrößert werden können. Ob aber andere Industrie in absehbarer Zeit sich ansiedeln möchte, muß aus heutiger Sicht bezweifelt werden.

8.6 DIE MITTELSTADT ALS KRISTALLISATIONSKERN VIELSEITIGER WIRTSCHAFTSENTWICKLUNG

Es gibt unter den Städten in den Llanos eigentlich nur eine, die man ohne Zögern dem Typ der Mittelstadt zuordnen kann, nämlich Acarigua (1971: 80 000 E) bzw. Acarigua-Araure, wenn man die politisch selbständige kleinere Nachbarstadt, die unmittelbar anschließt, noch hinzurechnet und korrekterweise auch ihren Namen nennt. Zu diesem Typ der Mittelstadt mit vielseitiger Wirtschaftsentwicklung muß man auch Ciudad Bolívar rechnen, das freilich schon 1971 zu den Großstädten zählte, außerdem jenseits des Orinoco sehr randlich zu den Llanos liegt und in der Nachbarschaft zur Industriestadt Ciudad Guayana eine Sonderstellung einnimmt. Auch Maturin in den nordöstlichen Llanos, El Tigre in den östlichen und Barinas am Rand der westlichen Llanos gehören in diese Reihe.

Acarigua hat nach 1971 erheblich an Einwohnern gewonnen und dehnt sich mit jungen Siedlungen stark nach Osten aus, wo auch die neuangesiedelten Industriebetriebe liegen. 1983 ist Acarigua zum Endpunkt einer Eisenbahnlinie geworden, die bei Yaritagua von der schon länger bestehenden Bahnverbindung zwischen dem Hafen Puerto Cabello und der Handels- und Industriestadt Barquisimeto abzweigt. Was allerdings die Bahnlinie, die weitgehend durch dünn besiedelte Landstriche führt, bewirken kann, wird sich erst in einigen Jahren ermessen lassen.

Auffallend sind in Acarigua auch die zahlreichen baulichen Veränderungen im Zentrum. Entlang den wichtigsten Nord-Süd-Straßen, die vor dem Bau einer Umgehungsstraße den ganzen Durchgangsverkehr in Einbahnrichtung aufgenommen hatten, ist der Modernisierungsprozeß schon sehr weit fortgeschritten. Die cuadras zwischen diesen beiden Straßenzügen sind durch die Zurücknahme der Baulinien für die Neubauten schmäler geworden. Dafür stehen hier nun drei- und viergeschossige Bauten mit Ladengeschäften im Erdgeschoß. Noch bestehen (Ende der 70er Jahre) Baulükken, ragen auch noch einige traditionelle eingeschossige Bauten über die neue Häuserfront hinaus, aber einige sind schon geräumt und die Neubauten dahinter bereits begonnen. An Fachgeschäften sind hier in Acarigua alle nur erdenklichen Branchen vorhanden.

Sehr ausgeprägt ist in dem weitflächigen Stadtgebiet von Acarigua die Viertelsgliederung. Die Zone mit sehr guten quintas befindet sich an den Abhängen auf der Westseite der Stadt bis hinüber nach Araure. An einer breiten Tangentenstraße im Westen stehen in Gruppen einige edificios mit Eigentumswohnungen. Aus Programmen des sozialen Wohnungsbaus sind verschiedene großflächige INAVI-Siedlungen hervorgegangen, die sich vor allem im Nordosten und Südwesten schon weit über die "Umgehungsstraße" vorgeschoben und diese damit zu einer mehrspurigen zentralen Verkehrsachse gemacht haben. Irgendwo zwischen früherem Stadtrand und jungen Außenvierteln stecken ältere barrios mit längst ausgebauten und teilweise aufgestockten ranchos.

Industriezonen befinden sich im Norden und entlang der Hauptstraße über die ganze Breitenausdehnung der Stadt hinweg im Süden von Acarigua, stellenweise unterbrochen durch ein hochrangiges Autoviertel. Im Vordergrund stehen allerdings auch hier in Acarigua jene Firmen, die auf die Lagerung, Aufbereitung, Veredelung und Verpackung landwirtschaftlicher Produkte ausgerichtet sind. Dazu kommen Firmen aus einem breiten Spektrum der Versorgung der Landwirtschaft mit Produktionsmitteln, vor allem mit Landmaschinen aller Art, mit Düngemitteln, Insektiziden, Saatgut, nicht zuletzt mit Traktoren, Kleinlastwagen, Kombiwagen usw. Reichlich vertreten sind auch Firmen mit Autozubehör, Ersatzteilen, Reparaturdiensten usw. Baufirmen, Baustoffhandel und Holzverarbeitung sind ebenfalls in genügender Zahl vorhanden.

Acarigua als dynamische Mittelstadt liegt relativ günstig. Von der wirtschaftlichen Zentralregion aus ist Acarigua das nächstgelegene größere attraktive Zentrum. Günstige Verkehrsmöglichkeiten bestehen zudem in Richtung Barquisimeto und durch die Yaracuy-Niederung zum Hafen Puerto Cabello. Vor allem liegt südlich von Acarigua die wohl produktivste Agrarregion des Landes. Zudem passiert der ganze Verkehr von Caracas oder Valencia nach den südöstlichen Llanos sowie zur Einsattelung von Táchira und damit zur Grenze nach Kolumbien, auch in große Teile der venezolanischen Anden, die Stadt Acarigua. Von den Lagefaktoren her sind also die Aussichten für eine verstärkte Industrialisierung recht gut. Aber bisher haben sich die Standortkräfte der Zentralregion, nämlich Fühlungsvorteile und Nähe zu Behörden, Bankenzentralen, Zollabfertigung, Häfen usw., als viel gewichtiger erwiesen als blühende Handelszentren im Interior.

Auch Barinas gehört zum Typ der Mittelstädte mit vielseitiger Wirtschaftsentwicklung, doch ist in größerer Distanz von der wirtschaftlichen Zentralregion die Lagegunst schon geringer. Außerdem ist die Stadt kleiner, ihre Stärken liegen mehr auf dem Gebiet einer Verwaltungszentrale mit zahlreichen Schulen und einer jungen Universität.

Gleiches gilt für das in den nordöstlichen Llanos gelegene Maturin, das in den letzten Jahren trotz wenig Industrie ein erstaunliches Wachstum aufzuweisen hatte. Als Verwaltungs-, Schul- und Versorgungszentrum ist Maturin in einem weiten Einzugsbereich ohne Konkurrenz. Sein durch moderne Läden gekennzeichnetes Hauptgeschäftszentrum spiegelt eine hohe Attraktivität wider. Die verschiedenen Erdölfelder im näheren und weiteren Umkreis haben zweifellos zur Stärkung der herausragenden Handels- und Verwaltungsfunktionen beigetragen.

Direkter noch ist bei El Tigre die Nähe von Erdölfeldern das wirtschaftliche Fundament des städtischen Wachstums gewesen. Eine nennenswerte Industrie-Ansiedlung ist allerdings nicht erfolgt. Die weit unterdurchschnittliche Bevölkerungszunahme im Zeitraum 1961 - 1971 läßt erahnen, daß El Tigre keine neuen Funktionen und vor allem keine weiteren Gewerbe auf sich ziehen konnte. Dazu ist seine Lage in einem nicht eben dicht besiedelten Raum zu ungünstig. El Tigre, das in seinem Kern ein recht ansehnliches und auch weitgehend modern ausgebautes Geschäftszentrum besitzt, bildet in der Gruppe der attraktiven Mittelstädte den kleinsten und vorläufig noch schwächsten Vertreter. Es dürfte aber mit der Erschließung der weiter südlich gelegenen "Faja Petrolífera" und auch als Verkehrsknoten bei einer stärkeren Anbindung der Industriegebiete von Ciudad Guayana und Ciudad Bolívar an die wirtschaftliche Zentralregion sowie an die an der Küste gelegene Agglomeration von Barcelona-Puerto la Cruz als Zentralort und Standort von Industrien an Bedeutung gewinnen.

8.7 GROSSTÄDTISCHE REGIONALZENTREN

Das großstädtische Regionalzentrum besitzt alle Elemente, die zur Kennzeichnung des "Urbanen" Verwendung finden, in mehrfacher Ausführung. Sind auch noch Reste der Altstadt mit engen Gassen vorhanden, so ist doch der Altstadtbereich bereits zerschnitten durch breite avenidas mit moderner Geschäftshausbebauung. Weder hier noch in den Vierteln der quintas oder der uniformen Einfachhaussiedlungen erinnert irgendetwas an eine "typisch lateinamerikanische Stadt", eher noch in den Zonen frühen Wachstums nahe der Altstadt, weil diese mit zahlreichen Variationen der Kolonialstilbauten durchsetzt sind, oder draußen in den barrios, weil dort die jungen, veränderten und auch die ausgereifteren Hütten und Gebäudeprovisorien südamerikanische Lebensweise offenbaren.

In den Llanos gibt es keine Großstadt, die zugleich auch als Oberzentrum wirksam wäre. Von den außerhalb der Llanos gelegenen Großstädten reichen aber die Anziehungskräfte vor allem von Barcelona-Puerto la Cruz weit in die östlichen Llanos hinein, während in den westlichen Llanos San Cristóbal das übergeordnete Handelszentrum darstellt. Für die mittleren Llanos ist teils noch Valencia, vorwiegend aber Caracas auch über große Distanzen wirksam.

Besuche in der Großstadt sind allenfalls bei den gehobenen Einkommensschichten häufiger und mit den verschiedensten Besorgungen verbunden. Geschäftsleute haben zum Großhandel und zu Organisationen ihre Beziehungen. Für den Mittelstand können gelegentliche Reisen in die Großstadt erheblich zur Vereinfachung bei mancherlei Bedarfsdeckung beitragen, wenn nämlich bestimmte Waren in der Klein- oder Mittelstadt gerade "ausgegangen" sind oder ein Ersatzteil in der Provinz einfach nicht aufzutreiben ist. Viele haben zudem Verwandte in der Großstadt, die man besuchen möchte, wenn es gerade keinen triftigen Grund für eine Reise in die Großstadt gibt. Eine sehr weitgehende Motorisierung der Bevölkerung und die in den 60er und 70er Jahren stark ausgebauten Omnibusverbindungen mit Ihren - nach europäischen Maßstäben - sehr niedrigen Fahrpreisen führen zu einer langsam steigenden Bedeutung solcher Kontakte mit den großstädtischen Regionalzentren. Diese Feststellungen lassen sich jedoch nur anhand von Beobachtungen und Erkundigungen machen, konkrete Untersuchungen oder Daten gibt es nicht.

9 ABSCHLIESSENDE BEMERKUNGEN

Als Naturraum sind die weiten, vom Orinoco und seinen Nebenflüssen durchzogenen Tieflandgebiete sehr unterschiedlich geprägt. Den mehrere Monate weitflächig überschwemmten Niederen Llanos stehen die hochwasserfreien Hohen Llanos gegenüber. Im Westen überwiegen im Vorland der Anden von Natur aus große Waldgebiete, die zentralen und östlichen Teile sind von Savannen und weithin baumlosen Grasfluren geprägt. Eine extensiv betriebene Rinder-Weidewirtschaft bildete in diesem riesigen Raum lange Zeit die einzig mögliche, zugleich aber auch einträgliche Existenzgrundlage. Diese Wirtschaftsform hat jedoch der Entwicklung von Städten nur wenig Auftrieb gegeben. Die Bevölkerungsdichte war sehr gering, die Viehtriebwege bündelten sich nur an wenigen Stellen. Handelsplätze in günstiger Lage zu den in der Zeit der Hochwasserstände mit Booten erreichbaren Oberläufen der Flüsse erlebten immerhin zeitweilige Blütephasen. Die Befreiungskriege und die verschiedenen Bürgerkriege während des 19. Jahrhunderts führten jedoch zu wirtschaftlichem Niedergang und lange anhaltender Stagnation.

Ab den 30er Jahren brachte die Entdeckung von Ölfeldern in den Llanos vor allem in den östlichen Regionen wirtschaftliche Belebung und führte zur Entstehung verschiedener Erdölstädte. Nach dem Zweiten Weltkrieg bewirkten vor allem der Ausbau der Gebirgsrandstraßen und einiger davon in die Llanos hineinführender Stichstraßen in Verbindung mit einer zunehmenden agraren Besiedlung in den feuchteren westlichen Llanos die Entfaltung einer vielseitigen Landwirtschaft. In den letzten zwei Jahrzehnten haben weitflächige Pinienaufforstungen sowie der Anbau von Erdnüssen und Yuca in den östlichen Llanos deutlich gemacht, daß die überlieferten Vorstellungen von den Llanos als ausschließlich zu Weidezwecken nutzbares Gebiet einer erheblichen Korrektur bedürfen.

Die Voraussetzungen für die Entwicklung städtischer Siedlungen sind im Verlauf der wirtschaftlichen Veränderungen besser geworden. Soweit nicht die Erdöl- und Erdgasfelder oder die Anlage von Bewässerungsgebieten standortbestimmend für Entstehung oder Aufschwung von Städten wurden, haben in erster Linie die Siedlungsplätze an Straßenkreuzungen immer mehr Funktionen übernommen. Baugewerbe, Handwerke, vielfältige Handelsbranchen, Reparaturwerkstätten, Transportunternehmen, Verarbeitungsbetriebe landwirtschaftlicher Erzeugnisse u.a.m. ließen sich hier nieder.

Vor allem aber schuf der Ausbau der öffentlichen Infrastruktur zahlreiche neue Arbeitsplätze, im Schulwesen, auf medizinischem Gebiet und in Form von Mittel- und Unterinstanzen der zahlreichen Ministerien und ihrer sektoral stark untergliederten Arbeitsgebiete. Der öffentliche Dienst ist in Städten aller Größenordnung mehr oder minder überbesetzt, läßt aber Gelder auch in die ferngelegenen Gebiete der inneren Llanos fließen. Ob allerdings gemächliches Tun in personell überbesetzten Amtsstuben günstige Vorbedingungen für die angestrebte stärkere Dezentralisierung der Industrie schafft, muß sehr bezweifelt werden.

Der Ausbau der Infrastruktur ist vor allem in den Jahren ab etwa 1968 relativ zügig vonstatten gegangen. Ein Elektrizitätsverbundnetz ist im Aufbau begriffen. An Verkehrsmöglichkeiten besteht kein Mangel. Dennoch ist es mit der wirtschaftlichen Vielfalt selbst in den größeren Llanos-Städten nicht weit her. Die seit vielen Jahren propagierten Großprojekte - verstärkter Ausbau der Bewässerungslandwirtschaft, Intensivierung der Viehwirtschaft durch die Hochwasserhaltedeiche der "módulos de Apure", Eisenbahnbau von Ciudad de Guayana durch die Llanos nach Norden sowie zur Randzone des Wirtschaftsraumes von Caracas, Beginn der Ölgewinnung in der "faja petrolífera" - sind infolge Geldknappheit und Auslandsschulden in eine ferne Zukunft gerückt. Solange die gesamtwirtschaftliche Stagnation anhält, bestehen für die relativ peripher gelegenen Räume der Llanos keine günstigen Entwicklungschancen. Fraglich ist daher auch, ob die Wanderung verstreut lebender Bevölkerung in die Kleinstädte einen länger anhaltenden Trend darstellt oder doch nur eine vorübergehende Erscheinung. Auch muß dahingestellt bleiben, ob in absehbarer Zeit die unumgängliche Verstärkung der landwirtschaftlichen Produktion die Entwicklung auch der städtischen Siedlungen in den Llanos zu fördern vermag oder ob nicht durch einen stärkeren Druck von seiten der Regierung die schon lange angestrebte Dezentralisierung der Industrie wenigstens den großen Mittelstädten in den Llanos zugute kommen kann. Als Außenstehender vermag man aus heutiger Sicht keine optimistischen Prognosen zu stellen, auch wenn es venezolanischer Mentalität entspricht, die Gegenwart durch die Vision von einer rosigen Zukunft zu verschönen.

10 RESUMEN

En los últimos decenios han cambiado radicalmente las posibilidades del desarrollo económico en el interior del país: la lucha contra la malaria en las regiones bajas cálidas, la construcción de una red de carreteras transitables durante todo el año, la fundación de colonias y asentamientos en función de la reforma agraria, el establecimiento de industrias de transformación de productos agrícolas asi como las mejoras cualitativas en el renglón pecuario, fueron el requisito para el desarrollo de nuevas actividades en diversos lugares de los Llanos. A esto se suman ante todo las diferentes medidas tomadas para ampliar los cultivos de riego.

Ya que se debe promover el establecimiento de diversas ramas industriales en el interior, en este trabajo se investigará en que medida las ciudades de los Llanos constituyen hoy centros de actividad económica, o en que medida pueden ser centros propicios de desarrollo en el futuro.

En el presente trabajo se describen en primer lugar las diferencias naturales-espaciales entre las distintas regiones de los Llanos; de esto dependen diversas formas de posibilidad de desarrollo en la actualidad. En la historia económica de Venezuela desempeñaron los Llanos durante largo tiempo un papel determinante. Enormes rebaños de ganado constituían la riqueza de esta región. En muchas ciudades algunas personas lograron cierto grado de bienestar económico, gracias al próspero comercio del ganado, como se puede deducir de informes actuales y de descripciones de viajes. En las guerras de liberación y ante todo en las diversas guerras civiles del siglo 19, fueron exterminados rebaños de ganado periendo asi los Llanos su significado económico. Las ciudades fueron destruídas en parte y quedaron estancadas durante mucho tiempo.

En los últimos decenios algunas ciudades de los Llanos lograron alcanzar cierta importancia debido al hallazgo de petroleo; también se fundaron algunas ciudades petroleras. Gracias a la infraestructura moderna se lograron nuevas actividades en el renglón agrícola. Al mismo tiempo hubo un fuerte aumento poblacional. En los últimos decenios se ve claramente un proceso de concentración de la población. Gracias al incremento del transporte privado gran parte de los habitantes del Llano, prefieren vivir en las Ciudades sea cual fuere su tamaño.

La imagen de las ciudades en sus diversos aspectos, permite ver al geógrafo experimentado, los diferentes elementos para su clasificación, de acuerdo a su "nivel" y a su significado económico. Primero se describen y luego se explican cada uno de estos elementos en la importancia de su significado. A estos pertenecen los nuevos ranchos y barrios de inmigrantes, los asentamientos con casas pequeñas, sencillas y uniformes obra de los programas de vivienda estatales, las quintas modernas de la clase media burguesa y de las altas clases sociales, los diferentes comercios que incluyen desde negocios con mercancía variada hasta almacenes especializados muy bien surtidos, la concentración de almacenes en centros comerciales en las grandes ciudades, los rascacielos, los edificios con oficinas y apartamentos en las ciudades de vigorosa expansión. Las diversas dimensiones y la calidad de los "barrios de carros" con bombas de gasolina, talleres de reparación, hotels, bares, y almacenes especiales con artículos para automóbiles o venta de carros y maquinaria agrícola. Tambien una zona "industrial" constituye un índice para la dinámica económica.

Con la ayuda de cada uno de estos elementos, las cifras sobre el reciente desarrollo demográfico como tambien el conjunto de colegios, hoteles, cines, etc., se lleva a cabo una tipificación de las ciudades. Los tipos de ciudades tienen según la diferencia de su tamaño y su importancia las siguientes denominaciones: pequeño lugar cercano de abastecimiento rural, pequeño centro rural, pequeño centro urbano con nivel de oferta limitado, pequeño centro urbano con nivel de oferta superior, ciudad intermedia con caracter tradicional, ciudad intermedia como nucleo de concentración de desarrollo económico múltiple, gran ciudad como centro de desarrollo regional. De las últimas no se encuentra ninguna situada en los Llanos, pero algunas de las grandes ciudades participan en el desarrollo económico de estos. En la fig.5 aparecen todas las ciudades que en el año de 1971 tenían mas de 5 000 habitantes. Es válido para muchas ciudades que la industria cuente con relativamente pocos puestos de trabajo. Teniendo en cuenta la fuerte burocracia no es de extrañar que solo pocos empresarios privados corran el riesgo de establecerse a gran distancia de la actual Región Económica Central (entre Caracas y Valencia).

LITERATURVERZEICHNIS

Appun, Carl Ferdinand: Unter den Tropen. Wanderungen durch Venezuela, am Orinoco, durch Britisch Guyana und am Amazonenstrom in den Jahren 1849 - 1868. Bd. I: Venezuela. Jena 1871

Bingham, H.: The journal of an expedition across Venezuela and Colombia 1906/07. New Haven 1909

Borcherdt, Christoph: Die neuere Verkehrserschließung in Venezuela und ihre Auswirkungen in der Kulturlandschaft. In: Die Erde 99, 1968, S.42-76.

Borcherdt, Christoph: Kulturgeographische Veränderungen in Venezuela 1964-1970. In: Stuttgarter Geogr. Studien 93, 1973, S.245-270.

Borcherdt, Christoph: Einige neuere Phänomene der Urbanisation in Venezuela. In: Meckelein-Festschrift, Stuttgarter Geogr. Studien 93, 1979, S.289-305.

Borcherdt, Christoph: Typen landwirtschaftlicher Betriebsformen in den lateinamerikanischen Tropen - Das Beispiel Venezuela. In: Leidlmair-Festschrift, Innsbrucker Geogr. Studien 5, 1979, S.293-309.

Borcherdt, Christoph u. Hans-Peter Mahnke: Das Problem der agraren Tragfähigkeit, mit Beispielen aus Venezuela. In: Stuttgarter Geogr. Studien 85, 1973 , S.1-93.

Brito Figueroa, Federico: La estructura económica de Venezuela Colonial. Caracas 1963.

Brito Figueroa, Federico: Historia economica y social de Venezuela, 3Bde. Caracas 1974 - 75.

Bürger, Otto: Venezuela. Ein Führer durch das Land und seine Wirtschaft. Leipzig 1922.

Crist, Raymond E.: Along the Llanos-Andes Border in Zamora, Venezuela. In: The Geographical Review 22, 1932, S.411-422.

Crist, Raymond E.: Le Llanero. Étude d'influence du milieu géographique. In: Revue de Géographie Alpine 23, 1935, S.97-114.

Crist, Raymond E.: Étude géographique des Llanos du Vénézuéla occidental. Grenoble 1937a.

Crist, Raymond E.: Life on the Llanos of Venezuela. In: The Bulletin of the Geographical Society of Philadelphia, 35, 1937b, S.13-25.

Crist, Raymond E.: Desarrollo politico y origen del caudillismo en Venezuela. In: Revista Geografica Americana 7, 1937c, S.253-270.

Crist, Raymond E.: Along the Llanos-Andes Border in Venezuela: Then and now. In: The Geographical Review 46, 1956, S.187-208.

Crist, Raymond E.: Venezuela. Garden City/USA 1959.

Dalton, Leonhard V.: Venezuela. London 1918.

Erbach, Eberhard Graf zu: Wandertage eines deutschen Touristen im Strom- und Küstengebiet des Orinoko. Leipzig 1892.

Gallegos, Romulo: Dona Barbara. Barcelona 1934.

Geldner, Karl: Reiseaufzeichnungen aus Spanien und Venezuela, mit vom Verfasser angefertigten Zeichnungen. Basel 1913.

Gerstäcker, Friedrich: Neue Reisen durch die Vereinigten Staaten, Mexiko, Ekuador, Westindien und Venezuela. Bd. 3: Venezuela. Jena 1869.

Gerstäcker, Friedrich: Venezuelanisches Charakterbild. Jena o.J. (ca. 1870).

Gerstäcker, Friedrich: Die Blauen und die Gelben. Venezuelas Charakterbild. Jena o.J.

Goiticoa, N.Veloz: Venezuela 1904. Geographical sketch. Washington 1904.

Gonzalez Vale, Luis: Datos para una historia de la ganadería venezolana. Coplanarh, Publicación No.2, Caracas 1969.

Gormsen, Erdmann: Barquisimeto. Eine Handelsstadt in Venezuela. Heidelberger Geogr. Arbeiten 12, 1963.

Gormsen, Erdmann: Venezuela. Bevölkerungsentwicklung und Wirtschaftsstruktur. In: Geogr. Taschenbuch 1975/76, Wiesbaden 1975, S.171-193.

Gunther, A.E.: Venezuela in 1940. In: Geographical Journal 97, 1941, S.46-53 u. 73-79.

Hettner, Alfred: Venezuela nach den Forschungen von W. Sievers. In: Geogr. Zeitschrift 3, 1897, S.401-408.

Hueck, Kurt: Die Wälder Venezuelas. Forstwiss. Forsch. 14, 1961.

Humboldt, Alexander von: Reise in die Aequinoctial-Gegenden des neuen Continents. In deutscher Bearbeitung von Hermann Hauff, 6 Bände, Stuttgart 1861 f.

Jahn, Alfredo: El desarrollo de las vias de communicación en Venezuela. Caracas 1926.

Lapeyre, Jean-Louis: Ein Land taucht auf. Venezuela und Gómez, sein letzter Caudillo. Berin 1938.

Lavaysse, M.: Statistical, Commercial and political description of Venezuela, Trinidad, Margarita, and Tobago. London 1820. Nachdruck Westport, Connecticut 1969.

Marrero, Levi: Venezuela y sus recursos. Madrid 1964.

Mayer, Eberhard: Die Llanos des Orinoco - Prototyp einer Savanne oder untypischer Sonderfall? In: Meckelein-Festschrift, Stuttgarter Geogr. Studien 93, 1979, S.163-177.

Miller, E. Willard: Population growth and agricultural development in the Western Llanos of Venezuela: Problems and Prospects. In: Revista Geografica, Rio de Janeiro 69, 1968, S.7-27.

Morey, Robert V. u. Nancy C. Morey: Relaciones comerciales en el padado en los Llanos de Colombia y Venezuela. In: Montalban. Universidad catolica "Andres Bello", Nr.4, Caracas 1975, S.533-564.

Müller, Alfred: Die venezolanischen Llanos. Diss. Hamburg 1934.

Oficina Central de Estadística: XI Censo General de Población y Vivienda 1981, Caracas 1983.

Olinda, Alexander: Venezuela in der Gegenwart. In: Deutsche Rundschau für Geographie und Statistik 24, 1902, S.337-348 u. S.398-407.

Otremba, Erich: Venezuela: El Centro y el Interior. In: Geogr. Rundschau 25, 1973, S.1-11.

Pachner, Heinrich: Hüttenviertel und Hochhausquartiere als Typen neuer Siedlungszellen der venezolanischen Stadt. Sozialgeographische Studien zur Urbanisierung in Lateinamerika als Entwicklungsprozeß von der Marginalität zur Urbanität. Stuttgarter Geogr. Studien 99, 1982.

Passarge, Siegfried: Bericht über eine Reise im venezolanischen Guayana. In: Zeitschr. d. Ges. f. Erdkunde zu Berlin 38, 1903a, S.5-38.

Passarge, Siegfried: Besprechung von W. Sievers: Venezuela und die deutschen Interessen. In: Zeitschrift d. Ges. f. Erdkunde zu Berlin 38, 1903b, S.234.

Passarge, Siegfried: Kartographische Aufnahme des Orinoco zwischen Caura und Ciudad Bolívar. In: Petermanns Geogr. Mitt. 77, 1931, S.183.

Passarge, Siegfried: Wissenschaftliche Ergebnisse einer Reise im Gebiet des Orinoco, Caura und Cuchivero im Jahre 1901/02. Abh. aus dem Gebiet der Auslandskunde 39, Naturwissenschaften, Bd.12, Hamburg 1933.

Quelle, Otto: Die kontinentalen Viehstraßen Südamerikas. In: Petermanns Geogr. Mitt. 80, 1934, S.114-117.

Quelle, Otto: Ergebnisse neurer Arbeiten über die Llanos von Venezuela. In: Ibero-Amerikanisches Archiv 12, 1938/39, S.269-271.

Robinson, D.J.: Evolución en el comercio del Orinoco a medidas del siglo XIX. In: Revista geographica, Rio de Janeiro, 72, 1970, S.13-43.

Sachs, Carl: Aus den Llanos. Schilderung einer naturwissenschaftlichen Reise nach Venezuela. Leipzig 1879.

Sievers, Wilhelm: Venezuela. Hamburg 1888.

Sievers, Wilhelm: Zweite Reise nach Venezuela in den Jahren 1892/93. In: Mitt. d. Geogr. Ges. in Hamburg XII, 1896.

Sievers, Wilhelm: Süd- und Mittelamerika. 2.Aufl., Leipzig und Wien 1903.

Sievers, Wilhelm: Venezuela und die deutschen Interessen. Halle 1903.

Sievers, Wilhelm: Eine neue Karte von Venezuela. In: Petermanns Geogr. Mitt. 54, 1908, S.69-70.

Troll, Carl: Venezuela. In: Handbuch der Geographischen Wissenschaft. Hrsg. von F. Klute. Band: Südamerika. Potsdam 1930, S.440-462.

Vila Marco-Aurelio: Una geografia humano-economica de la Venezuela de 1873. Caracas 1970.

Vila Marco-Aurelio y Juan Jacobo Pericchi: Zonificacion geoeconomica de Venezuela. 4 Bde. Caracas 1968.

Stuttgarter Geographische Studien

Veröffentlichungen des Geographischen Instituts der Universität Stuttgart

Bd. 1-75	1924-1969 Vergriffen.
Bd. 76	Peter Moll: *Das lothringische Kohlenrevier*. Eine geographische Untersuchung seiner Struktur, Probleme und Entwicklungstendenzen. 145 S., 35 Abb., 15 Bilder. 1970. DM 32.—
Bd. 77	Folkwin Geiger: *Die Aridität in Südostspanien*. Ursachen und Auswirkungen im Landschaftsbild. 173 S., 9 Karten, 17 Abb., 19 Bilder. 1970. DM 24.—
Bd. 78	Hans-Peter Mahnke: *Die Hauptstädte und die führenden Städte der USA*. 167 S., 13 Karten, 1 Abb. 1970. DM 15.—
Bd. 79	Roland Hahn: *Jüngere Veränderungen der ländlichen Siedlungen im europäischen Teil der Sowjetunion*. 146 S., 32 Abb. 1970. 15.—
Bd. 80	Gerhard Lindauer: *Beiträge zur Erfassung der Verstädterung in ländlichen Räumen*. Mit Beispielen aus dem Kochertal. 1970. Vergriffen.
Bd. 81	Otto Knödler: *Der Bewässerungsfeldbau in Mittelgriechenland und im Peloponnes*. 141 S., 13 Karten, 5 Abb. 1970. DM 15.—
Bd. 82	Reinhold Grotz: *Entwicklung, Struktur und Dynamik der Industrie im Wirtschaftsraum Stuttgart*. Eine industriegeographische Untersuchung. 196 S., 17 Karten, 7 Abb., 61 Tab. 1971. DM 36.—
Bd. 83	Helga Besler: *Klimaverhältnisse und klimageomorphologische Zonierung der zentralen Namib (Südwestafrika)*. 218 S., 4 Karten, 20 Abb., 12 Tab., 16 Diagr. 1972. DM 21.—
Bd. 84	Ulrich Müller/Jochen Neidhardt: *Einkaufsort-Orientierungen als Kriterium für die Bestimmung von Größenordnung und Struktur kommunaler Funktionsbereiche*. Untersuchungen auf empirisch-statistischer Grundlage in den Gemeinden Reichenbach an der Fils, Baltmannsweiler, Weil der Stadt, Münklingen, Leonberg-Ramtel, Schwaikheim. 161 S., Karten, Abb. 1972. DM 19,—
Bd. 85	Christoph Borcherdt (Herausgeber): *Geographische Untersuchungen in Venezuela*. 1973. Vergriffen.
Bd. 86	Manfred Thierer: *Die Städte im Württembergischen Allgäu*. Eine vergleichende geographische Untersuchung und ein Beitrag zur Typisierung der Kleinstädte. 248 S., 29 Karten. 3 Abb. 1973. DM 28.—
Bd. 87	Hanno Beck: *Hermann Lautensach — führender Geograph in zwei Epochen*. Ein Weg zur Länderkunde. 1974. Vergriffen.
Bd. 88	Eberhard Mayer: *Die Balearen*. Sozial- und wirtschaftsgeographische Wandlungen eines mediterranen Inselarchipels unter dem Einfluß des Fremdenverkehrs. 372 S., 30 Karten, 32 Abb., 61 Tab., 16 Bilder. 1976. DM 39.—
Bd. 89	Eckhard Wehmeier: *Die Bewässerungsoase Phoenix/Arizona*. 176 S., 4 Karten, 38 Abb., 7 Bilder. 1975. DM 28.—
Bd. 90	Christoph Borcherdt (Herausgeber): *Beiträge zur Landeskunde Südwestdeutschlands*. 235 S., 20 Karten, 15 Abb., 13 Tab. 1976. DM 29.—
Bd. 91	Wolfgang Meckelein (Herausgeber): *Geographische Untersuchungen am Nordrand der tunesischen Sahara*. Wissenschaftliche Ergebnisse der Arbeitsexkursion 1975 des Geographischen Instituts der Universität Stuttgart. 300 S., 10 Karten, 52 Abb., 16 Tab. 1977. DM 33.—
Bd. 92	Christoph Borcherdt u. a.: *Versorgungsorte und Versorgungsbereiche*. Zentralitätsforschungen in Nordwürttemberg. 300 S., 10 Karten, 29 Abb., 26 Tab. 1977. DM 45.80
Bd. 93	Christoph Borcherdt und Reinhold Grotz (Herausgeber): *Festschrift für Wolfgang Meckelein*. (Beiträge zur Geomorphologie, zur Forschung in Trockengebieten und zur Stadtgeographie.) 328 S., 92 Abb., 38 Tab. 1979. DM 68.80

Bd. 94   Omar A. Ghonaim: *Die wirtschaftsgeographische Situation der Oase Siwa (Ägypten)*. 224 S., 5 Karten, 2 Fig., 17 Photos, 26 Tab. 1980. DM 42.—

Bd. 95   Wolfgang Meckelein (Editor): *Desertification In Extremely Arid Environments*. (Special Issue on the Occasion of the 24th International Geographical Congress Japan 1980.) 203 p., 53 Fig., 16 Tab. 1980. DM 36.—

Bd. 96   Helga Besler: *Die Dünen-Namib: Entstehung und Dynamik eines Ergs*. 241 S., 17 Karten, 11 Abb., 31 Diagr., 8 Luftbilder, 12 Tab. 1981. DM 83.40

Bd. 97   Reiner Vogg: *Bodenressourcen arider Gebiete*. Untersuchungen zur potentiellen Fruchtbarkeit von Wüstenböden in der mittleren Sahara. 1981. Vergriffen.

Bd. 98   Reinhold Grotz: *Industrialisierung und Stadtentwicklung im ländlichen Südostaustralien*. 299 S., 17 Karten, 23 Abb., 70 Tab. 1982. DM 83.—

Bd. 99   Heinrich Pachner: *Hüttenviertel und Hochhausquartiere als Typen neuer Siedlungszellen der venezolanischen Stadt*. Sozialgeographische Studien zur Urbanisierung in Lateinamerika als Entwicklungsprozeß von der Marginalität zur Urbanität. 317 S., 8 Karten, 27 Abb., 17 Photos, 23 Tab. 1982. DM 58.50

Bd. 100 Wolfgang Meckelein und Christoph Borcherdt (Herausgeber): *Geographie in Stuttgart*. Aus Geschichte und gegenwärtiger Forschung. Im Druck.

Bd. 101 Hella Dietsche: *Geschäftszentren in Stuttgart*. Regelhaftigkeiten und Individualität großstädtscher Geschäftszentren. 124 S., 12 Abb., 21 Tab. 1984. DM 32.—

Bd. 102 Detlef May: *Untersuchungen zur geoökologischen Situation der nördlichen Nefzaoua-Oasen (Tunesien)*. 223 S., 14 Karten, 14 Fotos, 68 Abb., 53 Tab. 1984. DM 38.—

Bd. 103 Christoph Borcherdt (Herausgeber): *Geographische Untersuchungen in Venezuela 2*. 238 S., 14 Abb., 2 Bilder, 5 Tab. 1985.

Geographisches Institut der Universität Stuttgart, D-7000 Stuttgart 1, Silcherstraße 9